国家出版基金项目
NATIONAL PUBLICATION FOUNDATION

生态文明建设文库

陈宗兴 总主编

湿地生态修复 技术与模式

谢永宏 张 琛 蒋 勇 等 编著

U0199413

中国林业出版社

图书在版编目（CIP）数据

湿地生态修复技术与模式／陈宗兴总主编；谢永宏等编著 . – 北京：中国林业出版社，2019.9
（生态文明建设文库）
ISBN 978-7-5038-9920-1

Ⅰ.①湿… Ⅱ.①陈… ②谢… Ⅲ.①沼泽化地 – 生态恢复 – 研究 Ⅳ.① P941.78

中国版本图书馆 CIP 数据核字（2018）第 291561 号

出 版 人　　刘东黎
总 策 划　　徐小英
策划编辑　　沈登峰　于界芬　何 鹏　李 伟
责任编辑　　范立鹏　肖基浒
美术编辑　　赵 芳
责任校对　　许艳艳

出版发行　　中国林业出版社（100009　北京西城区刘海胡同 7 号）
　　　　　　http://www.forestry.gov.cn/lycb.html
　　　　　　E-mail:jiaocaipublic@163.com　电话：(010)83143523、83143543
设计制作　　北京捷艺轩彩印制版有限公司
印刷装订　　北京中科印刷有限公司
版　　次　　2019 年 9 月第 1 版
印　　次　　2019 年 9 月第 1 次
开　　本　　787mm×1092mm　　1/16
字　　数　　328 千字
印　　张　　15
定　　价　　60.00 元

"生态文明建设文库"
总编辑委员会

《湿地生态修复技术与模式》
编著者名单

谢永宏（中国科学院亚热带农业生态研究所）

张　琛（中国科学院亚热带农业生态研究所）

蒋　勇（世界自然基金会）

陈心胜（中国科学院亚热带农业生态研究所）

邓正苗（中国科学院亚热带农业生态研究所）

侯志勇（中国科学院亚热带农业生态研究所）

李　峰（中国科学院亚热带农业生态研究所）

李　旭（中国科学院亚热带农业生态研究所）

李有志（湖南农业大学）

任　勃（湖南农业大学）

邹业爱（中国科学院亚热带农业生态研究所）

张　鸿（湖南东洞庭湖国家级自然保护区）

周根苗（湖南省农林工业勘察设计研究总院）

曾　静（中国科学院亚热带农业生态研究所）

总 序

生态文明建设是关系中华民族永续发展的根本大计。党的十八大以来，以习近平同志为核心的党中央大力推进生态文明建设，谋划开展了一系列根本性、开创性、长远性工作，推动我国生态文明建设和生态环境保护发生了历史性、转折性、全局性变化。在"五位一体"总体布局中生态文明建设是其中一位，在新时代坚持和发展中国特色社会主义基本方略中坚持人与自然和谐共生是其中一条基本方略，在新发展理念中绿色是其中一大理念，在三大攻坚战中污染防治是其中一大攻坚战。这"四个一"充分体现了生态文明建设在新时代党和国家事业发展中的重要地位。2018年召开的全国生态环境保护大会正式确立了习近平生态文明思想。习近平生态文明思想传承中华民族优秀传统文化、顺应时代潮流和人民意愿，站在坚持和发展中国特色社会主义、实现中华民族伟大复兴中国梦的战略高度，深刻回答了为什么建设生态文明、建设什么样的生态文明、怎样建设生态文明等重大理论和实践问题，是推进新时代生态文明建设的根本遵循。

近年来，生态文明建设实践不断取得新的成效，各有关部门、科研院所、高等院校、社会组织和社会各界深入学习、广泛传播习近平生态文明思想，积极开展生态文明理论与实践研究，在生态文明理论与政策创新、生态文明建设实践经验总结、生态文明国际交流等方面取得了一大批有重要影响力的研究成果，为新时代生态文明建设提供了重要智力支持。"生态文明建设文库"融思想性、科学性、知识性、实践性、可读性于一体，汇集了近年来学术理论界生态文明研究的系列成果以及科学阐释推进绿色发展、实现全面小康的研究著作，既有宣传普及党和国家大力推进生态文明建设的战略举措的知识读本以及关于绿色生活、美丽中国的科普读物，也有关于生态经济、生态哲学、生态文化和生态保护修复等方面的专业图书，从一个侧面反映了生态文明建设的时代背景、思想脉络和发展路径，形成了一个较为系统的生态文明理论和实践专题图书体系。

中国林业出版社秉承"传播绿色文化、弘扬生态文明"的出版理念，把出版生态文明专业图书作为自己的战略发展方向。在国家林业和草原局的支持和中国生态文明研究与促进会的指导下，"生态文明建设文库"聚集不同学科背景、具有良好理论素养的专家学者，共同围绕推进生态文明建设与绿色发展贡献力量。文库的编写出版，是我们认真学习贯彻习近平生态文明思想，把生态文明建设不断推向前进，以优异成绩庆祝新中国成立 70 周年的实际行动。文库付梓之际，谨此为序。

十一届全国政协副主席
中国生态文明研究与促进会会长　陈宗兴

2019 年 9 月

序

　　湿地是地球上一类具有重要生态功能的特有生态系统类型，具有涵养水源、净化水质、调蓄洪水、控制土壤侵蚀、补充地下水、美化环境、调节气候、维持碳循环和保护海岸等极为重要的生态功能，是生物多样性的重要发源地之一。因此，湿地被誉为"地球之肾""天然水库"和"天然物种库"，对人类社会的生存、发展具有不可替代的重要作用。近年来，由于人类对湿地高强度、高频率干扰，湿地生态环境持续恶化，洪旱灾害频发并发，生境破碎化严重，生物多样性受损，土壤潜育化程度严重，水环境污染持续恶化等，支撑区域持续发展的湿地生态环境脆弱，湿地保护和社会经济发展的矛盾日渐突出。面对多重多发的生态环境问题，开展湿地生态修复相关的基础应用研究和适应性技术研发，为我国政府有效管理和利用湿地提供决策依据，是当前摆在广大湿地科研工作者面前亟待解决的重大科学问题。

　　长江是中国的母亲河，也是中国文明的发源地。然而，随着社会经济的高速发展，长江流域的生态环境问题已成为长江流域发展的瓶颈。自党的十九大以来，生态文明建设已成为社会主义建设的重中之重。同时，长江经济带和洞庭湖生态经济区均上升为国家战略，建设的基本原则是"绿色发展、生态优先"，并要求将洞庭湖区建设成为全国大湖生态文明建设的试验区。在此背景下，在全国范围内掀起了如何建设长江经济带的大讨论并不断开展实践。同时，随着洞庭湖及其流域的综合治理不断深入，清除外来物种，关停高污染企业，撤围、撤出养鱼网箱，生态修复与保护，退耕还林还湿等一系列行动为洞庭湖流域湿地生态保护提供了重要保障。然而，由于不同的湿地在地理环境、水文环境、结构和功能特征等方面存在着巨大差异，生态修复和湿地保护如何高效有序发展依然存在技术瓶颈，需要更多的专家学者不断探索，积累提供大量可复制的案例，以全面提升湿地生态修复的科学技术水平，为我国生态文明建设提供支撑。

针对长江中游湿地保护的需求，中国科学院于 2007 年启动洞庭湖湿地生态系统观测研究站建设。十多年来，该站围绕洞庭湖湿地保护与修复开展了一系列研究示范工作。洞庭湖湿地研究团队的科技人员在全面分析湿地生态系统结构和过程的基础上，分析了湿地生态系统退化的原因，提出了湿地生态系统修复的目标。在此基础上，结合已开展的相关工作，对湿地生态修复规划与设计、湿地生态修复技术、湿地生态监测、评估与管理等方面的技术进行了总结。更难能可贵的是，本书作者以洞庭湖流域湿地为对象，通过近五年持续开展的生态修复实践，就湖泊、沼泽、河流和人工湿地的生态修复的案例进行了分析和总结，可为广大从事湿地生态修复的学者、企业从业者及政府湿地行政管理人员提供参考。相信《湿地生态修复技术与模式》将会是一本有助于理解湿地生态保护与修复最新态势和实践的学术论著，将为我国政府部门、科研部门和社会公众系统了解湿地生态修复相关问题提供科学依据，为推进我国湿地保护与可持续利用，促进人与自然和谐的生态文明建设提供助力。

中国科学院亚热带农业生态研究所

2018 年 12 月

前　言

　　湿地是全球三大生态系统之一,《湿地公约》将其定义为:"湿地系指不问其为天然或人工、长久或暂时的沼泽地、湿原泥炭地或水域地带,带有静止或流动,为淡水、半咸水或咸水的水体,还包括低潮时水深不超过 6 m 的水域。"湿地是潮湿或浅积水地带发育而成的水生生物群落和水成土壤的地理综合体,是陆地、流水、静水、河口和海洋系统中各种沼生、湿生区域的总称。可以认为,湿地是地球上具有多种独特功能的生态系统,它不仅为人类提供大量生产、生活资料,而且在维持生态平衡、保持生物多样性和珍稀物种资源,以及涵养水源、蓄洪防旱、降解污染、调节气候、控制土壤侵蚀等方面均发挥了不可替代的重要作用,素有"地球之肾"的美誉。据统计,湿地面积仅占地球总表面积的 6%,却为地球上 20% 的已知物种提供了生存环境,具有多种重要生态功能。我国湿地面积占世界湿地的 10%,约为 6600×10^4 hm^2,位居亚洲的首位,世界第四位。同时,由于我国地理特征存在高度的复杂性,从温带到热带、从沿海到内陆、从平原到高原山区均有湿地分布,一个地区内常常有多种湿地类型,一种湿地类型又常常分布于多个地区。类型多样的湿地对维持我国或区域的生态平衡起着重要作用。

　　近几十年来,由于人口的增加以及工业化、城市化、农业现代化的加速发展,湿地生态系统遭受了来自人类社会的巨大压力,导致湿地生态环境持续恶化,生物多样性保护的基础生境面临巨大威胁。《第二次全国湿地资源调查工作简报》(2010)指出,我国湿地环境面临的威胁具体如下:①对湿地的盲目围垦或占用,该情况主要存在于沿海地区、长江中下游湖区、东北沼泽湿地区;②湿地污染加剧,主要存在于湖泊湿地、近海与海岸湿地和库塘湿地;③生物资源过度利用,主要存在于湖泊湿地、近海与海岸湿地和沼泽湿地;④水土流失和泥沙淤积日益严重,主要存在于湖泊湿地和库塘湿地；⑤水资源的不合理利用，主要存在于湖泊湿地和沼泽湿地。我国湿地环境面临的威胁主要表现为城市污染物的超标排放（废水、垃圾）、农业面源污染、湿地盲目开垦、乱捕滥捞、水资源不合理利用等，其结果造成河流断流、泥沙淤积、湖泊萎缩、污染加重、生物多样性减少。湿地已经成为我国最受威胁的生态系统之一，对湿地进行生态修复迫在眉睫。

面对这一严峻形势，2014年，党中央、国务院提出了推进长江经济带建设的重大战略，发布《国务院关于依托黄金水道推动长江经济带发展的指导意见》（国发〔2014〕39号），该经济带涉及长江沿岸11个省份，涵盖国土面积 $205 \times 10^4 km^2$，其基本指导方针是："绿色发展，生态优先。"2015年3月24日，中共中央政治局召开会议，审议通过了《关于加快推进生态文明建设的意见》，这是继党的十八大和十八大三中、四中全会对生态文明建设作出顶层设计后，中央对生态文明建设工作的一次全面部署。2016年11月30日，《国务院办公厅关于印发湿地保护修复制度方案的通知》（国办发〔2016〕89号），对湿地保护修复工作做出了明确指示。2017年3月28日，国家林业局、国家发展和改革委员会、财政部三部门联合下发了《全国湿地保护工程"十三五"实施规划》，多措并举增加湿地面积，实施湿地保护与修复工程。湿地生态保护与恢复在全国各地开展。以洞庭湖生态经济区为例，将重点对区域内面积在 $1km^2$ 以上的96个湖泊的生态环境进行修复与保护，加强湿地保护与管理能力建设，保护良好的湿地生态系统和生物多样性。然而，过往由于存在基础研究相对薄弱、湿地地理条件差异较大等原因，致使取得的科研成果未能从根本上解决生态修复的技术瓶颈，生态修复目标不明确，难以达到预期的生态修复效果，且修复的生态系统稳定性也较差。基于此，本书围绕已开展的湿地生态修复项目，依次从湿地生态修复的基础理论、修复技术方法以及修复实践，对湿地生态修复所涉及的各个方面进行论述，以期为我国的湿地生态修复工作提供理论和技术支撑。

中国科学院洞庭湖湿地生态系统观测研究站（以下简称洞庭湖湿地站）始建于2007年，隶属于中国科学院亚热带农业生态研究所，是中国科学院设在长江中下游湖泊湿地生态系统的长期观测研究基地之一。洞庭湖湿地站现为中国生态系统研究网络（CERN）成员，国务院三峡工程建设委员会办公室"三峡工程生态环境监测系统网络"成员。洞庭湖湿地站的研究目标是着眼于洞庭湖流域及其湿地的长远发展，通过长期定位观测和研究，为洞庭湖流域湿地生态系统服务功能优化管理，生态系统保护、恢复以及替代产业的重建提供理论依据和示范样板。

世界自然基金会（WWF）一直关注于我国洞庭湖和鄱阳湖的生物多样性保护，并积极探索生物多样性保护和区域社会经济的稳定持续发展矛盾的管理技术和解决途径。近年来，洞庭湖湿地站与世界自然基金会、湖南省林业厅湿地保护中心就洞庭湖流域的湿地生态修复进行了广泛合作，也开展了一系列湿地生态修复示范基地建设项目，取得了一批较好的生态修复成果。洞庭湖湿地站在洞庭湖流域湿地开展生态修复、候鸟栖息地改造等相关工作的同时，将所取得的科技成果进行总结，最终形成本书。本书从湿地的系统论入手，从理论、技术和实践三个方面进行综合论述，以期将三者进行有效地融会贯通，在案例中提升对理论和技术的认知，将理论和技术不断在实践中得到运用。

上篇为理论篇，重点论述湿地生态系统的类型和分布、湿地生态系统的结构和功能，分析了湿地生态系统退化的原因，总结了湿地生态修复的主要理论，在此基础上提出了湿地生态修复的目标和原则。

中篇为技术篇，重点介绍湿地生态修复的规划设计原则、策略和内容，湿地生态修复的主要技术，同时对湿地生态系统监测、评估和管理等相关技术进行了总结。

下篇为实践篇，重点以洞庭湖流域湿地生态修复为例，分析现存问题及面临的困难，通过案例研究，介绍湖泊湿地、河流湿地、沼泽湿地和人工湿地的生态修复模式，以期为正在和将要进行的湿地生态修复实践提供参考。

本书的编写工作由谢永宏、张琛主持，提纲经多次集体讨论共同拟订，由谢永宏和蒋勇执笔构建。全书共分 3 篇 11 章。各章编写分工如下：谢永宏编写前言和第八章，李峰编写第一章，曾静编写第二章，邹业爱编写第三章，李旭编写第四章，陈心胜编写第五章，侯志勇和张鸿编写第六章，任勃和周根苗编写第七章，邓正苗编写第九章，李有志编写第十章，张琛编写第十一章，最后由谢永宏、张琛统稿。

在本书的编写过程中，中国科学院亚热带农业生态研究所王克林书记和谭支良所长给予了大量中肯的建议和无私的帮助；洞庭湖湿地站的全体同仁在资料收集、数据提供等方面都给予了帮助，多位参与生态修复项目规划和实施的博士生和硕士生胡佳宇、潘柏含、胡聪、张娉杨、朱莲莲、吴超、任艺洁等也付出了辛勤的劳动；在湿地生态修复实践中，湖南东洞庭湖国家级自然保护区、湖南华容东湖国家湿地公园、岳阳市屈原区人民政府、湖南平江黄金河国家湿地公园等单位的领导和同仁给予大力的支持和帮助；世界自然基金会的刘舸和刘松也给予了宝贵的建议，在此一并表示感谢！同时，感谢世界自然基金会对本书出版所给予的资助。

虽然参与本书编写的各位作者均为从事湿地科学研究的一线研究人员，但由于涉及面广、问题复杂，难以面面俱到，加之编者水平有限，书中错误和不当之处在所难免，恳请广大读者批评指正。同时，书中大量引用的文献未及一一标注，仅在本书的参考文献中部分列出，疏漏和不当之处敬请相关专家学者谅解。

谢永宏

2018 年 10 月

目 录

下篇　实践篇

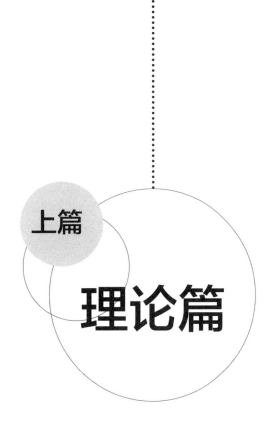

上篇

理论篇

　　本篇包括第一章至第四章内容，重点论述湿地生态系统的类型和分布、湿地生态系统的结构和功能、湿地生态系统退化的原因、湿地生态修复的主要理论，在此基础上提出了湿地生态修复的目标和原则。

第一章

湿地生态系统的结构与生态过程

　　湿地（wetland）是自然界生物多样性最高和生态服务功能最强的生态系统之一，它在人类的生产生活中具有举足轻重的作用，是人类赖以生存的基础，也是人类文明建立和发展的基础。因此，湿地被誉为"地球之肾"，并与森林生态系统、海洋生态系统并称为三大自然生态系统。湿地不仅可以为人类的生产、生活和休闲娱乐提供多种资源，同时在蓄水防洪、水源涵养、气候调节、生物多样性保护、航运和污染物降解等方面也具有不可替代的作用。然而由于人口数量的增加、人类对湿地资源不合理的开发利用及对湿地认识的片面性，导致湿地破坏严重，湿地面积不断减小、生物多样性逐步丧失、湿地生态系统服务功能退化严重，进而严重威胁了湿地生物的生存，并制约了人类的生产生活和经济社会的发展。因此，如何更好地保护和利用湿地并对已退化湿地进行有效修复已成为当前政府、公众和研究人员广泛关注的课题。

　　湿地可简单地理解为多水之地，由于湿地生态过程的复杂性，湿地的定义在不同的学科领域不尽相同。即使在同一时代不同学者对湿地的定义侧重点也会有所不同。最早关于湿地的定义之一是由美国鱼类和野生动物管理局（Fish and Wildlife Service，FWS）1956年提出的，即湿地是指浅水和暂时性或间歇性积水所覆盖的低地。这一定义包含了20种湿地类型，主要包括草本沼泽（marsh）、灌丛沼泽（swamp）、苔藓泥炭沼泽（bog）、浅水沼泽（sloughs）、湿草甸（wet meadow）等，但河流、水库和深水湖泊等稳定水体不包括在内。该湿地定义列出了湿地的两个基本特征，即湿地植被和湿地水文，因此，一直到20世纪70年代，该定义始终作为美国主要湿地的分类基础，但该定义将没有发育湿地植被的湿地类型排除在外，同时未对水深做出规定。

　　1977年，美国军人工程师协会（The US Army Corps of Engineers，USACE）将湿地定义为："地表积水或土壤水饱和的频率和时间很充分，能够供养那些适应于在水饱和土壤环境下生长的植被的区域，通常包括木本沼泽、草本沼泽、苔藓泥炭沼泽以及其他类似的区域。"虽然该定义尚未提出湿地土壤的概念，但该定义综合考虑了湿地水文、土壤和植物 3 个方面，即湿地的 3 要素。

1979 年，美国鱼类和野生动物保护协会的科学家们经过多年的考察研究，在《美国湿地及其深水生境的分类》一书中将湿地重新定义为"湿地是处于陆地生态系统和水生生态系统之间的过渡区，通常其地下水位达到或接近地表，或者处于浅水淹覆状态"。该定义认为湿地至少应该具备以下 3 种特征之一：①至少是周期性的以水生植物为优势。②基底以排水不良的湿地土壤为主；③基底为非土壤，并且在每年生长季的部分时间水浸或水淹。该定义第一次将"湿地土壤"的概念引入湿地定义之中，使得湿地土壤成为湿地三要素之一，同时该定义认为只要满足"湿地三要素"之一者即为湿地。

美国著名湿地生态学家 W. L. Mitsch 在其出版的著作 Wetlands 中，对 1986 年前的湿地定义进行了详细论述，最终认可湿地的"三要素"定义。同时 Mitsch 认为，由于认识上的差异和研究目的的不同，湿地的定义可以存在差异，该观点在他后续出版的多部专著中均有所体现。1995 年，美国国家科学院出版了 Wetlands: Characteristics and Boundary 一书。该书对 1995 年前的湿地定义进行了详细阐述，同时也给出了一个湿地的定义："湿地是一个依赖于在基底的表面或附近持续的或周期性的浅层积水或水分饱和的生态系统，并且具有持续的或周期性的浅层积水或水分饱和的物理、化学和生物特征。通常湿地的诊断特征为：水成土壤和水生植被，除非特殊的物理、化学和生物条件，或人类活动的因素，使得这些特征消失或阻碍它们发育，湿地一般具备上述特征。"该湿地的定义是一个科学的湿地定义，但这个定义很少被正式使用，这可能与该定义在水文指标和水文阈值方面仍存在缺陷有关。

在我国，学术界和湿地相关主管部门都比较认可《关于特别是作为水禽栖息地的国际重要湿地公约》(简称《湿地公约》)对湿地的定义。该公约又称《拉姆萨尔公约》，于 1971 年 2 月 2 日在伊朗的拉姆萨尔镇签订。该公约将湿地定义为："湿地系指不问其为天然或人工，长久或暂时性的沼泽地、湿原、泥炭地或水域地带，带有静止或流动，为淡水、半咸水或咸水的水体，还包括低潮时不超过 6 m 的水域。"1982 年《湿地公约》又对湿地定义进行了增补："湿地还包括邻接湿地的河湖沿岸，沿海区域以及位于湿地范围内的岛屿或低潮时水深不超过 6 m 的海水水体。"按照该定义，湿地包括湖泊、河流、沼泽（森林沼泽和草本沼泽）、滩地（河滩、湖滩和沿海滩涂）、盐湖、盐沼以及海岸带区域的珊瑚滩、海草区、红树林和河口等类型。该湿地定义是一种广泛的定义，也是国际上公认的、具有高度科学性的定义，其在湿地管理和保护方面具有明显的优点。

总体上，湿地定义可分为两种：一种是基于管理目标需要而进行的定义；另一种是基于基础科学研究需要而进行的定义。尽管新的湿地定义仍在不断提出，但这并不妨碍人们对湿地的关注，学者们也对湿地定义的多样性表述表示理解和认可。当前湿地的重要性受到越来越多的关注，对湿地的研究也在不断深入，湿地的定义经过近 60 年的发展，虽然仍存在诸多分歧，但也取得了一定的共识。

一、湿地的类型和分布

（一）湿地的类型

湿地分类是湿地整体中各部分之间相互有序关系的反映（崔保山和杨志峰，2006）。对湿地进行分类的工作早在 20 世纪初就开始了，那是对欧洲和北美洲泥炭地进行分类。较为系统完整的湿地分类工作主要是由美国科学家完成的。20 世纪 50 年代初，美国鱼类和野生动物管理局对湿地进行了一次调查和分类。该分类方案相对简单，其将湿地划分为 4 大类型：内陆淡水湿地、内陆咸水湿地、海岸淡水湿地和海岸咸水湿地（刘厚田，1995）。在每一大类群中又按照不同的水文情势（如水深和淹水频率的不同）划分为 20 个小的湿地类型（表 1-1）。该分类系统实用性强，于 1979 年前得到了广泛应用，但该分类系统过于强调植物的作用，类型划分时又过于强调水位的差异性，最终阻碍了它的推广。1974 年，美国鱼类和野生动物管理局开始筹划新的湿地分类系统。该分类系统依据水文、地貌、化学和生物因子，首先将湿地和深水生境划分为海洋、河口、河流、湖泊和沼泽 5 大系统，在每个系统下面又依次分为亚系统、类型组、亚类型组、优势类型等不同水平。该分类系统于 1979 年正式发表并沿用至今（李玉凤和刘红玉，2014）。

表 1-1　美国鱼类和野生动物管理局提出的早期湿地分类系统

类　型	编号	湿地类型	特　征
内陆淡水区	1	季节性淹水盆地或洼地	不定期土壤淹水或浸水但在大部分生长季节内是干的，高原凹地或滨河泛滥地
	2	淡水草甸	生长季中无浸水，表层短期内浸水
	3	浅淡水沼泽	生长季内土壤浸水，经常覆以 15 cm 或更深的水层
	4	深淡水沼泽	土壤上覆盖以 15~100 cm 的水层
	5	开放淡水水体	水深小于 2 m
	6	灌丛沼泽	土壤浸水，经常覆以 15 cm 或更深的水层
	7	森林沼泽	土壤浸水，经常覆以 30 cm 或更深的水层
	8	酸沼	土壤浸水，苔藓海绵状覆盖
内陆含盐区	9	含盐低洼地	重降水期之后淹水，生长季中表层只有短期浸水
	10	含盐沼泽	生长季土壤浸水，经常覆以 70~100 cm 的水层，浅湖盆地
	11	开放含盐水体	永久性含盐浅水地区：深度不定
海岸含盐区	12	浅淡水沼泽	生长季土壤浸水，高潮时水深 15 cm；向陆侧，沿着感潮河、海湾和三角洲的深沼泽
	13	深淡水沼泽	高潮时有 15~100 cm 的水层覆盖，沿着感潮河和海湾
	14	开放淡水体	沿着淡水感潮河和海峡的开放水体的浅水部分
海岸含盐区	15	盐平台	生长季土壤浸水，偶尔或较定期被高潮覆盖的地方，向陆侧或盐草甸和沼泽内的岛
	16	盐草甸	生长季土壤浸水，仅被潮水覆盖，盐沼向陆侧
	17	不定期淹水盐沼	生长季被时间间隔不定的风潮所淹没；靠近封闭海湾、海峡等沿岸
	18	定期淹水盐沼	平均高潮淹没 15 cm 或更深，沿开放海或沿海峡
	19	海峡和海湾	浅得可以围堤或填塞的咸水海峡和海湾部分；从平均潮线向陆侧的所有水域
	20	红树林沼泽	在平均高潮时土壤覆盖 15~100 cm 水层

除此之外，加拿大国家湿地工作组也总结出了一套湿地分类系统，也采用分级结构形式。该系统有 3 个水平层次：第 1 层是类型组，根据湿地起源划分；第 2 层是类型，根据湿地形态学划分；第 3 层是种类，根据植被特征划分。该分类系统的显著特点是对沼泽和泥炭地的划分较为详细，而对其他类型的划分相对简单，这可能与加拿大湿地类型主要以沼泽和泥炭地为主有关。

1990 年，《湿地公约》缔约国大会上发展了一个新的分类系统，并获得通过。该分类系统的显著特点是把人工湿地单独作为一个系统，与海洋、内陆等系统并列。该系统将海洋和沿海湿地分为 11 类、内陆湿地分为 16 类、人工湿地分为 8 类，共计 35 种类型。1999 年缔约国大会上，又对该湿地分类系统进行了修正，增补了一些湿地类型，其中海洋湿地分为 12 类，内陆湿地分为 20 类，人工湿地分为 10 类（表 1-2）。该分类标准经《湿地公约》批准后，在全球得到了广泛的应用，已成为当前全球湿地类型划分的主要依据。

表 1-2　《湿地公约》中湿地分类标准

1 级	2 级	3 级	4 级
天然湿地	海洋/海岸湿地	永久性浅海水域	多数情况下低潮时水位低于 6 m，包括海湾和海峡
		海草层	包括潮下藻类、海草、热带海草植物生长区
		珊瑚礁	珊瑚礁及其邻近水域
		岩石性海岸	包括近海岩石性岛屿、海边峭壁
		沙滩、砾石与卵石滩	包括滨海沙洲、海岬、沙丘与丘间沼泽
		河口水域	河口水域和河口三角洲水域
		滩涂	潮间带泥滩、沙滩和海岸其他咸水沼泽
		盐沼	包括滨海盐沼、盐化草甸
		潮间带森林湿地	包括红树林湿地和海岸淡水沼泽森林
		咸水、碱水潟湖	有通道、与海水相连的咸水、碱水潟湖
		海岸淡水湖	包括淡水三角洲潟湖
		海滨岩溶洞穴水系	滨海岩洞穴
	内陆湿地	永久性内陆三角洲	内陆河流三角洲
		永久性的河流	包括河流及其支流、溪流和瀑布
		时令河	季节性、间隙性、定期性的河流、溪流和小河
		湖泊	面积大于 8 hm² 永久性淡水湖，包括大的牛轭湖
		时令湖	大于 8 hm² 的季节性、间歇性的淡水湖；包括漫滩湖泊
		盐湖	永久性的咸水、半咸水、碱水湖
		时令盐湖	季节性、间歇性的咸水、半咸水、碱水湖及其浅滩
		内陆盐沼	永久性的咸水、半咸水、碱水沼泽与泡沼
		时令碱、咸水盐沼	季节性、间歇性的咸水、半咸水、碱性沼泽、泡沼
		永久性的淡水草本沼泽、泡沼	草本沼泽及面积小于 8 hm² 泡沼，无泥炭积累，大部分生长季节伴生浮叶植物
		泛滥地	季节性、间歇性洪泛地，湿草甸和面积小于 8 hm² 的泡沼
		草本泥炭地	无林泥炭地，包括藓类泥炭地和草本泥炭地

（续）

1 级	2 级	3 级	4 级
天然湿地	内陆湿地	高山湿地	包括高山草甸、融雪形成的暂时性水域
		苔原湿地	包括高山苔原、融雪形成的暂时性水域
		灌丛湿地	灌丛沼泽、灌丛为主的淡水沼泽，无泥炭积累
		淡水森林沼泽	包括淡水森林沼泽、季节泛滥森林沼泽、无泥炭积累的森林沼泽
		森林泥炭地	泥炭森林沼泽
		淡水泉及绿洲	
		地热湿地	温泉
		内陆岩溶洞穴水系	地下溶洞水系
	人工湿地	水产池塘	例如，鱼、虾养殖池塘
		水塘	包括农用池塘、储水池塘，一般面积小于 8 hm²
		灌溉地	包括灌溉渠系和稻田
		农用泛洪湿地	季节性泛滥的农用地，包括集约管理或放牧的草地
		盐田	晒盐池、采盐场等
		蓄水区	水库、拦河坝、堤坝形成的一般大于 8 hm² 的储水区
		采掘区	积水取土坑、采矿地
		废水处理场所	污水场、处理池、氧化池等
		运河、排水渠	输水渠系
		地下输水系统	人工管护的岩溶洞穴水系等

我国是一个多湿地的国家，且湿地类型多样。因此，我国湿地的分类照搬任何一个国家的湿地分类系统都是不合适的。早在 20 世纪 70 年代，我国就开始了对湿地系统的分类工作，但初期主要是对沼泽特别是对三江平原沼泽进行系统研究，对沼泽类型进行分类（刘兴土，1988）。20 世纪 70 年代末到 80 年代初，我国对海岸带和海涂资源进行了大规模的普查，提出了我国的海岸分类系统。与此同时，诸多学者也开始对湿地分类进行一系列的研究。如陈建伟和黄桂林（1995）对中国湿地分类系统及其划分指标进行了探讨，提出了系→亚系→类→亚类→型→优势型的分级式中国湿地分类及指标系统，并将我国湿地分为海洋及沿岸、内陆、人造 3 个系，依次分为 10 类、39 型和 20 个优势型。陆健健（1996）也对我国滨海湿地进行了系统分类。唐小平和黄桂林（2003）在总结有关湿地分类方法的基础上，结合我国实际情况，为满足湿地资源清查管理的需要，提出了中国湿地分级式分类系统。该系统共分为 6 级。其中第 1 级分为天然湿地和人工湿地两大类，第 2 级共分为 9 类，第 3 级共分为 16 类，第 4 级为基本级，共分为 41 类，其中天然湿地 29 类，人工湿地 12 类。同时对于更加复杂的湿地，该系统还提出了第 5 级、第 6 级的分类。2009 年，中华人民共和国国家标准《湿地分类》（GB/T 24708—2009）发布，并于 2010 年正式实施。该分类标准综合考虑了湿地的成因、地貌、水文和植被特征，将湿地分为 3 级。第 1 级，按照湿地成因，

将全国湿地生态系统划分为自然湿地和人工湿地两大类。自然湿地再根据地貌特征进行第 2 级分类，再根据湿地水文特征和植被特征进行第 3 级分类。人工湿地的分类相对简单，主要按用途进行第 2 级和第 3 级分类（表 1-3）。

表 1-3　中国湿地分类国家标准

分级	类型				
1 级	自然湿地				人工湿地
2 级	近海与海岸湿地	河流湿地	湖泊湿地	沼泽湿地	—
3 级	浅海水域 潮下水生层 珊瑚礁 岩石海岸 沙石海岸 淤泥质海滩 潮间淹水沼泽 红树林 河口水域 河口三角洲 / 沙洲 / 沙岛 海岸性咸水湖 海岸带淡水湖	永久性河流 季节性或间隙性河流 洪泛湿地 喀斯特溶洞湿地	永久性淡水湖 永久性咸水湖 永久性内陆盐湖 季节性淡水湖 季节性咸水湖	苔藓沼泽 草本沼泽 灌丛沼泽 森林沼泽 内陆盐沼 季节性咸水沼泽 沼泽化草甸 地热湿地 淡水泉 / 绿洲湿地	水库 运河、输水河 淡水养殖场 海水养殖场 农用池塘 灌溉用沟、渠 稻田 / 冬水田 季节性泛滥用地 / 盐田 采矿挖掘区和塌陷积水渠 废水处理场所 城市人工景观水面和娱乐水面

（二）湿地的分布

1. 全球湿地分布概况

除南极洲外，湿地在世界其他几大洲均有分布。从全球尺度来看，大部分的湿地分布于北方地区和热带地区，少量分布于温带地区。美国著名湿地学家 Mistch 和 Gosselink（2015）在总结前人关于全球湿地面积研究的基础上（表 1-4），认为全球湿地面积为 $7 \times 10^6 \sim 10 \times 10^6$ km^2，约占全球表面的 5%~8%。初步统计，北美洲、南美洲、欧洲、非洲、大洋洲、亚洲分别有 18、5、14、6、5、9 处，共计 57 处主要大面积湿地。而世界监测中心认为全球湿地面积为 5.70×10^6 km^2，约占地球陆地面积的 6%，其中苔藓类沼泽占 30%，草本沼泽占 26%，森林沼泽占 20%，洪泛平源占 15%，湖泊占 2%（安树青，2000）。导致两者面积估算差异的原因可能主要有以下两个原因：首先，对湿地的定义和认识不同（Mitsch and Gosselink，2015）；其次，从全球景观尺度上来看，湿地所占面积相对较少且类型多样，因此，对全球湿地的面积很难进行一个精确的确定（Keddy，2010）。

全球国际重要湿地在各大洲分布数量极其不均，湿地面积也相差悬殊。其中欧洲拥有的国际重要湿地数量最多，其次为非洲和亚洲（表 1-5）；全球最小的国际重要湿地（澳大利亚霍斯尼泉，2010）面积不足 1 hm²，而恩吉利—通巴—曼多比湿地，面积逾 6×10^6 hm²；从各大洲国际重要湿地总面积来看，非洲拥有的国际重要湿地总面积最大，大洋洲拥有的国际重要湿地面积最小。

表 1-4　不同气候带湿地面积比较

$\times 10^6$ km²

气候带*	Maltby and Turner（1983）**	Matthews and Fung（1987）	Aselmann and Crutzen（1989）	Gorham（1991）	Finlayson and Davidson（1999）	湿地公约（2004）	Lehner and Döll（2004）
北方地区和极地	2.8	2.7	2.4	3.5	—	—	—
温带	1.0	0.7	1.1		—	—	—
亚热带/热带	4.8	1.9	2.1		—	—	—
稻田	—	1.5	1.3			1.3	
湿地总面积	8.6	6.8	6.9	—	12.8	7.2	8.2~10.1

注：*. 不同研究中关于极地、北方地区、温带和热带区域的界定存在不同；**. 基于 Bazilevich et al., 1971。本表引自 Mitsch and Gosselink，2015。

表 1-5　世界各洲国际重要湿地数量

洲名	湿地数量（个）	洲名	湿地数量（个）
亚洲	315	北美洲	295
欧洲	898	大洋洲	72
非洲	330	南极洲	2
南美洲	102		

2. 我国湿地分布概况

我国是世界上湿地类型齐全、数量丰富的国家之一。按照湿地公约对湿地类型的划分，湿地公约中所有的湿地类型在我国均有分布，同时还具有独特的青藏高原湿地。在我国境内，从寒温带到热带、从沿海到内陆、从平原到高原山区都有湿地分布，而且还表现为某一地区内有多种湿地类型和某种湿地类型分布于多个地区的特点，构成了丰富多样的组合类型。其中我国主要的湿地类型有沼泽湿地、湖泊湿地、河流湿地、河口湿地、海岸滩涂、浅海水域、水库、池塘、稻田等自然湿地和人工湿地。据统计，我国拥有湿地面积约 66×10^6 hm²，约占世界湿地面积的 10%，位居亚洲首位，世界第 4 位。其中天然湿地面积约 25.94×10^6 hm²，包括沼泽约 11.97×10^6 hm²，天然湖泊约 9.1×10^6 hm²，潮间带滩涂约 2.17×10^6 hm²，浅海水域约 2.7×10^6 hm²；人工湿地面积约 40×10^6 hm²，包括水库水面约 2×10^6 hm²，稻田约 38×10^6 hm²。

由于受气候、地形等多方面影响，我国不同区域湿地主要类型存在明显差异。其中东部地区以河流湿地居多，东北部地区以沼泽湿地居多，而西部地区由于气候比较干旱，湿地面积明显偏少且多为咸水湖泊，长江中下游地区和青藏高原多湖泊湿地，其中青藏高原具有世界上海拔最高的大面积高原沼泽湿地和湖泊群，形成了独特的生态环境。

按地域，我国湿地可分为以下几大类。

（1）东北湿地。东北湿地主要位于黑龙江、吉林、辽宁 3 省及内蒙古自治区东北部。该地区湿地主要以淡水沼泽湿地和湖泊湿地为主，总面积约 7.5×10^6 hm^2。包括三江平原、松嫩平原、大小兴安岭、长白山均为沼泽湿地（吴辉等，2007）。其中，三江平原是我国面积最大的淡水沼泽分布区，也是我国重要的商品粮生产基地。该区域成片面积大于 1×10^4 hm^2 的湿地有 20 余处，具有重要的生态服务功能。例如，扎龙湿地、向海湿地等是东北亚水禽的繁殖中心和西伯利亚水禽南迁的必经之地（邸志强等，2006）。

（2）黄河中下游湿地。黄河中下游湿地包括黄河中下游地区及海河流域，涉及北京、天津、河北、河南、山西、陕西、山东 7 省（直辖市）。该区天然湿地以河流为主，伴随分布着许多沼泽、洼淀、古河道、河间带、河口三角洲等湿地类型，黄河是本区沼泽地形成的主要水源。

（3）长江中下游湿地。长江中下游湿地是我国最大的人工和自然复合的湿地生态系统，也是我国湿地资源最丰富的地区之一。该区域主要涉及湖北、湖南、江西、江苏、安徽、上海、浙江 7 个省（直辖市），是长江及其众多支流泛滥而成的河湖湿地区，也是我国淡水湖泊分布最集中和最具代表性的地区，我国 5 大淡水湖都位于该区域。该区域内湿地面积达 5.8×10^4 km^2，占全国湿地面积的 15%，占长江中下游流域面积的 7.4%。长江中下游湿地是扬子鳄（*Alligator sinensis*）、白鳍豚（*Lipotes vexillifer*）等多种我国特有物种的故乡，也是近百余种国际迁徙水鸟的中途停歇地和重要越冬地。同时，该区域是我国人工湿地中稻田最集中的地区之一，为我国重要的粮、棉、油和水产养殖基地，自古就有"鱼米之乡"的美誉。

（4）云贵高原湿地。云贵高原湿地主要分布在云南、贵州、四川 3 省的高山与高原冰（雪）蚀湖盆、高原断陷湖盆、河谷盆地及山麓缓坡等地区，该区湿地数量多，类型丰富，分布不均。另有金沙江、南盘江、元江、澜沧江、怒江和伊洛瓦底江 6 大水系，构成云贵高原湿地的基础。该区湖泊众多，其中面积大于 1 km^2 的湖泊有 60 个，总面积 1199.4 km^2，约占全国湖泊总面积的 1.3%，均为淡水湖。区内一些大的湖泊如滇池、抚仙湖、洱海等都分布在断裂带或各大水系的分水岭地带。由于入湖支流水系较多，而湖泊的出流水系普遍较少，故湖泊换水周期长，生态系统较脆弱。

（5）西北干旱半干旱湿地。西北干旱半干旱地区指我国西北内陆地区年降水量在 400 mm 以下的地区，包括新疆维吾尔自治区全境，青海省、甘肃省、宁夏回族自治区的大部分以及陕西省西北部。该区湿地主要有河流、湖泊和沼泽等类型。区域内面积大于 1 km^2 的湖泊 400 多个，总面积 1.7×10^4 km^2（李静等，2003）。由于该区地处内陆，气候干旱，降水稀少，地表径流补给不足且蒸发量大，除少量的河流上游湖泊、高山湖泊属于淡水湖或微咸水湖外，大多数湖泊属于咸水湖或盐湖。

（6）青藏高原高寒湿地。青藏高原高寒湿地分布于西藏自治区、青海省、四川省西部等地区，该地区是地球表面受人类活动干扰较少的地区之一。该区湿地面积约为 13.3×10^4 km^2，湿地主要有草丛湿地、森林湿地、河流湿地和湖泊湿地 4 种类型。其中草丛湿地总面积达 4.8×10^4 km^2，可划分为长江源、黄河源、若尔盖高原 3 大草丛湿地区。该区森林湿地的分布主要集中在横断山区的河谷地带。河流湿地是该区最重要的淡水资源，长江、黄河、怒江和雅鲁藏布江等均发源于此。同时，该区还有地球上海拔最高、数量最多、面积最大的高原湖群区，也是我国湖泊分布密度最大的两大稠密湖群区之一。该区面积大于 0.5 km² 的湖泊高达 1770 多个，总面积达 2.9×10⁴ km²，占高原总面积的 1.2%（白军红等，2004）。

（7）滨海湿地。滨海湿地涉及我国滨海地区的 12 个省（自治区、直辖市，含台湾省）和香港、澳门特别行政区。海域沿岸约有 1500 多条大中河流入海，形成了浅海滩涂、珊瑚礁、河口水域、三角洲、红树林等湿地生态系统。近海与海岸湿地以杭州湾为界，分成杭州湾以北和杭州湾以南两个部分。杭州湾以北的滨海湿地由环渤海滨海湿地和江苏滨海湿地组成，杭州湾以南的滨海湿地以岩石性海滩为主。前者除山东半岛、辽东半岛的部分地区为岩石海滩外，多为砂质海滩。江苏滨海湿地主要有盐城地区湿地、南通地区湿地和连云港地区湿地。环渤海滨海湿地总面积约 6×10⁶ hm²，黄河三角洲和辽河三角洲是其重要区域。如该区域内的黄河三角洲为我国最大的三角洲，也是我国温带最广阔、最完整、最年轻的湿地。近代黄河三角洲总面积约 5400 km²，其中浅海滩涂湿地面积达 3014.81 km²，地势平坦，易受海水冲刷影响，三角洲内另有河流湿地、沼泽湿地、草甸湿地等多种湿地类型。此外，该湿地人工湿地面积也相对较高，总面积达 1654.73 km²，其中水库与水工建筑总面积达 1015.09 km²，占比最大（张晓龙等，2007）。杭州湾以南的湿地其主要河口及海湾有钱塘江—杭州湾、晋江口—泉州湾、珠江口河口湾和北部湾等。在海南省至福建省北部沿海滩涂及台湾省西海岸的海湾、河口的淤泥质海滩上都有天然红树林分布，而西沙群岛、南沙群岛及台湾省、海南省沿海的北缘分布有热带珊瑚礁。

（8）东南华南湿地。东南华南湿地包括珠江流域绝大部分、东南及台湾诸河流域、两广流域的内陆湿地，涉及福建、广东、广西、海南、台湾等省（自治区、直辖市）和香港、澳门特别行政区，湿地类型主要为河流、水库等。另外，该区是我国红树林分布面积最大的区域，多个著名的红树林保护区均分布于此，如海南东寨港红树林自然保护区、广西北仑河口国家级自然保护区和广西山口国家级红树林自然保护区、香港米埔红树林自然保护区等。红树林在防浪护岸、维持海岸生物多样性和渔业资源、净化水质等方面发挥重要的生态服务功能。

二、湿地生态系统结构

（一）湿地生态系统结构的水文特征

水是维持湿地生态系统结构和功能稳定的最根本要素，是湿地类型和湿地生态过程的控制者。湿地水文主要包括降水、蒸散、地表径流、地下水、洪水、潮汐等多种类型。相应的描述水文特征的指标主要有水位、流速、流量、淹水周期、淹水频率等。湿地水文特征的形成是气候、地形地貌及人类干扰等多因素共同作用的结果。稳定的水文特征是湿地多个生态功能发挥的前提和基础。水文情势即使在很小的尺度上发生变化，都有可能对湿地生态环境产生显著影响。因此，维持湿地水文情势的稳定性是保持湿地生态系统稳定及退化湿地生态修复成功的关键。

1. 降水和蒸散

湿地降水主要包括降雨和降雪。对大多数湿地而言，降水是湿地最主要的水分来源。降水量的多少直接影响湿地径流、湿地补水量及湿地水循环等多个生态过程。湿地降水一部分可直接落到地面或水面，还有一部分被植物冠层所截留，截留的多少取决于降水量、降水强度、植被类型、植被覆盖度等因素。尽管这部分降水未曾落到地面，但最终会以蒸发的形式回归大气。湿地植被降水截留研究当前主要集中于森林湿地和森林—灌丛湿地，如 Dubé 等（1995）在加拿大魁北克沼泽湿地研究发现湿地乔木截留量约占降水量的 35%~41%。不仅植物群落冠层可以截留降水，湿地中的枯枝落叶层也具有明显的降水截留作用，但一般认为其截留量小于冠层截留量。

受气候、地形地貌等多方面因素影响，湿地降水的显著的特点是时空分布不均。在大的空间尺度上，热带、亚热带地区湿地的降水量要明显高于温带、寒带地区。在小的尺度上，由于地形地貌间的差异，湿地降水也存在空间再分配的问题。在时间尺度上，湿地降水呈现明显的季节差异和年际动态变化。如我国洞庭湖湿地流域，多年降水数据表明（1986~2008 年），该流域月平均降水量整体呈现"抛物线"型变化规律；降水主要集中在每年的 4~7 月，占全年总降水量的 51.7%，而其他月份降水量相对较少；最小降水量月份出现在 12 月，仅占全年总降水量的 2.8%（图 1-1）。

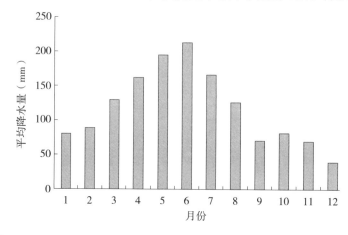

图 1-1　1986~2008 年洞庭湖流域各月平均降水量（引自谢永宏等，2014）

湿地的蒸散是和降水相反的过程，主要包括植物蒸腾作用和地面—水面—植被表面蒸发两个生态过程，是湿地水分损失的重要途径，尤其在干旱半干旱地区（邓伟等，2003）。水分蒸发速率取决于表面蒸气压差与大气蒸气压差、风速及物质传导系数 3 部分，是 3 者的乘积。湿地的蒸散过程受辐射、风速、气温、湿度等水文气象因素和植被类型、覆盖度及生长时期等因素的制约。湿地蒸散过程涉及不同层次或时空尺度。关于湿地蒸散发过程的研究可以在植物叶片水平、植物个体水平、生态系统水平及景观或区域水平上开展。但由于不同时空尺度上的湿地蒸散发过程存在明显差异，且这种差异不是简单的叠加。小尺度上研究所建立的模型未能必能适用于大尺度，因此，如何实现不同时空尺度的过程和参数耦合是湿地蒸散研究的重点和难点问题之一（于文颖等，2014）。

自 Dalton（1802）提出计算蒸散的公式以来，蒸散理论取得重大进展，监测和估算方法也得到很大改进。当前蒸散的模拟方法主要可分为两类：一类是实测法；另一类是模型估算法（表 1-6）。不同测定方法使用对象、测定精度等存在显著差异。如蒸发皿法是测定湿地蒸散的最基本的手段。但该方法精确度较低，因为蒸发皿内的水—土壤—植被环境与实际的环境存在较大的差异，而且无法测定湿地中水—土壤—植被的所有组合类型。而在诸多模型估算法中，由于湿地蒸散受诸多气象、生物等要素的影响，任何经验方程或模型都不能完全满足估算湿地蒸散的需要，且由于参数数量的不同，不同模型间结果存在明显差异（邓伟和胡金明，2003）。

表 1-6　蒸散模拟方法

方法类别	方法名称	适用性说明
实测法	蒸散仪法	不能用于间歇性积水湿地
	蒸发皿法	造价低廉，使用方便灵活，估算实际蒸散量费时费力
	地下水位昼夜波动法	仅适合淡水湿地
	涡动相关法	物理学基础坚实且测量精度高，适用于各种类型的湿地，设备设计复杂，造价高
	大孔径闪烁仪法	可与遥感影像混合像元实现匹配
	遥感法	适应于区域尺度
模型估算法	Thornthwaite 公式	适用于多种湿地类型，但只适用于均匀的下垫面
	Penman 模型	应用广泛，但需要参数多且较难获取
	Penman-Monteith（PM）模型	在湿地中应用广泛，难以应用于稀疏植被以及多种植被覆盖的湿地
	Hammer-Kadle 经验方程	仅适用于草原湿地，入射短波辐射项较难测定
	Priestly-Taylor（PT）模型	经验模型，模型相对简单
	波文比能量平衡法	物理概念明确、计算简单，但适用于开阔均一的下垫面
	梯度法	理论成熟，使用方便，造价相对较低
	Shuttleworth-Wallance（S-W）模型	适于稀疏植被，求解参数多，在芦苇湿地应用较少
	FAO-56 模型	简单易行，常应用于芦苇湿地

注：引自于文颖等，2014。

2. 径流

径流是研究湿地水循环的重要对象，也一直是水文水资源研究的难点。湿地径流量及径流过程的时空变化是决定湿地结构和功能的重要因素。流域尺度上，径流的产汇过程决定了河流水位、流速及流量的变化过程，进而影响流域内生态系统物质和能量的输入输出，并最终影响流域生态安全。降水或融雪是湿地径流形成的最主要因素。但在不同湿地类型中，降水和径流的形成过程存在差异。如在明水面、或湿地地下水接近土壤表层及土壤含水量接近饱和的湿地，降水到达水面或地表后，大部分将直接形成地表径流。而对于那些地下水位明显低于土壤表面、土壤含水量尚未饱和的湿地而言，降水到达地面后首先是下渗到土壤，待土壤水分饱和后，才形成地表径流。湿地径流的主要表现形式为坡面漫流和片流，并受气象、地形地貌、植被发育特征、降水量、土壤质地等自然因素及人类干扰的影响，表现形式极为复杂（邓伟和胡金明，2003）。尤其是近年来，城镇化的高速发展和工农业用水量的急剧增加，对湿地及流域径流的影响非常明显（刘正茂，2012）。

3. 地下水

地下水是湿地的重要水源之一，也是决定湿地植物生长发育、分布的关键要素之一。当地下水位较低时，植物可通过根系直接吸收利用地下水，而当地下水较深时，地下水则通过毛管作用向地表移动来影响土壤含水量，进而作用于湿地植物。在很多湿地生态系统中，地下水位的变化是影响湿地植被分布和演替的一个关键要素。例如，在我国的黄河三角洲湿地，当地下水位低于 50 cm 时，土壤含水量将不能满足典型湿地植被对水分的需求而被旱生植物所代替（谭学界和赵欣胜，2006）。而在一些干旱半干旱地区，地下水对湿地植被的作用更为重要。如在塔里木河流域，陈亚宁等（2003）人相关研究表明，地下水位的不断下降和土壤水分的丧失是导致塔里木河流域植被不断退化的主导因子。Watt 等（2017）在对地中海季节性湿地的研究中发现，一年生大型植物角果藻（*Zannichellia palustris*）分布在年平均水位 10 cm 以上的地方，挺水植物如香蒲（*Typha orientalis*）、藨草属植物 *Scirpus lacustris* 则分布在年平均水位 −25~10 cm 的地方和夏秋的浅水区域（0~10 cm）。但由于气候变化及大量人类活动干扰的影响，很多湿地地下水下降严重，造成了湿地土壤盐渍化、沙漠化严重，并导致湿地生态系统的急剧退化。因此，如何合理保护较为稳定的地下水资源对于湿地生态系统功能的发挥及结构的稳定意义重大。

4. 水位和淹水周期

在湿地生态系统中，水位是影响湿地生物生长、分布及湿地景观格局、湿地结构和功能的一个最为关键的因子。水位可通过光照、土壤氧化还原电位及根系养分吸收等影响植物生长、繁殖及分布等特征。研究发现，很多湿地植物的生物量随水深增加而显著下降（徐金英等，2016）。这主要是因为水位超过植物最适生态水位后，水气交换受到限制，植物生长所需的光照和氧气得不到满足，从而导致生物量下降。同时，水位的变化还会对湿地植物的繁殖特征和策略产生重要影响，进而影响湿地植物的分布和演替。如沉水植物穗状狐尾藻（*Myriophyllum spicatum*）在 0.2 m 条件下的分蘖数明显高于 0.9 m 条件下的分蘖数（Strand and Weisner，2001）。随着淹水深度的增加，水蓼（*Polygonum hydropiper*）根茎芽长度和克隆繁殖生物量明显降低（李亚芳，2015）。水位的变化还对水生动物多样性、分布具有明显的调控作用，这主要是通过对动物栖息地、食物等影响来实现的。如在鄱阳湖湿地，低水位时，湿地草滩为候鸟的主要生境类型，但随着水位升高，浅水、软泥和草滩等类型的面积均显著下降，候鸟整体生境范围缩减，进而影响候鸟的食物来源和生存环境（张起明，2012）。

除水位外，淹水周期也是调控湿地结构、功能及诸多生态过程的一个重要水文因子，尤其是对一些特殊湿地而言可能是最为关键的生态水文因子，如在滨海的一些潮汐湿地和通江湖泊，有规律的水淹周期给湿地带来了丰富的养分，并带走颗粒物质和废弃物。对湿地植物而言，不同淹水周期对植物的生长、繁殖及分布等影响是不同的。干湿交替环境条件与连续水淹相比，芦苇（*phragmites australis*）叶片光合速率和叶绿素含量相对较高，更利于芦苇的生长，因此，在芦苇湿地的管理中，干湿交替的生境可能更为有利（邓春暖等，2012）。不同水淹周期条件下的控制实验表明，短尖薹草（*Carex brevicuspis*）的生长仅受水淹时间的影响，生物量累积和分株数随淹水时间的增加而逐渐降低，而淹水频率的变化对其生长的影响不显著。同时，不同淹水周期条件下该植物克隆繁殖策略有明显的调整，具体表现为游击性分株比例随水淹时间的增加而逐渐增大，但水淹频率过高则显著抑制短尖薹草繁殖策略的调整（Gao et al.，2016）。水淹周期的改变对湿地动物的多样性、分布等影响显著。在洞庭湖湿地，由于三峡工程等人类工程及气候变化因素的作用，洞庭湖湿地淹水时间近年来呈不断下降的趋势，导致洲滩出露时间延长。这一方面加剧了湿地植被的正向演替；另一方面改变了越冬候鸟的栖息生境和食物来源。如洲滩出露提前，导致短尖薹草提前萌发生长，而当一些冬候鸟到来时，短尖薹草已不适合一些候鸟取食，导致食草类候鸟的数量发生明显改变。因此，对于一些湿地而言，淹水周期节律需保持一定规律的变化，方能维持该湿地生态系统结构完整性，保证其生态功能的正常发挥。

5. 生态需水

生态需水的研究起于 20 世纪 40 年代，美国鱼类和野生动物管理局通过对河道内流量进行研究，提出河流最小环境流量的概念。20 世纪六七十年代，研究人员运用系统理论对一些著名流域重新进行评价和规划，于 1971 年提出采用河道内流量法确定自然和景观河流的基本流量（李兴德，2012）。1988 年，Gleick 提出了基本生态需水量的概念，即提供一定数量和质量的水给自然生态环境，以求最大程度地改变自然生态系统过程，并保护物种多样性和生态完整性（郑红星等，2004）。20 世纪 90 年代后，人类逐渐认识到水资源和生态环境关系的重要性，促进了水资源管理观念的改变，更加强调生态环境需水的重要性，生态需水研究也逐步成为全球的热点。研究对象也从最初的河道内外生态系统扩展到湖泊、湿地、河口三角洲等生态系统。

湿地生态系统中，广义的生态需水量可理解为特定生态目标下，维持特定时空范围内生态系统水分平衡所需的总水量。维持湿地生态系统水分平衡所需水分主要包括水热平衡、水量平衡、水沙平衡和水盐平衡等方面的内容（冯夏清和章光新，2008）。而狭义的湿地生态需水量是指湿地为维持自然生态系统、保护生物多样性、湿地景观和生态过程所需生态和环境水量。因此，生态需水是个很复杂的概念，不同研究背景和研究方向的学者给出的概念也不同，同时研究目的的不同也导致生态需水的研究方法和研究结果存在明显差异。当前生态需水的方法超过 200 种。湿地生态系统中，按照不同的湿地类型可分为河流生态需水、湖泊生态需水、河口生态需水等，且在不同类型湿地中，由于生态过程的差异性，所采用的计算方法也不同。河流生态需水量主要包括河道断流、湖库萎缩所需的河道基流量、维持河流水沙平衡的最小流动水量、改善江河水环境质量的最小稀释净化水量等。具体的计算方法有水文学方法、水力学方法、栖息地偏爱法和综合法（表1-7）（张丽等，2008）。

表 1-7　河流生态需水量计算方法

计算方法	方法描述	典型方法	优　点	缺　点
水文学方法	以历史流量为基础，根据简单水文指标对设定河流流量，直接获取历史流量中年天然径流量的百分数作为河流生态需水量的推荐值	Tennant 法、Texas 法、NGPRP 法、基本流量法等	现场不需要测定数据，具有简单快速的特点	未考虑流量的丰、枯水年变化和季节变化以及河段性状的变化
水力学方法	根据河道水力参数如宽度、深度、流速和湿周等确定河流所需流量	湿周法、CASIMIR 法等	测量简单、不需要详细的物种—生境关系，数据容易获取	体现不出季节变化因素，不适用确定季节性河流流量
栖息地偏爱法	根据指示物种所需的水力条件确定河流流量，为水生生物提供适宜的物理生境，定量化并基于生物原则的物理实验模型的方法	IFIM 法、PHABSIM 法、水力评价法、Basque 法	在水力学法的基础上考虑了水量、流速、水质和水生物种等影响因素	所需的生物资料难以获取
综合法	从系统整体出发，根据专家意见综合研究流量、泥沙运输、河床性状与河岸带群落关系、使推荐的河道流量同时满足生物保护、栖息地维持、泥沙淤积、污染控制等功能	BBM 法、整体评价法	综合考虑了专家小组意见和生态整体功能，强调河流是一个生态系统整体	必须有实测天然日流量系列、专家小组意见以及公众参与等，不易被应用

注：引自张丽等，2008。

　　湖泊生态需水量研究方法有水量平衡法、换水周期法、最小水位法及功能法等。水量平衡法遵循水量平衡基本原理，是较为简单与常用的研究方法。对于我国尤其是干旱半干旱区湖泊来水及储水量都较小的情况下，湖泊换水会造成湖泊水量得不到补充而引起湖泊生态与环境的恶化，换水周期法受限而难以应用。最小水位法需要确定湖泊出入水量和湖泊最小水位。如谢永宏等（2012）首先在确定洞庭湖最小生态水位的基础上，根据洞庭湖水系组成特点和湿地所具有的共性水文学特征，得到洞庭湖生态需水模型（图 1-2）。最终以该模型为基础，计算了不同时期洞庭湖最小入湖生态需水量。功能法根据生态学基本理论，遵循兼容性、优先性、最大值和等级制等原则，全面地计算湖泊各生态需水组分的需水量（张丽等，2008）。但由于湖泊类型、湖泊功能等条件的不同，不同湖泊最小生态需水量的确定所用到的方法也不同。当前，尽管开展了大量关于湖泊最小生态需水的研究，但由于方法的局限性使得湖泊最小生态需水量的计算值与实际值可能存在明显的出入，因此湿地生态系统最小需水量的计算方法仍需进一步完善，同时需结合新方法如 GIS 技术在计算生态需水量方面的应用。

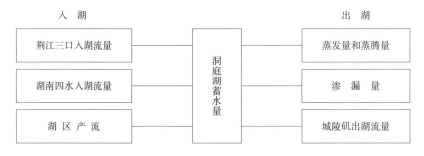

图 1-2　洞庭湖生态需水计算模型（引自谢永宏等，2012）

（二）湿地生态系统结构的土壤特征

土壤是湿地生态系统重要组成部分，是湿地获取化学物质的最初场所及生物地球化学循环的中介，具有维持生物多样性、分配和调节地表水分、分解固定和降解污染物等多种功能（姜明等，2006）。湿地土壤体现出的生态功能是湿地生态系统得以平稳发展的基础。当前关于湿地土壤没有一个明确的定义。国际上关于湿地土壤的定义通常侧重于湿地具有的特征方面。如美国自然保护联盟将湿地土壤定义为："在植物生长季期间长期处于饱和、周期性水淹及积水的土壤，以至于在其上部形成了一种有利于水生植物生长和繁殖的还原环境。"该定义主要强调了湿地土壤由于长期或短期处于水淹的环境所形成的独特的氧化还原环境（Richardson and Vepvascas，2001；崔巍等，2011）。但该定义尚未考虑湿地植物的地位。为此，姜明等（2006）结合湿地的基本组成要素及其独特的水文、植物特征将湿地土壤定义为："长期积水或在生长季积水、周期性淹水的环境条件下，生长有水生植物或湿生植物的土壤。"该定义一方面考虑了湿地植物和湿地水分等湿地的重要组分，另外还对湿地淹水时间及方式等进行了定义。

由于长期或周期性淹水环境，湿地土壤氧化还原过程复杂。在水淹条件下，土壤养分含量较低，以还原态为主的物质在湿地土壤中占据了主导地位。湿地土壤表现出明显的还原环境，具体表现为氧化还原电位较低。湿地土壤的另外一个特点就是养分含量丰富，有机质含量高。湿地生态系统中由于排水不畅，土壤含水量高，微生物活性弱，导致动植物残体分解缓慢，有机质不断累积。同时对某些特殊湿地，如洪泛平原或通江湖泊，每年洪水也会携带大量营养物质进入湿地。而这些截留、沉积的营养物质通过生物地球化学循环过程中的迁移、转化，产生了巨大的生态服务功能。这些生态服务功能主要包括生物多样性维持、净化水质、碳储存及水文调节等。

关于湿地土壤的分类当前国际上没有统一的标准，大多是把湿地土壤分到不同的土壤类型中。如我国最新的土壤系统分类也没有统一的湿地土壤土纲。而湿地土壤作为独立的综合自然体，不同于水也不同于陆地，因此要想深入了解湿地土壤特征及功能，需单独将其作为一个单元列出。杨青和刘吉平（2007）对我国湿地土壤进行了分类，将我国湿地土壤划分为1个土纲、2个亚纲、3个土类、12个亚类、69个土族（表1-8）。该分类系统根据水作用下的成土过程或与水有密切关系的成土过程来确定湿地土壤的最高级别——湿地土纲，以人为活动影响为主的成土过程来划分湿地土壤亚纲，以土壤有机质含量大小划分为有机土和矿质土两大类，依据湿地中的水质类型、土壤含盐量大小等，将湿地土壤划分为淡水湿地土壤、碳酸盐湿地土壤、氯盐湿地土壤、硫酸盐湿地土壤。再根据地貌条件来划分土族，依据其他综合条件来划分湿地土系。但由于我国湿地土壤分布广泛，且具有明显的地带性特点。再加上研究目的、分类依据的不同等，也有专家提出不同的分类标准。如田应兵等（2002）根据《中国土壤系统分类》方案，将我国湿地土壤分为4个土纲、7个亚纲、21个土类。

表 1-8 湿地土壤分类表

土纲	亚纲	土类	亚类	土族
湿地土纲	自然湿地土壤	有机土	淡水湿地有机土	高平原湿地土壤
				低平原湿地土壤
				低山谷地湿地土壤
				海岸滩涂湿地土壤
				河岸漫滩湿地土壤
				湖滨湿地土壤
			碳酸盐湿地有机土	高平原湿地土壤
				低平原湿地土壤
				低山谷地湿地土壤
				河岸漫滩湿地土壤
				湖滨湿地土壤
			氯化物盐类湿地土壤	高平原湿地土壤
				低平原湿地土壤
				低山谷地湿地土壤
				海岸滩涂湿地土壤
				河岸漫滩湿地土壤
				湖滨湿地土壤
			硫酸盐湿地有机土	高平原湿地土壤
				低平原湿地土壤
				低山谷地湿地土壤
				海岸滩涂湿地土壤
				河岸漫滩湿地土壤
				湖滨湿地土壤
		矿质土	淡水湿地矿质土	高平原湿地土壤
				低平原湿地土壤
				低山谷地湿地土壤
				海岸滩涂湿地土壤
				河岸漫滩湿地土壤

（续）

土纲	亚纲	土类	亚类	土族
湿地土纲	自然湿地土壤	矿质土	碳酸盐湿地矿质土	湖滨湿地土壤 高平原湿地土壤 低平原湿地土壤 低山谷地湿地土壤 河岸漫滩湿地土壤 湖滨湿地土壤
			氯化物盐类湿地矿质土	高平原湿地土壤 低平原湿地土壤 低山谷地湿地土壤 海岸滩涂湿地土壤 河岸漫滩湿地土壤 湖滨湿地土壤
			硫酸盐湿地矿质土	高平原湿地土壤 低平原湿地土壤 低山谷地湿地土壤 海岸滩涂湿地土壤 河岸漫滩湿地土壤 湖滨湿地土壤
	人工湿地土壤	矿质土	淡水湿地矿质土、水稻土	高平原湿地土壤 低平原湿地土壤 低山谷地湿地土壤 海岸滩涂湿地土壤 河岸漫滩湿地土壤 湖滨湿地土壤
			碳酸盐湿地矿质土	高平原湿地土壤 低平原湿地土壤 低山谷地湿地土壤 河岸漫滩湿地土壤 湖滨湿地土壤

（续）

土纲	亚纲	土类	亚类	土族
湿地土纲	人工湿地土壤	矿质土	氯盐类湿地矿质土	高平原湿地土壤
				低平原湿地土壤
				低山谷地湿地土壤
				海岸滩涂湿地土壤
				河岸漫滩湿地土壤
				湖滨湿地土壤
			硫酸盐湿地矿质土	高平原湿地土壤
				低平原湿地土壤
				低山谷地湿地土壤
				海岸滩涂湿地土壤
				河岸漫滩湿地土壤
				湖滨湿地土壤

注：引自杨青和刘吉平，2007。

（三）湿地生态系统结构的生物特征

1. 湿地植物

湿地植物是湿地生态系统的重要组成部分，是湿地生态系统的生产者，在湿地生态系统结构维持和功能发挥方面起着举足轻重的作用。湿地植被组成、结构及生态特征可很好地反映湿地生态环境的特点和变化特征。随着国内外对湿地的重视和研究，湿地植物的研究成为湿地研究的一个重要方向。湿地植物概念的运用日渐频繁，但至今并没有统一的定义。国内有学者甚至认为湿地植物就是水生植物。广义的湿地植物是指生长在沼泽地、湿原、泥炭地及不超过 6 m 水深水域中的植物。狭义的湿地植物主要是指生长在水陆交错处，土壤潮湿或有浅层积水环境中的植物。湿地植被类型多样。按照其生长环境来看，大致可分为水生、沼生和湿生 3 类，按照不同的生活型来划分可分为沉水植物、挺水植物、浮叶根生植物和自由漂浮植物 4 大类型。依据生长类型又可分为草本湿地植物、灌木湿地植物和乔木湿地植物。

我国湿地植物资源丰富、类型多样且地理成分复杂。根据全国湿地资源调查成果，并结合有关资料，将全国湿地植被划分为 7 个植被型组 16 个植被型 180 个群系（表 1-9）。植被型中以莎草型湿地植被型所含群系数最多，为 40 个群系；其次为禾草型湿地植被型，所含群系数为 20 个。

表 1-9　中国湿地植被分类

序号	植被型组	植被型	群系数
1	针叶林湿地植被型组	寒温带针叶林湿地植被型	5
		暖性针叶林湿地植被型	3
2	阔叶林湿地植被型组	落叶阔叶林湿地植被型	6
		常绿阔叶林湿地植被型	1
		竹林湿地植被型	2
3	灌丛湿地植被型组	落叶阔叶灌丛湿地植被型	9
		常绿阔叶灌丛湿地植被型	7
		盐生灌丛湿地植被型	11
4	草丛湿地植被型组	莎草型湿地植被型	40
		禾草型湿地植被型	20
		杂类草湿地植被型	16
5	苔藓湿地植被型组	苔藓湿地植被型	9
6	浅水植物湿地植被型组	自由漂浮植物型	7
		浮叶根生植物型	11
		沉水植物型	19
7	红树林湿地植被型组	红树林湿地植被型	14

注：引自严承高和张明祥，2005。

　　我国自古就有开发利用湿地植物资源的传统，很多常见的湿地植物如莲、菱、芡实等都是市场畅销的天然有机蔬菜。而在当今日益兴起的人工湿地建造过程中，湿地植物也起到最为关键的作用。人工湿地中湿地植物的作用主要体现在以下几个方面：

　　（1）吸附污染物，净化水质。湿地植物根系能直接吸附、吸收和利用污水中的营养物质，并能富集重金属和一些有毒有害物质，在水质净化方面发挥重要的生态功能。不仅如此，湿地植物根系的输氧作用促进了深层基质中微生物的生长和繁殖，有利于扩大净化污水的有效空间，在人工湿地污水净化中起到十分重要的作用。

　　（2）维持湿地环境。湿地植物具有降低水流速度、拦截泥沙和悬浮物、减少污染物再悬浮等功能，为其他生物生存提供良好的栖息环境。

　　（3）景观美化功能。人工湿地构建过程中，需结合社会、娱乐、美学等综合考虑湿地植物的配置，达到发挥多种湿地功能的目的。如睡莲（*Nymphaea tetragona*）、美人蕉（*Canna indica*）等均为常见的湿地美化物种（梁雪等，2012）。华中师范大学刘胜祥教授将我国湿地植物资源分为 3 大类 24 个小类。①具有环境效益的植物资源类：该类湿地植物又分为 10 小类，分别为促淤造陆植物资源、水土保持植物类、防风固沙类、指示植物类、抗污染植物、野生花卉植物类、绿肥植物类、动物栖息地植物类、动物繁殖地植物类、动物隐蔽地植物类。②具有商品价值的植物资源类：该类湿地植物又可按照其不同的用途分为淀粉植物类、野生蔬菜类、香料植物类、蜜源植物类、木材类、纤维植物类、栲胶植物类、能源植物类、中草药植物类、杀虫植物类、其他资源植物类。③具有潜在开发价值的植物种类：该类湿地植物主要分为湿地特有植物类和作物近缘种植物类。

2. 湿地动物

湿地动物是湿地生态系统的重要组成部分，在维护湿地生物多样性、湿地生态系统结构完整性和湿地生态系统物质循环和能量流动方面发挥至关重要的作用。如湿地水鸟以湿地为栖息空间，依水而居，构成了湿地的重要景观特征。湿地中的植物、鱼、虾、贝类等为水鸟提供了主要的食物来源，构成了湿地生态系统食物链的重要环节。而很多湿地底栖动物能促进有机质分解、营养物质转化、污染物代谢及能量流转等过程，并参与对植物凋落物的粉碎及部分分解作用，在湿地生态系统能量流动和物种循环等方面发挥了至关重要的作用。不仅如此，很多湿地动物还是湿地生态环境变化的重要指示物种，其物种组成及生物多样性的变化可以很好地表征湿地环境的受干扰程度。如田家怡等（2001）对不同年代的黄河三角洲进行了土壤动物的调查，研究了土壤动物的种类组成、分布和季节变化对动物多样性。研究结果表明，随着成土年龄增加，古代和近代黄河三角洲的土壤动物种群组成、数量以及物种多样性均大于现代黄河三角洲。

我国湿地类型众多，面积巨大，湿地动物多样性丰富，且包含多种濒危珍稀物种。如我国湿地鸟类中被列为国家重点保护的鸟类就有10目18科56种。其中国家Ⅰ级重点保护鸟类12种，国家Ⅱ级重点保护鸟类44种。在亚洲57种濒危鸟类中，我国湿地内有31种，占54%。全世界雁鸭类有166种，我国湿地分布有50种。我国大部分河流湿地、湖泊湿地和滨海湿地水温适中，光照条件较好，有利于鱼类的生存和繁殖。据统计，我国湿地中鱼类有1000余种，占全国鱼类种类的1/3，主要由内陆湿地鱼类、近海海洋鱼类、河口半咸水鱼和过河口洄游性鱼类组成。其中内陆湿地鱼类种类最多，约有770种；其次为近海海洋鱼类，约100种；河口半咸水鱼类约60种；过河口洄游性鱼类有20~30种。

三、湿地生态系统功能

（一）水源涵养和水文调控

水源涵养和水文调控是湿地生态系统基本生态服务功能。一些湿地如河流、湖泊及水库等可为居民提供生活、工业和农业用水，其他湿地（如泥炭沼泽森林）常可成为浅水水井的水源。如位于北京市密云区的密云水库，是北京市最大也是唯一的饮用水源供应地，其蓄水量的大小和质量对于保障北京居民饮用水的生态安全至关重要。位于我国汉江中上游的丹江口水库是亚洲最大的人工淡水湖，同时也是我国南水北调中线工程的水源地。2014年南水北调中线工程实施后，可为北京、天津、河南、河北4个省（直辖市）20多座大中城市提供生活和生产用水。另外，由于湿地土壤质地黏重，透水性差，使得很多湿地具有强大的蓄水能力。降水或径流经过湿地土壤后，将进行水分再分配。一部分滞留于土壤中，形成土壤水，再通过植物根系吸收蒸腾或蒸发回归到大气中，另外还有一部分入渗到土壤中的水分储存于包气带和饱水带中，形成壤中流（或称土内径流）；当降水强度大于入渗强度或暂时储存于土壤中的水分超过一定限度时，就会产生地表径流。不同类型湿地土壤的蓄水能力因土壤本身特点而存在差异。泥炭湿地和沼泽湿地土壤通常具有较高蓄水能力。例如，三江平原沼泽由于土壤容重小、总孔隙度大以及持水能力强，土壤在潜水位以上深度的蓄水总量可达 $46.97 \times 10^8 \, m^3$，而地表平均积水 30 cm 时还可容纳 $17.15 \times 10^8 \, m^3$，因此，土壤蓄水总量达三江平原沼泽总蓄水量的 73%（刘兴土，2007）。谢亚军（2012）在对东洞庭湖湿地土壤蓄水涵养能力进行评价后指出，最低水位 17.79 m 以上的土壤水源涵养能力为 $21.5 \times 10^8 \, m^3$；21 m 水位时，湿地土壤蓄水涵养功能占了东洞庭湖总蓄水能力的 85%；32 m 水位时，占了总蓄水能力的 21%。不仅如此，湿地在削减洪水方面也具有重要的生态功能。一方面湿地植被可通过减小洪水流速，进一步削减洪水的危害；另外，对于一些特殊湿地而言（如大型吞吐型湖泊），可直接接纳洪水，进而达到削减洪峰的目的。例如，我国的洞庭湖湿地，可主要承接湖南省湘江、资江、沅江和澧水 4 条主要河流及长江来水，多年平均地表径流高达 $3126 \times 10^8 \, m^3$，年均可削减大约 40% 的长江洪峰，对于长江中下游居民的水生态安全意义重大。

（二）气候调节

调节气候是湿地生态系统重要的生态服务功能之一。湿地植物每天可通过光合作用吸收大量 CO_2 并释放 O_2，起到气候调节的作用。湿地由于集水面积大，水分蒸发能力强，可提升周围大气湿度，促进区域水汽循环。例如，在森林湿地中，通过乔木的蒸腾作用可不断向大气输送大量水汽，进而有效调节区域的空气湿度和温度。同时大量湿地尤其是北半球的泥炭沼泽湿地，被认为是巨大的天然碳库，在维系全球碳、氮循环和全球变暖调控等方面具有重要的生态服务功能（Mitsch and Day，2006；Mitsch and Gosselink，2015）。湿地的固碳过程受气候、植被类型、水土养分等因素的影响，在不同湿地类型或不同区域湿地固碳能力具有明显差异。表 1-10 列出了不同地区红树林湿地 CO_2 吸收量和 O_2 释放量。可以看出，美国佛罗里达红树林湿地的固碳能力显著高于我国红树林湿地以及马来西亚红树林湿地，但导致其差异的机制目前仍不清晰。

表 1-10　部分地区红树林空气净化功能

红树林群落类型	CO_2 吸收量 [g/（m²·a）]	O_2 释放量 [g/（m²·a）]
福建九龙江口秋茄树林（20 a）	3131.2	2277.2
海南东寨港海莲林（55 a）	3935.5	2826.2
广西英罗港红海兰林（70 a）	2051.5	1492.1
美国佛罗里达 Fahkahatchee 红树林	6424.2	4672.0
美国佛罗里达 Fahka 联邦河低滩红树林	10037.6	7300.1
美国佛罗里达 Fahka 联邦河高滩红树林	8833.0	6424.0
美国佛罗里达 Rookery 沼泽红树林	3747.3	2725.3
马来西亚马丹红树林	3336.7	2426.7

注：引自卢昌义等，1995。

（三）物质生产

湿地可为人类的生产生活提供丰富的水产品、木材、药材及药用资源等。如在美国东南部地区，大面积森林沼泽湿地的柏树是当地居民固定的经济来源（Mitsch and Gosselink, 2015）。在我国东北地区的三江平原、华北地区的白洋淀和湖南洞庭湖湿地，大面积分布的芦苇、南荻（*Triarrhena lutarioriparia*）是造纸的优质材料，同时也是手工编织的重要原料，仅洞庭湖芦苇、南荻的年产量就接近 1×10^4 t。侯志勇等（2013）人对洞庭湖湿地植物资源进行归类划分后发现，洞庭湖湿地植物中具有药用价值的植物共计 145 种，工业用植物 46 种，食用植物 35 种。湿地植物如水芹（*Oenanthe javanica*）、石刁柏（俗称芦笋，*Asparagus officinalis*）、薏米（*Coix chinensis*）、莲（*Nelumbo nucifera*）、芡实（*Euryale ferox*）、菱（*Trapa bispinosa*）等都可作为人类的绿色天然食品。其中莲、芡实、菱均含蛋白质、糖类以及人体所需的矿质元素和多种氨基酸。尤其是莲，全株含淀粉、棉籽糖、葡萄糖和纤维素等糖类，精氨酸、酪氨酸等 17 种氨基酸（侯志勇等，2013）。另外，芦笋已作为洞庭湖的特色食品在益阳等地逐渐发展成为一个新兴产业。此外，洞庭湖作为著名的鱼米之乡，还是我国淡水鱼的重要产区，淡水鱼产量占全国总产量的 7.8%（表 1-11）。红树林湿地生态系统中很多动植物资源自古至今一直都是当地居民生产生活的重要物质资源。如木榄（*Bruguiera gymnorrhiza*）每公顷可提供 19.1 t 干材，可用于建房横梁、线杆。在广西沿海，对红树林的利用传统历史悠久，利用经验十分丰富。每年农历七、八月，仅北海市海榄雌（俗称白骨壤，*Avicennia marina*）果实日销量高达 62 t。红树植物中的单宁是工业制革的必需原料，此外其还具有止血、收敛的功能，可用于治疗烧伤、腹泻、外伤等。红树林动物资源中，可用于食用的经济动物群主要有 5 大类：贝类、鱼类、虾类、蟹类和星虫类。如光裸星虫（*Sipunculus nudus*），又名海人参，俗称"沙虫"，

表 1-11　洞庭湖 1973~2009 年野生鱼类捕捞总量及"四大家鱼"捕捞量

年份	总捕捞量（t）	青鱼（t）	草鱼（t）	鲢鱼（t）	鳙鱼（t）	合计（t）
1973	—	44.19	496.45	300.61	201.5	1042.75
1997	41692.4	304.35	1008.96	1813.62	1809.45	4936.38
1998	51495.1	782.73	2245.19	16303.35	2842.53	22173.80
1999	40213.8	484.52	1422.43	1408.05	423.40	3738.40
2000	40083.6	424.90	1294.70	1146.40	340.70	3206.70
2001	29873.8	571.40	860.61	853.67	138.99	2424.67
2002	32563.9	373.63	1246.66	1027.27	125.29	2772.85
2003	29515.9	639.32	617.91	1040.57	186.35	2484.15
2004	25975.3	388.83	696.85	797.06	146.32	2029.06
2005	23600.0	356.36	656.08	597.08	143.96	1753.48
2006	22303.6	14.87	533.92	610.85	316.87	1476.51
2007	22184.3	201.53	437.80	450.71	302.42	1392.46
2008	22095.2	103.63	482.78	512.37	324.83	1423.61
2009	21932.7	113.26	501.33	563.29	238.68	1416.56

注：引自代勇，2012。

是广西壮族自治区沿海的名优特产。1985 年全国海岸调查结果表明，北海市光裸星虫资源量为 4027 t 左右，具有重要的食用价值（伍淑婕，2006）。在三江平原湿地，水稻（*oryza stiva*）、大豆（*Glycine max*）及果蔬、粮油等农作物产量丰富，总产量高达 1.9×10^{11} t，其中粮食作物年产量就高达 1.5×10^{11} t，是我国重要的粮食生产基地。此外，天然鱼类、贝类、虾蟹类及人工养殖水产品总量高达 1.2×10^{5} t，具有极高的食用价值（董利娜，2016）。

（四）生物多样性保育

生物多样性是指在一定时间和一定地区所有生物（动物、植物、微生物）物种及其遗传变异和生态系统的复杂性总称。它包括遗传（基因）多样性、物种多样性、生态系统多样性和景观多样性 4 个层次。湿地是世界上最复杂的生态系统之一，其生物多样性异常丰富。湿地仅占全球表面面积的 6%，却为世界上 20% 的生物提供了生境。在美国，湿地面积约占其国土面积的 5%，但维系着 43% 的受威胁和濒危物种。

我国湿地类型的多样性决定了我国湿地生物多样性也异常丰富。国家林业和草原局（原国家林业局）在全国范围内组织开展的历时 7 年的湿地资源调查，发现我国共有湿地高等植物 2276 种，隶属于 815 属 225 科，其中苔藓植物 64 科 139 属 267 种，蕨类植物 27 科 42 属 70 种，裸子植物 4 科 9 属 20 种，被子植物 130 科 625 属 1919 种。同时该调查也查清了全国湿地两栖类、爬行类、鸟类、兽类和鱼类资源情况。调查发现，我国湿地野生动物共有 25 目 68 科 724 种，其中鸟类 12 目 32 科 271 种，两栖类 3 目 11 科 300 种，爬行类 3 目 13 科 122 种，兽类 7 目 12 科 31 种（赵魁义等，2010）。湿地生物多样性功能的一个重要体现是湿地是多种水禽赖以生存的繁殖地、越冬地和迁徙的中转站，是重要的动植物栖息地。在我国，湿地面积仅占国土面积的 2.6% 左右，但约有 1/2 的珍稀鸟类以湿地为支撑。例如，东北地区的三江平原和松嫩平原是丹顶鹤（*Grus japonensis*）的重要繁殖地，新疆巴音布鲁克湿地是天鹅（*Cygnus* spp.）的重要繁殖地，江西鄱阳湖是世界上最大的白鹤（*Grus leucogeranus*）越冬地，湖南洞庭湖为小白额雁（*Anser erythropus*）的重要越冬地等。我国湿地生物多样性的另外一个特点就是珍稀濒危物种丰富。如长江流域的白鳍豚、白鲟（*Psephurus gladius*）、黑颈鹤（*Grus nigricollis*）都属于珍稀濒危物种。在亚洲的 57 种濒危鸟类中，在我国湿地内分布有 31 种，占比高达 54%。全世界共有鹤类 15 种，我国湿地内就有 9 种，占比高达 60%。此外，我国还拥有 100 种高度濒危的湿地高等植物，如水松（*Glyptostrobus pensilis*），现仅零星分布于广东、广西、福建等地（崔保山，2006）。

（五）水质净化

湿地水质净化是指湿地对污水中的污染物、悬浮物质等通过物理、化学和生物的作用，使污染物被吸附或转化成可利用的资源的过程，进而起到水质净化的目的。湿地的净化包括多个生态过程，大致可分为湿地植物对污染物的净化、微生物对污染物的净化和湿地土壤对污染物的净化。湿地就是通过利用土壤—微生物—植物这个复合生态系统的多重协调作用进而达到水质净化的目的（葛欣，2008）。首先对于一些湿地植物尤其是沉水植物而言，可通过对泥沙及悬浮物的拦截进行起到水质净化的目的。例如，研究表明典型沉水植物——菹草（*Potamogeton crispus*）对不同含量悬浮泥沙浓度水体均具有明显的净化作用，且随水力停留时间增加而增加。在各运行条件下，菹草系统内悬浮泥沙平均沉降量为 65.7 g /m²（曹昀和王国祥，2007）。不仅沉水植物可有效拦截水体中的泥沙和悬浮物，在一些湿地类型中如通江湖泊、洪泛平原等湿地，挺水植物拦截泥沙的能力也不可小觑。如 Li 等（2016）在对洞庭湖 3 种典型洲滩湿地植物泥沙淤积效应进行研究时发现，虉草（*Phalaris arundinacea*）、短尖薹草和南荻均可有效促进泥沙的沉积，其中以虉草的促淤效应最为明显，达 1.0~3.0 cm/ 年。此外，不同的湿地植物类型、不同水文条件及不同的植物结构对沉积物的拦截效率存在明显差异。一般认为，沉水植物和挺水植物的拦截效率要明显高于浮叶根生植物和自由漂浮植物。

此外，湿地具有很强的降解、吸附和转化污染物的能力，进而起到污水处理和净化的目的。当污水流经湿地时，湿地植物可直接从废水中吸收废水中的无机氮、磷等营养物质用于自身发育。另外，湿地植物可以通过对氧气的传导在根际附近形成不同的氧气环境，有利于硝化、反硝化反映和微生物对磷的过量累积作用，达到去除氮磷污染物的目的。此外，湿地基质对湿地水体净化具有重要意义和作用。一方面基质可为微生物提供生长表面，为植物生长提供介质；另一方面可通过吸附、过滤和沉淀等多种方式净化污染物。利用湿地来处理污水始于 20 世纪 50 年代，德国科学家 Kathe Seidel 和 Reinhold Kickuth 用湿地去除污水中的营养物质和悬浮物质。在美国的佛罗里达，城镇污水经过柏树沼泽后大概有 90% 的氮、磷被吸收。经过几十年的研究，湿地的污水处理功能得到了广泛的认可，技术体系也越来越完备。但由于湿地的诸多特征不同，如面积、分布、地形、水文情势、植物群落结构等，导致不同湿地去污效果具有显著差异。因此，在人工湿地设计过程中，需综合考虑各方面要素，才能实现较高的去除效率。此外，除营养元素外，湿地还可以用来处理铅、镉、汞等重金属废水，达到对污水进行生物修复的目的。

（六）其他生态服务功能

除上述湿地主要的生态服务功能外，湿地通常还具有沟通航运、防风护堤、教育、旅游等多种功能。很多大江大河自古以来都是重要的航运要道。例如，我国的长江流域，共有通航河流 3600 多条，其通航里程占全国内河通航里程的 70%，在我国的社会经济发展中发挥了重要的作用。在一些滨海湿地，植物发达的根系和粗壮的茎秆可有效削减海浪和飓风的冲击，起到防风护堤的目的。如大米草（*Spartina anglica*）作为滨海先锋植物，耐盐、耐淹、耐淤，容易在海滩上形成密集的植物群落，有良好的促淤、消浪、护滩的作用。在热带或亚热带海湾、河口泥滩上，红树林通常是构筑防护林体系的第一道海岸防线。1986 年，我国广西壮族自治区沿海发生了近百年未遇的特大风暴潮，北海市合浦县 398 km 海堤被海浪冲跨 294 km，但凡是堤外分布有红树林的地方，海堤就不易冲跨，经济损失也相对较小。2004 年，印度洋海啸袭向周边 12 个国家和地区，造成 23 万人死亡。而印度泰米尔纳德邦的瑟纳尔索普渔村、距离海岸仅几十米远的 172 户家庭却幸运地躲过了海啸的袭击。很大一个原因就是这里生长着一片茂密的红树林，保护了沿岸居民的生命。

湿地还具有旅游、教育、科研等多种社会服务功能。其特殊的湿地资源、优良的自然环境和独特的景观可为科研、教育提供良好的实验基地和研究对象，同时也为游客提供极佳的旅游体验地。例如，洞庭湖湿地举办的观鸟节每届都吸引全国大量观鸟爱好者前来，观鸟节的举办既广大爱好者享受到观鸟的乐趣，又为宣传湿地的重要性提供良好的平台。东洞庭湖国家级自然湿地保护区每年都吸引周边大量中小学生前来参观学习。美国佛罗里达州的大沼泽湿地，每年都吸引大量游客前来参观、露营和探险。另外，我国近年来兴建的多个国家湿地公园也为城镇居民闲暇时间游玩提供了一个良好的去处。

四、湿地生态系统演变过程

（一）湿地生态水文过程

湿地水文过程是湿地形成、发育和演化的最重要的驱动机制。正是由于湿地独特的水文过程，创造了不同于其他生态系统的环境条件，进而影响湿地生态格局（李胜男等，2008）。根据水分行为，湿地水文过程可分为物理过程、化学过程和生态效应 3 个部分。其中，物理过程通常是指降水、地表径流、地下水、蒸发散、植被截留等生态过程，其研究内容主要涉及湿地水文情势分析与机理、湿地水文循环和湿地水量平衡、水文过程的参数特征及边际效应等几个方面（邓伟和胡金明，2003），是当前水文生态学研究的重点和热点。湿地水文情势主要包括湿地降水的时空分异、湿地水文周期、湿地表层水流模式、湿地水温的季节性变化、土壤湿度和地下水水位时空分异等内容。通常，受气候条件及地下水位的影响，湿地中水文情势表现出一定的规律性变化，并在年际之间保持相对稳定性。如在美国佛罗里达西南部大柏树国家保护区，1957~1958 年期间均匀的季节性降水使其水文周期相对稳定，而 1970~1971 年的干旱则导致约 1.5 m 的水位变化（陆健健等，2006；李胜男等，2008）。在我国洞庭湖湿地，受长江上游来水及湖南省境内降水季节性变化的影响，每年的 5~10 月为汛期，而11 月至翌年 4 月为枯水季节，进而形成"冬季河相，夏季湖相"的自然景观。同时，受气候、下垫面条件及人类活动等多方面影响，湿地水文情势又具有明显的时间动态和空间变异，这在一定程度上也制约了人们对湿地过程和机理的认识。湿地水文循环过程主要是指湿地植被对降水的再分配、降水径流的形成过程、地表径流、湿地蒸发散及湿地地下水过程等几个方面（崔宝山和杨志峰，2006）。这些过程间相互联系，共同组成一个复杂的湿地水文循环系统。而湿地水量平衡是多个湿地水文过程的综合。如果将湿地看做一个闭合的生态系统，它的水量间会满足常规的水量平衡方程（陆健健等，2006）。

$$\Delta V/\Delta t = P_N + S_i + G_i - E_T - S_0 - G_0 \pm T$$

式中：$\Delta V/\Delta t$——单位面积蓄水体积的变化；

　　　　　P_N——净降水量；

　　　　　S_i——包括洪水在内的地表进水量；

　　　　　G_i——地下水补给量；

　　　　　E_T——水分蒸发蒸腾损失总量；

　　　　　S_0——地表出水量；

　　　　　G_0——地下出水量；

　　　　　T——潮汐进水量（＋）或出水量（－）。

　　但是由于湿地水量平衡涉及湿地水文循环的多个方面，每个水文过程和其他过程间又存在复杂的关系。因此，在实际的计算过程中需根据湿地类型的不同对计算量进行取舍。

　　生态水文化学过程不同于生态过程中的化学过程，它主要是指水文行为的化学方面，也就是水质性研究（于文颖等，2007）。湿地具有独特的吸附、降解和排除污染物、悬浮物和营养物的功能，在物质循环、水质净化及污染物降解方面具有独特的功能和作用。它可以通过多种物理、化学及生物的三重协调作用，来实现污染物的分解和净化。例如，许多植物具有富集作用，可通过对多种重金属元素或营养元素的富集，实现水体和底泥的净化，进而达到水质净化的目的。

　　水文过程的生态效应主要包括水文过程对湿地生物存活、生长及分布的影响等内容。水文过程控制着湿地生态系统的诸多生物化学过程，如营养物的迁移、矿物质的转化及污染物的降解等，进而影响着湿地生物区系的类型、湿地生态系统的结构和功能等。水文过程的生态作用主要体现在以下几个方面：①影响系统的生物多样性水平，并形成独特的物种群落结构；②提高或降低湿地生态系统的初级生产力；③决定生物群落的演替速率及方向；④通过影响生物有机体的分解控制湿地中有机质的累积。

　　一般而言，植物的分布、多样性等生态特征与水文条件存在明显的对应关系。如在我国最大的淡水沼泽湿地三江平原，随着积水深度的不同，三江平原典型的洼地植物分布往往呈现出同心圆式的带状分布格局特点，即中心部位为漂筏薹草（*Carex pseudo-curaica*）群丛，向外依次为毛果薹草（*Carex miyabei* var. *maopengensis*）群丛、乌拉草（*Carex meyeriana*）群丛、灰脉薹草（*Carex appendiculata*）群丛，边缘为小叶章（*Deyeuxia angustifolia*）、薹草（*Carex* spp.）沼泽化草甸等（易富科等，1988）。这是湿地植被对水文条件长期适应进化的结果。

　　生态水文过程的核心是湿地生物与水文间的相互作用。水文控制着湿地生态系统的形成和演化，是影响湿地类型的主导因子。湿地通过水文过程（如降水、径流、地下水等形式）进行物质能力交换，制约着许多生物化学特征，进而对湿地生物生态特征和湿地生态系统功能产生影响。例如，长江干流的藻类数量与水流量呈明显的负相关性，随着径流量的逐渐增大，水体中藻类数量逐渐减少，同时藻类优势种也因降水量的多少而具有显著差异（曾辉等，2006）。而在洞庭湖湿地，受近年来水文节律变化的影响，湿地植被格局已发生明显变化，具体表现为杨树种植面积的不断扩大、挺水植物分布带不断向前推移等。此外，水又是湿地生态系统中最重要的物质迁移媒介，水文与其他环境因子、生物因子的耦合可以影响湿地多个地球化学循环过程，在元素循环、污染物净化、沉积物拦截等方面具有重要的作用（李胜男等，2008）。一般而言，水分的输入是湿地主要的营养源之一。不仅如此，水文条件的改变还直接影响湿地的其他生态过程，进而对湿地生态系统功能产生影响。Cole 和 Brooks（2000）通过对美国宾夕法尼亚州冲积平原人工湿地和自然湿地的水文特征比较，发现人工恢复的湿地过于湿润，极大地影响了湿地的功能，同时指出湿地水文的管理对于成功保护和恢复湿地具有至关重要的作用。

（二）湿地地球化学循环过程

湿地生态系统中的地球化学循环涉及多种元素的物理、化学循环过程，是揭示湿地功能机理的关键，涉及的地球化学循环主要包括碳循环、氮循环、磷循环及硫循环等。受水文情势变化的影响，湿地地球化学循环过程复杂多变，也一直是湿地科学研究的热点。本节主要以湿地生态系统中的碳循环和氮循环为例说明湿地生态系统中的地球化学循环过程。

1. 氮循环

氮是构成生物蛋白质和核酸的主要元素，是湿地土壤中最主要的限制性养分之一。氮元素在湿地生态系统中的转化运移涉及物理、化学及微生物作用等多个复杂过程，对湿地生态系统生产力具有至关重要的影响。首先，大气中的氮通过湿地土壤中的固氮菌和蓝绿藻的固定，转化为有机氮进入生物体，经过矿化作用成铵态氮，再经亚硝化、硝化、反硝化及氨挥发等生物过程返回大气（熊汉锋和王运华，2005）。

湿地系统中，氮素的输入主要有 3 种途径：大气氮沉降、生物固氮和人类活动氮输入。大气氮沉降是湿地氮素输入的主要来源之一。例如，在黄河三角洲滨海湿地植物生长季，大气沉降中的硝态氮和铵态氮对表层 10 cm 土壤的月平均贡献率分别为 31.38% 和 20.50%，是该区域土壤氮素主要来源之一（宁凯等，2015）。另外，农业生产、畜禽养殖及生活污水等人类活动所导致的大量氮随径流被排放到湿地中成为湿地氮的另外一个重要来源，并给诸多湿地尤其是湖泊湿地带来严重的富营养化风险。

有机氮进入湿地后，经过以微生物为主导的矿化作用转变为以铵态氮为主导无机氮，经硝化作用形成硝态氮，一部分被植物吸收利用将可溶性无机氮合成为有机氮并被动植物转移。湿地土壤中硝化速率受多种环境因素的制约，如土壤 pH、温度及土壤中溶解氧的浓度等。但由于长期或间歇性淹水的影响，湿地土壤往往处于厌氧的环境，部分硝态氮异化还原为铵态氮或经过反硝化过程氮素以 N_2 或 NO_x 气态损失。植物残体等有机氮在湿地沉积物中被固定或被微生物分解为无机氮重新释放到水体循环往复（马欣欣和王中良，2012）。

2. 碳循环

碳是生命骨架元素，环境中的 CO_2 通过光合作用被固定在有机物质中，然后通过食物链的传递在生态系统中循环。湿地虽然只占陆地表面积很少的部分，但却是巨大的陆地碳库，其储量高达 450 Gt，相当于陆地生态圈总碳量的 20%，是一个名副其实的碳汇。其单位面积碳储量在陆地各类生态系统中是最高的，是森林生态系统单位面积碳储量的 3 倍。湿地中的碳主要储存在泥炭和富有机质的土壤中，在气候稳定且没人类干扰情况下，相对于其他生态系统能够更长期的储存碳。但由于全球变化和人类对天然湿地的开发、利用，导致湿地退化、面积锐减，改变了湿地生态系统的环境条件和碳循环的过程，导致湿地中大量有机碳降解，成为向大气释放温室气体的碳源，并导致全球温度升高。据估计，全球排入大气中的 CH_4 大概有 15%~20% 来自湿地（刘春英和周文斌，2012）。

由于湿地经常处于湿润或过湿状态，土壤通气性差，温度低且变幅小，造成植物残体分解缓慢，逐步形成有机质丰富的湿地土壤，成为碳储存的重要场所。湿地中的碳主要储存在土壤和植物体内。尤其是土壤碳储量可占到湿地总碳储量的 90% 以上。湿地中有机碳的分解和矿化受温度、水分、氧化还原电位、干物质含量及 C/N 比等条件影响（熊汉锋和王运华，2005）。如我国的三江平原和若尔盖高原湿地，这两个地区的湿地土壤有机碳含量都相对较高，这主要是由该区域冷湿的气候条件所决定的。由于海拔高、温度低，土壤微生物活动弱，植物残体分解慢，造成有机质的大量累积。而在湿润的热带亚热带湿地，由于温度高，有机碳分解快，不易累积。

在没有人来干扰的情况下，天然湿地植物净同化的碳大概有 15% 再释放到大气中。但湿地一旦受到人为活动的干预（如资源开发、农用开垦等），导致湿地水文状况发生明显改变，土壤氧化性增强，植物残体和泥炭分解速率明显加快，碳的排放量增加导致湿地土壤有机碳损失。据估计，在过去近 200 年中，由于湿地转化为农田和林地造成的碳素损失大概为 4.1 Gt（田应兵，2005）。湿地土壤碳素损失的最主要途径是土壤有机碳经微生物作用分解为简单的气态产物如 CH_4、CO_2 排放到大气中。有研究表明，温度、水位和基质质量是影响湿地土壤 CH_4 和 CO_2 释放最主要的三个因子。此外，物种组成的改变及植物生产力的变化通过光合作用和呼吸作用也直接影响湿地 CO_2 的释放动态，从而引起湿地生态系统中碳平衡的变化（胡启武等，2009）。

（三）湿地生物过程

1. 湿地植物对环境的适应机制

湿地植物由于所处生境的特殊性，在长期的适应进化过程中形成了独特的适应湿地环境的对策。这些对策主要包括对水文情势的适应、对盐度的适应、对光照的适应及对水体、土壤养分的适应等。本节主要以湿地植物对水文情势及盐度适应为例，来说明湿地植物对外部环境的适应机制。

（1）湿地植物对水文情势的响应。水文情势是指湿地水体各水文要素随时间的变化情况，主要表征指标有淹水时间、淹水频率、水深、流量等。水文情势是湿地生态系统中最重要的生态过程，它制约着湿地生物、物理和化学过程，控制湿地的形成、演化和发育，是湿地植被生存及群落形成和演替的最主要推动力。湿地植物对水文情势的适应通常可分为两个层次：一是植物个体的适应，主要包括生活史调整、形态结构的变化、繁殖对策的调整、生理过程的变化等；二是植物群落水平上的适应，主要包括群落物种组成的变化、群落优势种及多样性的变化及群落植被演替等内容。

繁殖对策方面，很多湿地植物可通过生命周期的改变来适应洪水的直接改变。例如，在河滨带，湿地植物通常都具有生命周期短、生长迅速等特点，以躲避洪水的干扰（罗文泊等，2007）。在洞庭湖湿地，短尖薹草通常具有两个生长季。每年 5 月洪水来临前，该植物已完成生活史。10 月洪水退后，该植物又可以继续萌发生长，直到冬季枯萎。有些植物还会通过有性繁殖和无性繁殖分配的调整来适应不同的水文环境。当水位升高时，有些沉水植物的有性繁殖分配会减少，并通过增加无性繁殖体的营养分配来确保植物个体的自我更新，但当水位过高超过植物耐受范围时，湿地植物的繁殖效率则会下降（杨娇等，2014）。此外，还有些湿地植物当水位较高时，可通过闭花受精的方式完成授粉。这种繁殖对策也是湿地植物长期水淹的适应结果，有助于在高水位条件下完成其生活史。

形态方面，湿地植物可通过生物量分配的变化、茎的伸长、茎节数的增加等来适应水淹的环境。如穗状狐尾藻和微齿眼子菜（*Potamogeton maackianus*）可改变茎的结构，使茎伸长，植株高度增加，以适应水位的变化（罗文泊等，2007；曹昀等，2009），而有些植物则可通过增加其地上部分生物量来适应水淹的环境。生物量调整的意义在于扩大地上部分与空气的接触面积，提升氧气的获取能力，并降低根系呼吸消耗。一些湿地植物还可通过通气组织的形成和根系结构的调整来适应不断水淹的环境。根系结构的调整包括根系长度的降低、根系直径的增加及形成分布于土壤表层的根系统等。如小叶章可通过降低根系长度来适应水淹的环境（Xie et al.，2008）。根系长度的减少可以降低根系氧气的损耗，同时减少由厌氧微生物产生的有害物质对根部的损害。根系直径的增加则有助于提升根系内部气体的传导能力。而通气组织的形成为湿地植物气体在体内运输提供了一条低阻力通道，有助于湿地植物器官间及植物和外部环境间的气体交换，是湿地植物适应水淹环境的一个非常重要的机制。

生理方面，湿地植物适应水淹胁迫的策略主要包括碳水化合物含量调整、脯氨酸含量调整、植物激素的增加、叶绿素含量增加等。淹水条件下，湿地植物通常会采用缺氧代谢来替代有氧呼吸，以保障植物能忍受短期的水淹环境，但同时也消耗了大量碳水化合物。因此，湿地植物耐水淹能力与其体内碳水化合物储量存在密切关系。如水淹条件下湿地植物藨草、薹草和水蓼 3 种植物的淀粉和糖含量均随着水淹时间的增加而呈下降趋势，其中藨草下降的速率最快，而水蓼下降最慢。恢复过程中，水蓼的可溶性糖含量和淀粉含量与恢复前相比，有明显的积累，而藨草、薹草积累不明显。表明与其他两种植物相比，水蓼具有较强的耐水淹能力及水淹后较强的恢复能力（Qin et al.，2013）。叶绿素含量的高低可直接影响植物的光合能力。一般而言，水淹胁迫下或水位升高条件下，湿地植物会通过增加叶绿素含量来保证最大效率的利用光能。此外湿地植物还可通过脯氨酸含量提升来应对水淹环境。如在 25 cm 水淹条件下水蓼、薹草、南荻 3 种湿地植物脯氨酸含量分别增加了 69.2%、66.7%、39.6%，表明耐水淹的能力薹草和水蓼明显强于南荻。植物激素如乙烯、脱落酸、生长素对植物适应水淹环境的重要性越来越受到广泛关注。其中乙烯是植物对淹水胁迫反应最为敏感的激素之一。水淹后，植物根部乙烯含量会明显增加。这是因为淹水会导致氧气不足，植物相应增加了乙烯合成（ACC）途径，使 ACC 合成酶活性增加，导致乙烯大量产生。另外，洪水抑制了植物与外界气体的交换，产生的乙烯难以释放到植物体外，进而导致体内大量累积，浓度急剧增加（罗文泊等，2009）。高浓度的乙烯可增加植物组织对生长素反应的敏感性，刺激植物皮孔和不定根的生成，控制植物通气组织的形成等，进而提升植物对水淹胁迫的耐受能力。

群落水平上，随水文情势的变化湿地植物多样性、优势物种组成及群落结构也会发生明显变化。如在三峡库区消落带，175 m 蓄水期与 156 m 蓄水期相比，物种数量呈明显的减少趋势。其中宽叶香蒲（*Typha latifolia*）群落消失，狗牙根（*Cynodon dactylon*）群落分布范围扩大（陈忠礼，2011）。20 世纪 90 年代，白洋淀平均水位为 8.6 m，至 2006 年平均水位已下降到 3.9 m，与之对应的水生植物主要群落类型减少了 3 个，并且具有由沉水植物群落向挺水植物群落转变的趋势。此外，沉水植物群落格局及群落生产力也发生明显改变（李峰等，2008）。在鄱阳湖湿地，由于季节性水淹环境，湿地植物生产力，多样性及群落结构随水位变化具有明显的差异性。丰水期高水位条件下潜水型湿地植物多采取休眠或耐受的生存策略度过不利时期，该时期沉水植物和浮叶根生植物占优势，如微齿眼子菜，竹叶眼子菜（又称马来眼子菜，*Potamogeton malaianus*）、苦草（*Vallisneria natans*）、罗氏轮叶黑藻（*Hydrilla verticillata*）等。而低水位时，由于洲滩裸露，湿地植被群落以藜草、蒌蒿（*Artemisia selengensis*）、灰化薹草（*Carex cinerascens*）等植物占绝对优势（张萌等，2013）。湿地水文情势变化对湿地植物多样性也具有明显影响。在荷兰沿海河口湿地，枯水期时，湿地植物物种多样性比丰水期高；丰水期时，河口湿地物种丰富度较低（Lenssen et al.，1999）。

（2）湿地植物对盐度的适应。盐度是影响湿地植物生存、生长、分布和繁殖的重要环境因子。全球变化、生境的特殊性及人类干扰等因素使湿地植物经常受到不同程度的盐胁迫，尤以滨海或干旱地区最为严重，这对湿地植物的生长繁殖及整个湿地生态系统功能的发挥和维持产生了深远的影响。盐胁迫对植物组织的破坏作用主要表现在渗透胁迫、离子毒害以及活性氧代谢失衡等方面，致使植物体内诸多生理过程（如质膜透性、光合作用、呼吸作用、能量和脂类代谢及蛋白质合成）受到严重损害，进而影响湿地植物生长、发育和繁殖。在长期的适应进化过程中，湿地植物形成了一系列适应策略以减少盐胁迫带来的危害。在某些特殊条件下，如黄河三角洲等滨海湿地，植物对盐胁迫响应的差异性可能决定了植被分布规律及群落演替的方向，因此，理解植物抗盐机制及其适应策略可为某些特殊湿地生态系统的功能优化及退化湿地的植被恢复提供理论依据。本节主要从植物的生活史、形态学调整、解剖结构的变化、生理生化调节及分子水平上的调控等方面深入分析盐胁迫下湿地植物的适应策略。

生活史对策方面，有些湿地植物可通过改变生命周期的长短来逃避盐胁迫的直接危害。这些植物一般生活史相对较短，在高盐度到来之前已完成了整个生命过程，从而避免了盐胁迫的危害。很多湿地植物种子可通过调整萌发时间来避开高盐时期，如灯心草科植物 *Juncus kraussii* 通常在夏季萌发，此时降水量较大，从而稀释了土壤中的盐分（Congdon and McComb，1980）。有些植物如盐地碱蓬（*Suaeda salsa*）却选择在春季萌发，从而避免了夏季强烈的蒸发作用。有些植物的种子，如盐地碱蓬以及三角叶滨藜（*Atriplex triangularis*）具有二形性或多形性，高盐胁迫时，这些植物可增加耐盐种子的比例，这些耐盐性的种子通常个体较大，萌发率高，从而提高了高盐条件下幼苗的存活率。

　　种子休眠也是植物抵抗盐胁迫的一个重要方式。种子休眠可分为初级休眠和次级休眠。初级休眠是指种子在与植株母体分离以前进行的休眠；次级休眠是指种子与植株母体分离后，由于外界条件不适而引起的休眠。湿地植物主要选择次级休眠策略。当土壤或水体中盐度较高时，种子一般不萌发，而是进入休眠状态，一旦胁迫解除，种子会迅速萌发，且萌发率不受影响。红树植物的胎生现象也可认为是植物抵抗盐胁迫的一种有效策略。所谓胎生是指一些有花植物的种子成熟后不经过休眠或者只短暂休眠便直接在母体上萌发的现象。这种策略的益处在于可避免盐分对种子萌发的抑制，从而提高种子萌发率和幼苗存活率。许多具有克隆繁殖特性的植物可通过繁殖方式的调整来适应外界多变的环境。盐胁迫条件下，这类植物如盐地鼠尾粟（*Sporobolus virginicus*）主要通过根状茎或其他克隆组织进行无性繁殖，而有性繁殖能力迅速下降。这种策略的积极意义不仅在于它可避免种子萌发的能量损耗和较高的幼苗死亡率，同时还可通过分株向低盐环境的扩展并通过克隆整合作用以减缓高盐胁迫对植物体的损害。

　　形态学方面，湿地植物可主要通过生物量分配的调整、营养物质的肉质化及解剖结构变化等来适应高盐度的胁迫环境。如芦苇在高盐条件时，其地上部分尤其是茎的生物量分配比例增加，而地下部分如根和根状茎的比例减少。减少地下部分的比重可以减少盐分的吸收，同时也降低了盐分向地上部分的运输量。肉质化是指植物的叶片等器官的薄壁细胞大量增加，可以吸收和储存大量水分。高盐条件下，有些植物如盐地碱蓬、拉关木（又名假红树，*Laguncularia racemosa*）叶片和茎部的肉质化程度不断提高，从而使胞内盐分浓度降低至不使植物受害的水平。此外，许多湿地植物在受到盐胁迫时，其营养器官的解剖结构会发生一系列的变化来适应高盐环境。这些变化主要有以下方面。

　　①根茎细胞中木栓层加厚：栓质层的主要成分为难溶于水的脂肪物质，其可使土壤中的盐分很难进入植物根部，起到过滤的作用，从而避免高盐胁迫对植物的损害。

　　②改变叶表层组织结构：盐胁迫容易造成细胞脱水，为了避免细胞缺水而引起的一系列代谢失衡，有些湿地植物如秋茄树（*Kandelia candel*）、木榄（*Bruguiera gymnoihiza*）可通过增加叶表皮细胞和角质层厚度，以及采取气孔下陷等措施来降低植物的蒸腾作用，调节细胞内水分平衡。

　　③叶内层栅栏组织细胞层数增多：栅栏组织内是大型的薄壁储水组织细胞，因此栅栏组织的增加可加大叶片的肉质化程度，同时还可提高单位面积的光合效率。

　　④改变叶绿体亚细胞结构：盐胁迫可导致气孔关闭、叶绿体受损及与光合作用相关酶的失活或变性，从而导致光合速率下降，同化产物减少。叶绿体是植物进行光合作用的主要器官，同时也是最易受到盐度影响的细胞器。有些植物（如芦苇）可通过叶绿体类、囊体和线粒体脊的膨大，淀粉粒的累积等增加细胞光合作用面积，维持胞内代谢平衡。

　　⑤诱导通气组织的形成：盐渍条件下，土壤中氧气匮乏，植物代谢活动所需氧气依赖于体内的闭路循环。发达的通气组织可提高植物体内气体运输能力，使得气体闭

路循环成为可能，如喜旱莲子草（又名水蕹菜、水花生，*Alternanthera philoxeroides*）根茎薄壁组织中的通气组织面积随盐度增加呈递增趋势，从而大大增强了氧气储存和输导能力，满足了植物体对氧气的需求。

生理生化调节方面，湿地植物抵抗盐胁迫的途径主要有拒盐和泌盐、渗透调节及抗氧化物诱导等。有些湿地植物具有特殊的抗盐机制，可通过根部拒盐防止多余盐分进入体内。如红树科植物秋茄树和红海兰（*Rhizophora stylosa*）等可依靠木质部内高负压力，通过非代谢超滤作用从海水中吸取水分。此外，有些植物（如 *Thalassia testudinum*）的叶片也可能存在拒盐能力。在一些植物的叶片中，如红树植物白骨壤、蜡烛果（又名桐花树，*Aegiceras corniculatum*）及老鼠簕（*Acanthus ilicifolius*）等均存在盐腺，这些盐腺可有效地将植物体内多余的盐分排出，并维持体内较低的离子浓度。渗透调节主要包括无机离子渗透调节和有机渗透调节。参与无机渗透调节的离子主要有 K^+、Na^+、Cl^- 等，而参与有机渗透调节的主要包括氨基酸、多羟基化合物、蛋白质、可溶解性糖、甜菜碱、总黄酮等。这些相溶性物质通常溶解度较大，极性电荷少，并且分子表面有很厚的水化层，因此不仅可以维持细胞的渗透压，而且还能稳定细胞质中酶分子的活性结构，保护其不受盐离子的伤害。此外，盐胁迫条件下，植物体内会累积大量的活性氧分子（ROS），例如，H_2O_2、OH^- 等，而抗氧化物酶系统在清除 ROS 中起到了决定性的作用。超氧化物歧化酶（SOD）是抗氧化物酶系统中的关键酶之一，它可以有效地将活性氧分子分解成 H_2O_2 和 O_2，但反应生成的 H_2O_2 仍具有很强的氧化性。因此，需要愈创木酚过氧化物酶（POD）和过氧化氢酶（CAT）将其催化分解为 H_2O 和 O_2。多种抗氧化物酶之间相互协调、共同协作，可有效地抵抗膜质的过氧化，最终达到保护细胞膜结构的目的（李峰等，2009）。

2. 湿地动物对湿地环境的适应

（1）湿地动物对环境变化的响应。湿地生态系统中环境的变化主要包括水文情势变化、植被类型的改变、气候及土壤理化性质的变化等。这些变化均对湿地动物的物种组成、分布格局及多样性水平产生明显影响。例如，在洞庭湖湿地，旗舰物种小白额雁分布的多样性指数（SHDI）与退水时间变化呈现显著的负线性关系，而与薹草生长状况（NDVI）呈显著的正线性关系（图1-3）。可见，洞庭湖退水时间及其导致的薹草生长状况变化是小白额雁物种分布的多样性变化的关键生境因子，薹草生长状况变化是小白额雁物种分布的多样性变化的直接生境因子。退水时间变化通过改变薹草生长状况（食物可利用性），最终影响其物种分布的多样性变化，即：提前退水会导致薹草的提前出露、生长和枯萎，进而导致越冬期小白额雁食物匮乏，不利于小白额雁物种分布的多样性的维持。在应对提前退水导致的食物可利用性下降时，小白额雁可能会通过寻找最适宜的觅食生境而发生分布区的转移和集中分布在最优觅食生境，导致其物种分布的多样性快速下降（邹业爱，2016）。

除水文情势外，湿地沉积物类型、盐度等其他环境的变化也明显影响湿地动物的分布及组成，并且湿地环境对湿地动物的影响还与尺度有关。如大的尺度上，物种分布与温度相关，而小的尺度上，可能自然环境的性质起决定作用。如在一个河口系统中，底栖动物群落的生态学特征主要取决于自然生境的性质，如盐度、沉积物深度和潮汐状况等

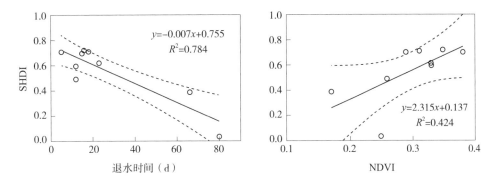

图 1-3　小白额雁物种分布的多样性与退水时间、薹草 NDVI 的线性回归

（Engle and Summers，1999；袁兴中，2001）。植被类型也是决定湿地动物生态特征的一个关键因素。如在红树林湿地不同演替阶段，底栖动物群落特征存在明显差异。在白骨壤＋桐花树阶段，大型底栖动物群落的多样性指数、栖息密度、物种数及生物量均最高。在秋茄树＋桐花树阶段，底栖动物物种数大为减少，尤其是底内型和底上附着型种类急剧减少，生物量也相应减少，栖息密度下降到最低。在木榄＋桐花树阶段，大型底栖动物群落的物种数，尤其是底内型和穴居型种类继续减少，生物量也降到最低，但栖息密度有所上升，多样性指数有所回升。在白骨壤＋桐花树阶段，优势种的生活型分别是底内型和穴居型；在秋茄＋桐花树和木榄＋桐花树阶段，优势种的生活型是穴居型。这可能是因为不同群落演替阶段，植被类型的不同导致林下沉积物化学性质、光照水平及食物来源不同等，进而直接或间接地改造环境进而影响动物群落（唐以杰，2007）。

（2）湿地动物对人类干扰的响应。人类活动对湿地动物的影响也主要通过改变湿地动物生境、食物来源及湿地环境进而导致湿地动物生态特征发生改变。如洞庭湖缓冲区采桑湖湿地，在一定程度可以作为洞庭湖核心区大、小西湖自然湿地的补偿，为越冬候鸟提供适宜的生境。但 2013 年，该湿地生境发生了明显改变，被当地政府承包给相关开发商用于种藕、养蟹。研究发现，该人工湿地经种藕、养蟹之后，生境发生剧变，小白额雁的种群密度呈极显著下降（图 1-4）。而在采桑湖人工湿地生境剧变之前，小白额雁的种群密度在采桑湖人工湿地与大、小西湖自然湿地不存在显著差异，而在 2013 年采桑湖人工湿地生境剧变之后，小白额雁的种群密度在采桑湖人工湿地显著低于大、小西湖自然湿地（图 1-4）。这主要是因为生境改变后，导致小白额雁的栖息环境和食物来源等发生了显著变化，改造后的生境已不适合小白额雁的栖息，导致越冬的小白额雁不得不转移至其他区域越冬。而在群落水平上，生境的改变也导致候鸟的群落组成发生明显变化。具体表现为食块茎类，尤其是食草类、食虫类和食鱼类对采桑湖人工湿地利用的下降（相比大、小西湖自然湿地），而杂食类对采桑湖人工湿地利用的上升（相比大、小西湖自然湿地）。在物种水平上，采桑湖人工湿地生境剧变导致豆雁（*Anser fabalis*）、小白额雁、普通鸬鹚（*Phalacrocorax carbo*）、反嘴鹬（*Recuruirostra avosetta*）、白琵鹭（*Platalea leucorodia*）、凤头麦鸡（*Vanellus vanellus*）、翘鼻麻鸭（*Tadorna tadorna*）7 种越冬候鸟对采桑湖人工湿地利用的下降（相比大、小西湖自然湿地），而黑水鸡（*Gallinula chloropus*）、白骨顶（*Fulica atra*）和针尾鸭（*Anas acuta*）3 种越冬候鸟对采桑湖人工湿地利用的上升（相比大、小西湖自然湿地）（邹业爱，2016）。

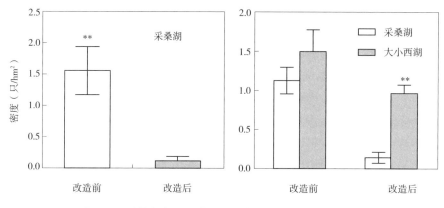

图 1-4　采桑湖人工湿地生境剧变前后物种的密度变化

生物入侵所导致的生境改变也是影响湿地动物生态特征的一个关键要素。如在崇明岛东滩湿地，互花米草（*Spartina alterniflora*）的入侵导致鸟类栖息地群落结构和功能发生明显改变。同时，贝类等运动能力差的软体动物在密集的互花米草丛中活动困难，甚至可导致窒息死亡，从而造成鱼类和鸟类食物资源不断减少，导致整个湿地生态系统生物多样性的显著下降（马强等，2017）。互花米草对湿地动物的影响还受原生境植被情况的影响。如在无植被覆盖的光滩，互花米草的入侵可为底栖动物提供庇护所，降低被捕食概率。另外，互花米草较高的生物量可为部分动物提供丰富的食物，从而提升动物的丰富度和多样性水平。然而也有研究报道互花米草入侵裸滩后，会对底栖动物群落结构产生负面影响（Zhou et al.，2009）。而相对于无植被光滩生境而言，互花米草入侵原生植被区对底栖动物的影响相对较小。但当前相关研究结论也不一致。这是因为互花米草入侵对底栖动物的影响受多个因素的共同制约，包括互花米草对生境的改造、底栖动物食物源供应和摄食压力的变化，对生境内土壤和间隙水理化性质改变等（冯建祥等，2018）。

3. 湿地植被演替

植被演替是一种植物群落经过一定历史发展时期，由一种类型转变为另一种类型的替代过程。演替过程中植物群落结构和组成也将发生明显的变化。演替的概念自 Clements 提出后由英国生态学家 W.H. Pearsall 和美国学者 L.R. Wilson 分别于 1920 年和 1935 年将其应用于沼泽湿地。湿地生态系统中，影响植被演替的机制非常复杂，是多个生物因子和非生物因子共同作用的结果，且因子间所起作用的大小不同。一般认为植被演替发生的原因包括外因和内因两个方面。外因通常是指人为干扰、物种入侵、气候变化及环境因子改变等群落外部的影响因素，而内因主要是指群落内和群落间植被的竞争关系。对一般淡水湿地而言，湿地植物的演替通常认为是由水文情势所控制的。例如，随着水位梯度的下降，导致沉水植物和浮叶根生植物被挺水植物所替代，随后一些耐水淹植物也相继侵入，形成以一年生草本为主的湿生草甸。而在滨海湿地，湿地植被的演替通常是由土壤和水体盐度所主导（贺强等，2008）。同时，不同环境因子强度的不同也对湿地植被的演替方向具有明显的调控作用。如在洞庭湖湿地，除有水文情势主导下的湿地植被演替模式外，还存在由泥沙淤积主导的湿地植被演替模式，且由于泥沙淤积强度的不同，湿地植被演替模式存在明显差异。例如，淤积速率很快时，川三蕊柳（俗称鸡婆柳，*Salix triandroides*）往往可以快速占据裸滩形成鸡婆柳灌丛群落；若淤积速率相对较慢，则首先出现薹草群落，随后随着演替的不断进行，再逐渐演变为芦苇、南荻群落，最后直至森林群落若淤积速率较快，则首先由洲滩裸地发展为藕草群落，随后发展为芦苇、南荻群落，最终发展为木本植物群落，该演替模式常见于航道中孤立的洲滩（如鹿角）及航道两侧的湿地（图1-5）（谢永宏和陈心胜，2008）。

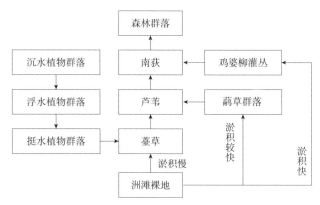

图 1-5　不同淤积强度下洞庭湖湿地植被演替模式示意图

不仅如此，由于湿地生态系统的复杂性，湿地植被演替可能同时受多种因子及人为干扰等共同控制，进而导致不同的演替模式。例如，在黄河三角洲湿地，湿地植被的演替总体受到距海远近及黄河入海水道变迁的制约，同时由于多种自然和人为因素的干扰，湿地植被的演替类型多样。该湿地演替类型总体可分为以下几种形式。

（1）盐生植被的正向演替。在三角洲沿海滩涂和低洼积水的重度盐渍土环境，最初是裸露的光地，随着新生湿地向海扩展，原有滩涂受潮汐影响减弱，进而盐地碱蓬、柽柳（*Tamarix chinensis*）群落开始发育，随着地面的淤高及土壤盐分的不断下降，盐地碱蓬、柽柳群落就被獐毛（*Aeluropus sinensis*）群落、假苇拂子茅（*Calamagrostis pseudophragmites*）群落、补血草（*Limonium sinense*）群落、白茅（*Imperata cylindrica*）群落等耐盐性差的湿地草甸植被替代。由于此时地貌环境已比较稳定，上述湿地草甸植被一般可以持续十年甚至百年，直至演替到温带落叶阔叶林群落。

（2）盐生植被的逆向演替。该类型的演替是相对于上面的演替而言的。当上述植被演替到白茅群落和假尾拂子茅群落时，由于对土地的不合理开垦利用会导致土壤下层盐分迅速向地表积累，使得上层土壤盐分过高，从而导致耐盐植物的再次入侵，进而导致逆向演替（张俊，2006）。

（3）湿生植被的顺行演替。河口泥沙淤积最初形成的潮间带下部裸露的滩涂，在外缘泥沙淤积的作用下演化为盐地碱蓬群丛、柽柳群丛、盐角草（*Salicornia europaea*）群丛等盐生植被，随后随着外缘地表的不断抬高，在有短期积水的地方盐生植被就演化为眼子菜（*Potamogeton distinctus*）群丛、荆三棱（*Scirpus yagara*）群丛、假苇拂子茅群丛，在黄河三角洲外缘潮上带由湿地盐生植被演替为湿生植被一般也要经过几十年的时间（张绪良等，2009）。

（4）水生植被的顺行演替。该类型的演替多发生在一些面积较小的湖泊、坑塘湿地及水库等。演替序列为沉水植物群落 [穗状狐尾藻群落、金鱼藻（*Ceratophyllum demersum*）群落、大茨藻（*Najas marina*）群落等]→浮叶根生植物群落 [如紫萍（又称紫背浮萍，*Spirodela polyrrhiza*）群落]→挺水植物群落（如香蒲群丛、荆三棱群丛等）→湿生植物群丛（芦苇群丛、南荻群丛等）→陆地中生或旱生植物群落。该类型的演替主要由水深高度控制。尤其是在一些大的湖泊或水库中，由于水位相对稳定，人为干扰小，演替过程相对缓慢，仍以沉水植物群落为主。

同时有研究表明，研究尺度的不同，所得出的影响植被演替的关键因子也会不同。从大的尺度上讲，盐度可能是影响滨海湿地植被演替的关键因子，物种对盐胁迫耐受力的大小决定了其分布的最大空间；而从小尺度上来看，生物作用（如竞争和捕食）可能起到了决定性的作用（Crain et al.，2004）。可见对湿地植被演替规律的研究需在不同尺度上联合开展方能得出较为清晰的结论。

第二章

湿地生态系统
退化的原因

一、湿地生态系统退化概述

湿地与森林、农田、草原和近海并列为全球 5 大生态系统。湿地生态系统是一个复杂的非线性动态系统，也是地球上最重要、最脆弱的生态系统之一。湿地是具有独特的土壤、植被、水文以及生物特征等的多功能生态系统，其与人类的生产生活息息相关，是人类最重要的环境资产之一，也是自然界最富生物多样性的生态景观和人类最重要的生存环境之一。

（一）湿地生态系统退化的基本概念

湿地退化是自然生态系统退化的重要组成部分（张晓龙和李培英，2002）。湿地退化主要是指由于自然环境的变化或人类对湿地自然资源过度以及不合理的利用，造成的湿地生态系统结构破坏、生态功能衰退、生物多样性减小、生产力下降、湿地生产潜力衰退以及湿地资源逐渐丧失等。湿地退化会导致水资源短缺、气候异常、各种自然灾害频繁发生等一系列严重的环境问题。一旦形成退化湿地生态系统，要想恢复已遭破坏的生态环境和失调的生态平衡是非常艰难的。因为有些退化过程是毁灭性的、不可逆转的。从动态角度而言，湿地退化是湿地生态系统的一种逆向演替过程，此时，系统处于一种不稳定或失衡状态，是系统在物质、能量的匹配上存在着某一环节的不协调，或者是由于某种不利的量变过程已达到使系统发生蜕变的临界点，表现为系统对自然或人为的干扰只有较低的抗性、较弱的缓冲能力以及较强的敏感性和脆弱性。在此情形下，原有的生态系统会逐渐演变为另一种与之相适应的低水平状态下的系统，即退化湿地生态系统。

（二）湿地生态系统退化的基本特征

湿地的退化是一个复杂的过程，退化常常是相对于是否有利于人类和生物的正常生存以及持续发展而言的。随着人类对自然的压力日益增大，使得环境的变化已严重影响到了人类自身的生存环境，让人类也逐渐认识到了人类、生物、环境之间的关系。判断湿地是否退化的最基本诊断特征是湿地固有功能的破坏或丧失、系统的稳定性降低、生产力下降、抗逆能力减弱（宋长春，2003）。相应的湿地生态系统支持人类健康发展和维持生态环境有序演进的作用和能力也不断降低。湿地生态系统退化首先表现为系统组成成分和结构状态的衰退，接着是系统功能的降低，进而引起整个环境的退化。湿地生态系统的功能和结构以及与生态系统相联系的生境的丧失和破坏主要体现为：生物群落生产力降低、生物多样性下降；土壤有机质含量下降、养分减少、土壤结构变差；水体富营养化、水位降低、水域面积减小以及水分收支平衡失调等。因此，湿地退化的基本特征包含了水体、土壤和生物3个重要部分的退化，这3部分相互影响、相互制约，并最终导致湿地退化最为重要的标志——湿地生态功能的退化（杨大勇等，2013）。

（三）我国湿地生态系统退化的现状

长期以来，我国湿地保护意识的严重滞后，人们缺乏对湿地全面深入的认识，存在相关管理政策和法律法规不完善，湿地保护与修复资金匮乏等诸多原因，导致湿地面积锐减、过度开发、污染、生物入侵、生物多样性减小，以及景观破碎化等问题逐渐突出，湿地功能和效益不断退化（杨大勇等，2013）。我国湿地特征退化现状主要表现为以下几方面。

（1）湿地面积急剧减少，水土流失加剧。随着我国经济的发展和城市化进程的加快，对土地需求量逐年上升，尤其在沿海、河区和湖区，工农业、养殖业、水利工程的建设、围垦等逐步侵蚀湿地，导致湿地面积急剧减少，湿地功能退化，使湿地生态环境受到严重的破坏，湿地面积减少，水土流失加剧是近年来湿地退化的最大威胁。湿地水土保持区的湿地资源植物遭到过度滥伐破坏，导致水土流失，大量的泥沙流入湿地水域，影响生态平衡，造成泥沙不断淤积，导致湿地面积缩小、功能衰退。黄河湿地就是一个典型的例子。

（2）湿地景观破碎化。景观破碎化是指由于自然或人文因素干扰导致的景观由简单趋向于复杂的过程，即景观由单一、均质和连续的整体趋向于复杂、异质和不连续的斑块镶嵌体的过程。主要表现为斑块数量增加、面积缩小、斑块形状趋于不规则、内部生境面积缩小、廊道被截断以及斑块彼此隔离等，湿地景观破碎化是导致湿地生物多样性减少和物种濒危的根本原因。

（3）湿地污染严重。湿地退化的主要标志是湿地污染，大量未经处理的"三废"直接向湿地排放，致使湿地水质恶化、土壤严重污染、功能退化。目前，许多天然湿地已成为污水承泄区，导致湿地水质和生态环境恶化，生态系统破坏严重，湿地功能逐渐丧失。

（4）湿地生物资源利用过度，生物多样性受损。湿地生物量降低，湿地生物、水量减少，资源过度开发以及湿地生境破坏是导致资源衰退、生物多样性受损的重要原因。湿地资源的过度利用首先体现在对经济品种效益的过度追逐，典型的就是水产捕捞、养殖业。围水造田、过度捕捞、偷渔、滥捕、集约化养殖对沿海、湖区、河流等湿地生物资源造成难以恢复的破坏。

（5）生物入侵。生物入侵是指外来种通过自然或人为作用进入新的分布区，扩散、繁殖最终成功定居的现象。生物入侵能使土著种的生存空间萎缩甚至消失，呈现群落区系单一化，结构简单化，生态系统或景观破碎化。生物入侵具有驱逐效应，即外来生物通过竞争逐渐占据优势，本地种群会逐渐弱势化、濒危或灭绝。人为干扰的竞争失衡易形成群落区系的单优化倾向，促使湿地生物多样性丧失，生态系统趋向简化，系统内能流和物流中断或不畅，系统自我调控能力减弱，生态系统稳定性和有序性降低。

另外，我国湿地现阶段也受到全球变暖、湿地水文和局地气候改变、酸雨的出现、地质灾害的发生，碳蓄积量减少，高毒农药等有机污染物的使用都是导致湿地退化的危险因素。

二、湿地生态系统退化的原因

湿地生态系统退化是指湿地生态系统受自然或人为原因，使结构劣化或遭到破坏而导致其功能衰退、生物多样性减少、生物生产量下降等逐渐演变的过程。造成湿地退化的原因主要是自然因素和人为因素，两者之间既相互区别又相互联系。自然因素是初始阶段导致湿地退化的主要原因，人为因素是从自初始阶段至今导致湿地退化主要原因，由于人类活动的参与，让人为因素的影响程度远远大于自然因素。人类对湿地不合理的开发利用，全球环境也在不断地发生变化，导致湿地面积和资源日益减少，质量和功能持续下降，让整个湿地生态系统发生严重的退化。湿地生态系统成为整个生态系统中退化最快的生态系统。而湿地生态系统退化，则会造成其结构的变化以及某些生态功能的改变或丧失，危及湿地生物的生存与发展，威胁区域社会经济的可持续发展。

（一）自然因素的干扰

从自然的角度来讲，区域地质地貌，局部气候和水文的异常变化是生态系统不稳定性和退化的自然成因。自然因素主要是指全球和区域气候变化所造成的影响，在整个湿地生态系统过程中，系统参与者的生存和延续生命的活动均与自然因素密切相关。例如，天文因素变异而引起的全球环境变化（如冰期、间冰期的气候冷暖波动）、地球自身的地质地貌过程（如火山爆发、地震、海啸等）、区域气候变异（如大气环流、水分循环模式的改变），以及由此引起的自然灾害均会破坏生态系统中的生存空间、土壤肥力，造成水土流失、土壤退化、生物种类和数量的减少，生态系统的功能丧失。地质地貌是生态系统发育的载体和基底，地质基础和地貌结构的不稳定必然会导致上述生态系统的动荡多变。气候因素和水文因素它们决定着生态系统发生和演化的自然方向，是"塑造"生态系统的"常驻"牵引力，它们对生态系统的作用一般来说是长期的、缓慢的。但当气候因素和水文因素发生剧烈波动或变化时，就会切断或破坏生态过程的某一链节，扰乱生态系统的固有"秩序"，导致生态系统的无序化，使之向退化方向发展。

1. 地质地貌

地质地貌是生态系统得以存在和发展的载体和物质基础，并在形态上反映其环境的某些外部特征。地质地貌基础包括地质构造、地貌结构、岩性和地表物质组成等。地质地貌结构及其组成主要反映物质体系各因子间的排列组合方式及联系，如果物质过程间联系是紧密和稳定的，则环境在形态上是稳定的；如果构成物质间不协调，联系不紧密，则在外部动能因素干扰下，容易造成物质间联系纽带的松弛和解体，以及形态上的变化。不同的地质地貌基础具有不同的稳定性，并可产生不同的地貌过程，因而决定着生态系统物质和能量的不同传输模式。不稳定的地质地貌结构，偶发性的或突发性的地质灾害可诱发生态退化。常见的地质灾害包括滑坡、崩塌、泥石流等，它们可在短时间内由纯粹的一种地质作用转化为一种生态灾害。地质灾害的发生，可干扰或破坏生态系统中生物群落生存所需的地貌空间、土壤肥力、水文和气候等主要生态因子，造成水土流失、土壤退化等，毁坏生物群落尤其是绿色植物所需的生境条件，最终导致物种数量减少，人类和动物迁移，生态平衡破坏与瓦解。

大量泥沙的淤积，导致湿地的地表抬高，促进了各种湿地植物生长，然而湿地植物的生长又反过来促进了泥沙的淤积，周而复始，泥沙累积越来越多，湿地退化的程度也越来越严重。随着全球气候变化加剧，则需要建设堤岸工程来应对气候变化带来的灾害及风险。防波堤、防潮堤等工程的建设，改变了湿地原有的自然演化过程，造成湿地生态系统沉积环境、地貌形态、水文特征以及生态系统生物地球化学过程的变化，直接或间接影响湿地生态系统结构与功能，导致原有湿地栖息地生境面积缩小、景观格局破碎化，破坏了当地生态系统食物链与能量网，生物多样性降低，湿地生态系统不断退化。

2. 气候水文

气候和水文的异常变化也是导致生态退化的原因之一。气候的异常变化因素主要包括温度和降水量的异常变化、风的波动或巨变等。短期气候变化对湿地的影响主要表现为气候变暖加剧了干旱对湿地水文条件的影响。当降水量和降水变率变化至其他因素不能自我调节时，无疑会造成生态环境链的断裂。例如，就暴雨洪水对环境和生物的破坏而言，当雨量超过土壤保持稳定性指标的时候，就会形成地面冲刷，造成水土流失；地表径流亦是显著的动能因子，一旦径流量，亦即水动力的传输过程与其他环境因子，如土壤因子的自我维持能力不协调时，便会造成表土侵蚀并导致原生环境的消失；与地貌因子不协调时，便会改变地表形态，造成原生环境的急剧改变等。

许多研究指出，导致湿地退化的重要原因之一是气候变化，随着气温的不断上升以及每年全球高温时间的延长，使得气候变暖和持续干旱成为全球的常态，未来全球变暖将显著影响各种湿地的分布与演化。因为气候和水文因素也是控制生态系统发育的主要生态背景条件。全球和区域气候变化所造成的影响，全球气候变暖、持续的高温干旱，使降水量降低、蒸发量加大，直接导致了湿地内水分的不断减少，湿地蓄水量显著下降，地表水面积减少，甚至出现枯水，导致湿地面积大幅度减小。气候变暖和持续干旱都是导致湿地退化的主要原因。如我国洞庭湖湿地，根据区内 30 个气象台的气象分析资料（1982~2013 年），发现该区全年气温变化的总趋势是递增的，流域内大部分区域降水量呈递减趋势。近 32 年来，洞庭湖流域气候总体呈明显暖干化趋势（黄金国，2005）。而近 10 年来，洞庭湖水体面积呈减小的趋势，从 2002 年的 1394 km²减少为 2011 年的 873 km²。青藏高原存在大面积高寒湿地群，它们是长江、黄河等众多大江大河的发源地，许多研究指出，对于人为活动较少的偏远湿地导致其退化的重要原因之一就是气候变化。

纬度和海陆位置的不同，也会使得气候水文特征不同，并造成植被—土壤—生物的时空分异，进而形成各具特色的生态系统类型。在气候和水文因素的稳定持续作用下，它们一般并不形成生态退化，它们和地质地貌基础共同控制着生态系统的基本形态及相应的系统水平（包括生产力、生物量、稳定性、脆弱性、敏感性、抗逆能力等），这些因素是生态系统进化或维持动态平衡的基本推动力，它们对生态系统的发展是起正向作用。这些因素的能量特征及传输转化在空间和时间上与其他因素不协调时，便导致生态退化的发生。

全球与区域气候的变化只为湿地退化提供了一个基本背景，而关键气象要素在中小尺度上时空分配状态的变化和局地气候特征的改变，则可能是湿地退化的更直接的原因和动力。同时，气温升高也会使湿地的各种生态过程发生显著变化。对于鸟类，全球变暖不仅使其栖息地面积减小，而且全球气温升高影响海洋环流，使生物的营养供给发生变化，进而影响湿地生产力，并通过食物链最终影响鸟类的群落组成与结构。

3. 新构造运动

新构造运动是导致自然湿地退化的关键诱因之一。新构造运动通过地壳隆起、沉降作用和河流侵蚀作用从而显著地控制地形和水系格局的形成，使湿地趋向自然疏干，发生退化。新构造运动上升或快速下降也加剧了湿地退化。例如，我国最大的高原沼泽湿地——若尔盖湿地的退化就是一个典型例子。该地区的新构造运动有上升的特点，黑河、白河大部分河段河流下切作用十分明显，河床普遍下切至距原河漫滩地表 1 m以下。白河、黑河普遍发育 2~3 级阶地。很多阶地被新发育的河谷切割，沼泽地被暂时性流水切割出冲沟，不仅切透泥炭层，而且切入至泥炭层下伏矿质土层中。新构造运动上升导致侵蚀基准面下降，地表水文状况发生变化，这使沼泽发生旱化、逆向演替、类型改变等一系列连锁反应的沼泽退化现象（李瑞敏，2008）。

4. 生态系统群落结构

生态系统群落结构简单、生态环境极为脆弱，大部分湿地植被类型较为单一，区内乔木分布较少，基本无乔、灌、草立体型植被结构，区内生态系统空间异质性不明显，不利于抗御内外干扰，因而也不利于抵抗水流及风沙侵蚀。

5. 鼠害

鼠害的发生既是湿地退化的反映，又是加剧湿地退化的原因。由于近年来人类活动使鼠类天敌的种类与数量锐减，缺乏食物链约束的鼠害肆虐，残食牧草。纵横交错的地下洞穴使土壤水分流失、干涸板结，牧草枯萎死亡，形成大面积潜在的沙化土地。

鼠类可以破坏湿地生态系统，对湿地的破坏性极大。鼠类不仅啃食草根，造成植物死亡，而且挖穴掘洞，破坏土壤。鼠类不仅引起草场植被的退化演替，而且掘出的大量土壤在雨水和风力的侵蚀造成水土流失严重。

（二）人为因素的干扰

湿地生态系统的退化有自然环境变化作用力的影响，也有人为因素的影响。区域气候变化固然是湿地退化的主要原因，自然灾害虽然能造成生态系统的巨大危害，但是自然灾害的发生地区是有限的，只涉及灾害发生的地区，而且频率很小，所以影响的范围也是有限的。然而人为活动的干扰在加速生态系统的退化上具有巨大的影响。随着科技的进步，生产力的发展，社会需求的增加，人类以各种各样的方式越来越强烈地干扰着自然生态系统的平衡和稳态。人类用自己强大的科学技术力量不停息地改造自然、征服自然。人类社会所发生的一系列的社会、经济、文化活动或过程包括人类活动对湿地环境的改变、人类活动对湿地生物多样性的破坏、对生物群落的生长、发育和繁殖的影响等。各种人类活动使各地的湿地生态系统受到不同程度的破坏，对湿地生态系统施加的不合理的干预则是近几十年来环境急剧恶化的重要原因，大大加快了湿地退化的进程（卞建民，2004；潘英姿和高吉喜，2005）。

人类对生态系统的干扰方式多种多样，归纳起来，包括两大方面：第一是对生态系统的结构的干扰。即由于人类对自然资源的无度索取，引起自然生态系统结构的变化，如砍伐森林、过度放牧、乱捕滥猎、围湖造田等，造成了生态系统的结构性失衡。第二是对生态系统的功能的干扰。即由于大量工业和生活废弃物排入自然界，改变了原有生态系统自我调节、自我净化的能力，造成了生态系统功能性的失衡。

1. 工农牧业迅速发展、过度捕捞

伴随着经济的高速发展，工业、农业也随之迅速发展，人类受到短期经济利益驱使，过度消费湿地生物资源，盲目地开垦湿地，使湿地面积大幅度缩减。过度开发生物资源、破坏湿地生境是导致湿地资源严重退化、生物多样性受损的重要原因。湿地资源的过度利用的典型是水产捕捞业和水产养殖业。围湖造田、过度捕捞、盲目扩大的养殖对湿地资源造成不可逆的、难以恢复的破坏。工农业的大力发展，现代农业、工业用水量大增，对地下水的过度开采，使得地下水位急剧下降，造成湿地系统物质能量流失衡及生态功能减弱，直接导致湿地系统的退化。因为湿地用水的承载力是一定的，过度的用水、水资源的浪费、工业农业导致水质污染也使得使湿地蓄水量逐年减少、自净能力减弱，对湿地生物的数量、种类及系统稳定性造成影响，最终使湿地面积锐减、生物多样性受损、湿地功能减弱或丧失。畜牧业的不可持续大发展，对湿地植被造成严重破坏，湿地系统物质能量流失衡及生态功能减弱，直接导致湿地系统的退化。

渔船数量迅速增加，捕捞强度不断加大，湿地生态系统生物多样性受到威胁，在滩涂湿地上挖鱼虾塘，密度大，过量投放饵料，大大超出了养殖容量和环境容量，加剧了湿地生态系统中水体富营养化，使湿地生态环境受到破坏，长期掠夺式的经营导

致湿地资源的衰竭。洞庭湖、鄱阳湖、长三角、黄三角、珠三角等水域渔业资源退化严重，如在洞庭湖、鄱阳湖湿地有害渔具遍布，每到渔汛期，外来渔民大量涌入，增大了捕捞强度，形成了掠夺式经营的局面，导致鱼类产量急剧降低和鱼类数量急剧减少，湖区的许多野生动物都具有相当高的经济价值，但多年来由于人类对湿地资源进行不合理的开发利用及毁灭性的利用，投毒设网猎捕水禽、收集鸟蛋、毒鱼、炸鱼、电鱼、排水捕鱼、砍伐、采挖等使湿地生物多样性降低，湿地功能下降，生境破坏生物资源生产力已经明显降低，中华鲟（*Acipenser sinensis*）、江豚长江亚种，长江江豚，*Neophocaena phocaenoides asiaeorientalis*）等珍贵物种几乎绝迹；对鸟类的过度捕猎的现象很严重，每年迁徙季节都有大量的越冬候鸟遭毒（捕）杀，大量捕杀导致鸟类种类和数量急剧减少。在洞庭湖、鄱阳湖区域"迷魂阵"还比较普遍，"迷魂阵"一次捕获小鱼成千上万，对鱼类资源有着极其严重的破坏作用，大量滥捕对鱼类资源造成严重破坏，渔获物种类越来越少。在 20 世纪 50 年代渔获中鲥鱼（*Tenualosa reevesii*）常见，目前已几乎绝迹；鳗鲡（*Anguilla japonica*）的现存量大大减少。长江三鲜（河豚，鲥鱼、刀鱼）、长江江豚频临灭绝，鳜鱼（*Siniperca chuatsi*）、银鱼（*Hemisalanx prognathus*）等濒危，长江鱼类中四大家鱼（青鱼、草鱼、鲢鱼）、鲤鱼（*Cyprinus carpio*）、铜鱼（*Coreius heterokon*）、圆口铜鱼（*Coreius guichenoti*）、长吻鮠（*Leiocassis longirostris*）、黄颡鱼（*Pelteobagrus fuluidraco*）等主要经济鱼类的开发均超限度，呈现小型化和低龄化趋势；长江江豚目前在洞庭湖分布的数量约 15 头，常见于东洞庭湖岳阳至城陵矶段；而在 20 世纪 60 年代，其数量达 70~80 头。中华鲟已被列为国家Ⅰ级重点保护野生动物。白鳍豚已被宣布"功能性灭绝"。不合理的养殖易引起水体富营养化，造成湿地生境失调、湿地环境调配功能降低、生态环境恶化，渔业资源呈现持续衰退的趋势；主要捕捞种类小型化、低龄化、幼鱼比例越来越高。

2. 围垦活动

大规模的围垦活动是造成我国当前湿地大面积丧失和生态系统退化的主要原因之一。在历史的长河中围垦成为作为人类在湖区增长物质财富、改造自然的重要手段，对于改善湖区人民生活条件、促进湖区经济和社会的发展发挥了非常重要的作用。长期以来，随着人口的不断增长，为了能有一个稳定的生产生活环境来满足日益增长的人口对粮食的需求，人类通过高强度的圈围湿地来获得新的土地资源。围湖造田就是其中一种，围湖造田大量攫取湿地生态系统土地资源，使湿地的性质发生改变，使其变换为其他土地利用类型，其中围湖造田主要用于满足农田、养殖塘、建筑用地以及各类工业用地等各种人类对不同性质土地的需求，直接导致湿地大量消失。人类的围湖造田侵占了大面积湿地空间，破坏了原有的生态系统结构，导致湖滨带功能退化。围湖造田还直接导致菱、莲、芦苇等湖滨带内的多种水生植物分布面积骤减，使鱼类等各种水生动物赖以生存、繁衍的生境条件恶化、生存空间缩减。随着人们不断地围垦，对河湖洲滩地进行开垦利用，改变了土地利用类型，缩小了水域面积，减少了湖滩草洲，引起湖滨带水生动植物种群结构的变化，影响珍稀水禽的栖息。而圩堤的修建则阻塞了半洄游性鱼类的通道，破坏影响了鱼类生产繁殖的场所。围垦也改变湿地植被演替。湖滨洲滩盛长薹草、广防风（又称芒草，*Epimeredi indica*）、蔺草和蓼子草（*Polygonum criopolitanum*）等各种草本植物，历来是良好的牧场、燃料的基地、绿肥的宝库。其内部低洼地带，螺蚌密集，是野生水禽和候鸟觅食鱼栖息的乐园。围垦使环状结构的植被体系遭受严重破坏。围湖造田将沼泽性湖和浅水湖改成了田使泥沙淤积，湖、河床抬高，田面高程相对下降，形成坑高田低，使地下水位升高，稻田土壤次生潜育化严重。加上湖区洪涝灾害频发，农田经常遭淹，在脱沼泽和半脱沼泽过程中，地下水位受到地表水的经常补给，致使这些农田继续保持潜育化状态，并向深层发育，使土壤的水、肥、气、热失去平衡，最终导致土壤结构的恶化与破坏，土地适宜性降低，整个地区农业生态环境受到严重影响。

据统计，1978~2008 年，我国湿地面积减少了约 33%；长江中下游 34% 的湿地因围垦而丧失；我国最大的沼泽区三江平原在 1995~2005 年期间，由于人类开垦导致湿地面积减少 77%；黄河三角洲在 1973~2013 年期间，湿地总面积也呈下降趋势（牛振国等，2012）。据史料记载，洞庭湖区围垦活动最早可以追溯到新石器时代，而鄱阳湖区在东汉时就已有江堤设施，太湖流域从东晋开始，湖区的围垦进入繁盛期是在明、清时代。中华人民共和国成立后，受"以粮为纲"思想的指导，在 1958~1976 年期间，各大湖区大面积围垦达到高潮。据统计，洞庭湖湖区围垦总面积达 1210 km²；鄱阳湖区围垦总面积达 1830 km²。但是，长期以来大面积的盲目围垦，加速了湖泊萎缩的过程，造成了湖泊容积减少，面积大幅减小，削弱了湖泊对洪水的天然调蓄能力，导致汛情增加。特别是"五河"入湖洪道上的圩区，阻碍洪水泄流，导致鄱阳湖、洞庭湖对入湖洪水调蓄能力的降低，使湖区水情显著恶化，洪涝灾害不断加重。太湖流域从东晋到明清，水灾频频发生，这与围湖造田的活动是密不可分的；而在 1950~1985 年期间，太湖有 528.5 km² 面积的湖滨带被开垦为农田。鄱阳湖 1962~1965 年、1965~1967 年围湖造田面积分别达到 290 km² 和 340 km²，导致洪水的洪峰水位分别抬高了 0.27 m 和 0.38 m。太湖从 1961 年开始的 20 多年的围垦活动，直接导致湖滨带的鲤鱼、鲫鱼（*Carassius auratus*）产卵场从 520 km² 减至 260 km²；芦苇面积及产量由急剧下降，而 2008 年全太湖湖滨带的挺水植物面积仅为 6.38 km²。

围湖筑垸等人类活动使泥沙淤积，造成天然湖泊湿地面积缩小也是湿地面临的最大生态问题之一。在入湖泥沙量不变的情况下，随着湖泊泥沙淤积的累积和大规模的围湖筑垸，自然湖泊湿地遭到大面积的围垦，面积急剧减少；自然调蓄容积变小，削弱了湿地对洪水的调控能力，面积的减少也导致了泥沙淤积范围的缩小，而未围垦的洲滩不但要承担本身应该承接的泥沙，还要分担被围垦洲的那部分泥沙。这样，就加快了天然湿地泥沙淤积的速度，使得鱼类生存空间缩小，给湖区带来了一系列的恶果；水位的抬升造成出湖泥沙量减少，湖盆泥沙沉积量增加；人为地扩张湖滩地，加速湖泊本身的萎缩，湖泊表现出明显的沼泽化趋势。水位的升高还使出湖洪峰流量减少，加重湖区防洪负担，还会造成区内内湖面积减少，堤外滩地泥沙沉积量增加，湖区内湖蓄纳渍水能力削弱，加重了湖区排涝的负担。如洞庭湖湖区大洪涝年份出现概率增大，近 20 年湖区出现大洪涝灾害的频率不断上升。围垦导致泥沙淤积使得湿地面积减少还让洞庭湖湖口水位上升，据长江水利委员会计算，洞庭湖区每围垦 1000 km²，在高水位时，湖口城陵矶的水位抬高约 0.3 m，洞庭湖水位也相应抬高。洞庭湖的萎缩影响了其调蓄渲泄洪水径流的生态服务功能的发挥。据统计，自中华人民共和国成立以来，洞庭湖削减入湖洪峰的能力平均每年下降 153 m³/s，加剧了区域的洪涝灾害威胁。

3. 城市化及水利工程的修建

城市化是湿地面积减少的主要原因之一。随着人口增长，城市用水增加进一步减少了湿地的水源供应，湿地生态功能丧失和退化的速度十分惊人。城市湿地是城市重要的生态基础设施，是城市可持续发展所依赖的重要自然系统，也是城市及其居民能持续地获取自然服务的基础。城市可持续发展依赖于具有前瞻性的市政基础设施建设，如果这些基础设施不完善或前瞻性不足，在随后的城市发展过程中必然会付出沉重的代价。为了提高城市环境质量，最近一些地区在城市建设中采取了填埋、掩盖、河道人工化等河流治理措施。这些不合理的城市人工美化措施会降低城市湿地系统的生态服务功能和社会利用价值。例如，在一些城市，自然植被河岸变成水泥河道以后，其物种多样性急剧减小，其水泥地面增加了"热岛效应"，几乎丧失了改善区域环境等生态服务功能。美国农业部门的研究表明，城市化过程都涉及侵占和破坏湿地，美国全国已经丧失了 58% 的湿地。旧金山地区自 19 世纪中叶开始开发以来，由于人口迅速增长，人类为生存而进行的城市建设等措施使湿地面积由原来的 2×10^4 hm² 减少到 20 世纪 90 年代的 2000 hm²。通过分析发现，1992~2001 年北京市海淀区丧失了近 90% 的湿地，随着北京城市的发展，不仅城市湿地面积迅速减少，而且湿地的生境也受到了严重损害。

控制性水利工程的修建，人为切断了下游湿地汛期洪水的补给，破坏了湿地水文过程。自中华人民共和国成立以来，水利工程建设特别是大型水利工程的建设得到飞速发展，虽然这些水利工程带来了巨大的社会、经济效益，但同一定程度上造成了其周边辐射区域湿地的退化。人为修建水电工程、水库和堤防，拦截水源使得河流下游以及周围的水利联系减少乃至被切断，导致湖泊萎缩、沼泽化，沼泽湿地变干、萎缩，使地表盐分难以向下游排泄而加剧湿地盐碱化。较为典型是位于大清河中游的白洋淀，在 20 世纪 50~60 年代为了拦蓄洪水，在上游分别建立了横山岭水库、王快水库、西大洋水库、龙门水库及安各庄水库。60 年代的多次干旱使称为"华北之肾"的白洋淀及周围生态环境严重恶化，曾一度消失。之后上游水库拦蓄大量泥沙，减少了入淀泥沙量。1970 年白沟引河投入使用，将大清河北支洪水引入白洋淀，形成对白洋淀有威胁的新淤积。再如，松嫩平原在湿地内不断扩建水库库容和增加堤防长度，拦蓄水源，减少平原供水量，低标准的堤防和道路增加。20 世纪 90 年代，松嫩水系大型水库库容达到 248.2×10^8 m³，松嫩平原铁路长度达到 4110 km，公路达到 15580 km，吉林省境内的二松、嫩江、洮儿河、饮马河和拉林河上堤防总长度达到 1781 km，直接导致平原湿地水源大幅缩减，植被严重破坏。

太湖地区为了防洪，在 405 km 的环湖湖岸线 73.5% 修建了大堤。大堤由直立式挡墙和混凝土护坡组成，堤顶主要为沥青混凝土防汛公路。大堤的修建使正常的蓄水位发生了改变，修建之前正常蓄水位以上岸滩的生态系统都被破坏。土壤层的破坏使得高等水生植物难以生存。环湖大堤直接侵占了湿地面积，阻断了水陆生态系统间正常的物质、能量交换，加剧了风浪对近岸基底的冲蚀，导致了水生生物的大面积死亡，致使岸滩生态系统退化。由于挺水植物的减少或消亡，破坏了湖滨带的正常生态结构，使得浮叶根生植物和沉水植物也难以生存。阻隔江湖联通的水利工程的修建还直接阻碍了海水—淡水洄游鱼类和半洄游鱼类的洄游通道。目前，五大淡水湖中，除鳗鲡等少数洄游种类外，余者几乎濒临绝迹（窦鸿身，2003）。

4. 湿地污染

湿地退化的主要标志是湿地污染，环境污染是当前湿地环境损害和湿地动植物生境丧失的主要原因之一，污染源主要是工农业生产、生活和养殖业所产生的污水。目前，大量未经处理的"三废"（废水、废气、固体废弃物）直接向湿地排放，许多天然湿地已成为污水承泄区，污水污染破坏原有生境、摧毁生物栖息地，使湿地系统生产力下降。导致湿地水质和生态环境恶化，生态系统破坏严重，湿地功能逐渐丧失。重金属的排放会对湿地生态系统造成影响，人类健康也会由于饮用水受到污染而受到影响，湿地生物也会通过生物富集效应和食物链最终将有毒物质传递给人类。

随着我国经济的高速发展，工农业生产规模的不断壮大，大量工业废水、生活污水和化肥、农药等有害物质被排入河流等城市湿地中，给湿地生物多样性造成了严重破坏。直接导致水生生物大量死亡和重金属等有害物质在水生生物体中的富集；生活污水的排放和化肥的流失，则导致水体富营养化，使浮游生物的种类单一，甚至出现一些藻类短时间内大量繁殖，从而使整个生境恶化。随之而来的营养物质富集、土地盐碱化、农药杀虫剂污染以及重金属污染的一系列点、面源污染问题日趋严重，这不仅严重抑制湿地资源潜力和生态功能的发挥，也造成了生物多样性的丧失及湿地生境的恶化。使湿地水体受损，水质恶化，生态系统结构受到破坏，湿地功能减弱，湿地系统不断退化。所有湿地均受到其周边地区的农业污染、工业污染与生活消费污染的影响，尤以经济发达地区为甚，湿地水质下降，有毒有害污染物增加，湿地水质净化功能丧失，湿地生物多样性降低。目前湿地水体受污染影响已经很大，而且呈现加剧趋势，影响面扩大、影响程度加深。

2013年环境保护部（现生态环境部）公布的数据显示，上半年我国地表水总体为轻度污染，珠江、长江、松花江、淮河、黄河、辽河、海河7大水系水质总体为中度污染，渤海湾、长江口、杭州湾、闽江口和珠江口5个重要海湾水质极差；水质细菌超标的占75%，受到有机物污染的饮用水人口约1.6亿。湖泊富营养化问题突出，全国2/3以上湖泊受到氮、磷等营养物质的污染，10%的湖泊富营养化程度严重。例如，滇池水质为劣V类，饮用水功能丧失，渔业功能部分丧失；太湖大规模蓝藻水华频繁暴发；黄河流域V类、劣V类水质所占比重居高不下，严重影响供水安全；黄河口滨海湿地水质氮、磷污染逐年加剧；长江流域、珠江流域等水系多项水质指标超标严重，许多河流和水库已经失去饮用水功能；稻田等人工湿地也因化肥、农药的大量使用而受到严重污染。

随着敦煌西湖湿地生态系统内经济迅速发展，环境污染问题日益突出，其中工农业污染较为严重，污水排放量、农用塑料薄膜使用量、农药、化肥施用量分别比

1994~2005 年期间分别增加了 1.82 倍、1.43 倍、2.01 倍和 2.33 倍。大量化肥的使用，降低了土壤肥力，导致土壤板结，作物产量下降。每年大量塑料薄膜都废弃于土壤、水域等环境，造成白色污染。近几年，现代工业和旅游业的迅速发展，污水排放量逐年增加，无序的野游和粗放的管理使旅游景点附近的生活垃圾污染严重。

导致滇池湿地退化的主要原因之一是纳入的污水量超过了水体承载能力，致使水体污染和富营养化，生态系统结构失调，环境恶化。滇池位于城市下游，成了城市生活污水、沿湖地区工业废水及地表径流的最终纳污水体，这些污水中的 40% 未经处理直接进入滇池。滇池北部每年约 $5 \times 10^8 \ m^3$ 的径流流经城区和郊区，最终汇入滇池，其污染危害较城区污水污染更为严重。同时由污染物沉积的底泥形成的内源污染也是造成滇池严重污染的原因。滇池目前处于发育的老年末期，水体交换慢，污染源从北向南流入，出水口在其西南部。污染源需经少则 2~3 年，多则 3~4 年才能到达出水口，致使 90% 以上的污染物沉积在湖底。同时，湖区西南风强劲，湖水搅动强烈，致使底泥中的污染物向水中扩散形成严重的内源污染。

5. 盲目引进外来种

盲目引进外来种，已对当地湿地原有生物带来不利影响。我国大部分外来种的入侵主要是由人为因素引起的，并已成为威胁区域生物多样性与生态环境的重要因素之一。外来种入侵引起的生态代价是造成本地物种多样性不可弥补的降低以及物种的绝灭，其经济代价是农林渔牧业产量与质量的惨重损失与高额的防治费用。

据统计，我国外来入侵植物、动物、微生物共 529 种。其中与湿地有关的入侵种包括喜旱莲子草、凤眼蓝（俗称水葫芦，*Eichhornia crassipes*）、大米草、互花米草等植物，稻水象甲（*Lissorhoptrus oryzophilus*）、巴西红耳龟（*Trachemys scripta elegans*）、牛蛙（*Rana catesbiana*）、克氏原螯虾（*Procambarus clarkia*）、福寿螺（*Pomacea canaliculata*）和食人鲳（*Pygocentrus nattereri*）等动物共计 53 种。其中包括属于全球 100 种最具威胁的外来物种的凤眼蓝、大米草、巴西龟和牛蛙等动植物。外来入侵种主要是通过竞争资源、地域排挤、破坏当地生境、与土著种杂交等方式，危及本地物种的生存和繁衍，从而造成本地物种多样性不可弥补的损失。凤眼蓝、大米草等属于资源竞争力极强的"双刃剑"物种。凤眼蓝原产于南美洲亚马孙河流域，因具有净水与水质监测功能被引入我国，如今遍布华北、华东、华中、华南等地区的河湖库塘，布满水面，疯长成灾，严重破坏水生生态系统的结构和功能，导致大量水生动植物死亡；大米草和互花米草具有耐碱、耐潮汐淹没、繁殖力强及根系发达的特点，出于沿海护堤、减少海岸潮汐侵蚀的目的由大西洋美洲沿岸引入我国，如今迅速蔓延，掠夺生境和资源，逼死红树林等土著种，令滩涂中的虾、蟹、贝、藻、鱼类等窒息死亡，破坏生态系统。稻水象甲是水稻生产的大敌，严重时甚至造成水稻绝收；牛蛙成为土著蛙等部分土著两栖类种群数量下降或灭绝的主要原因之一；巴西红耳龟是世界公认的生态杀手，野外放生后，可存活于各类水体。巴西红耳龟食用土著龟蛋，与土著龟杂交产生不能繁殖的后代，对土著龟类生存造成致命威胁。即使外来种与本地种杂交后代可以繁殖，也会"污染"本地种的基因库，从而使本地种的遗传独特性受到污染。

大约于 20 世纪 30 年代，作为饲料、观赏植物和防治重金属污染的植物引种的凤眼蓝，现已成恶性杂草。昆明滇池水面上布满凤眼蓝，使得滇池内的很多水生生物处于灭绝边缘。20世纪60年代以前，滇池主要的水生植物有16种，到20世纪80年代，大部分水生植物相继消亡，鱼类也从68种下降到30种。但生物入侵具有驱逐效应，能使当地土著种的生存空间萎缩甚至消失，呈现群落区系单一化，结构简单化，生态系统或景观破碎化。即外来生物通过竞争逐渐占据优势，本地种群会逐渐弱势化、濒危或灭绝。人为干扰的竞争失衡易形成群落区系的单优化倾向，促使湿地生物多样性消失，使生态系统趋向简化，系统内能流和物流中断或不畅，系统自我调控能力减弱，生态系统稳定性和有序性降低。

洞庭湖出于经济利益方面的考虑，于20世纪80年代引进意杨（*Populus euramevicana* cv.'Ⅰ-124'）植于洲滩湿地，由此造成了湿地植被优势种的改变。湖泊湿地湿生植物种类减少，中生和旱生物种比例增加，湿生旱化趋势明显（Li et al.，2014）。如今，湖南省加大了湿地保护力度，清理了洞庭湖自然保护区核心区内的30万亩[*]杨树，并启动了杨树清理迹地的生态修复工作。

三、湿地生态系统退化的诊断

生态系统退化是指生态系统处于一种不稳或失衡状态，在自然或人为干扰下形成的偏离自然状态的系统，生态系统逐渐演变为另一种与之相适应的低水平状态的过程。生态系统从一个稳定状态演替到脆弱的不稳定的退化状态，它在系统组成、结构、能量和物质循环总量与效率、生物多样性等方面均会发生质的变化。湿地退化程度诊断分析是从生态系统本身的结构和功能出发，诊断由于人类活动和自然因素引起湿地生态系统的破坏和退化所造成的湿地生态系统的结构紊乱和功能失调，使湿地生态系统丧失服务功能和价值的一种评估，从而区分特定生态系统的胁迫状况，辨识出最危险的组分和最应该重视的问题，并在此基础上制定出相应的管理对策。

（一）湿地生态系统退化诊断的原则

湿地退化程度诊断分析是从生态系统本身的结构和功能出发，诊断由于人类活动和自然因素引起湿地生态系统的破坏和退化所造成的湿地生态系统的结构紊乱和功能失调，使湿地生态系统丧失服务功能和价值的一种评估，从而区分特定生态系统的胁迫状况，辨识出最危险的组分。退化生态系统表现出的特征包括：①在系统结构方面，退化生态系统的物种多样性、生化物质多样性、结构多样性和空间异质性低。②在能量结构方面，退化生态系统的生产量低，系统储存的能量低，食物链多为直线状。③在物质循环方面，退化生态系统中总有机质存储少，矿质元素较为开放，无机营养物质多储存在环境库中，而较少地储于生物库中。④在稳定性方面，由于退化生态系统的组成和结构单一，生态联系和生态学过程简化，退化生态系统对外界干扰显得较为脆弱和敏感，系统的抗逆能力和自我恢复能力较低。

对某一事物进行评价，指标体系的建立是其首要的和关键的一步，其建立的好坏

注：* 1亩 =0.067hm²，后同。

直接关系评价的精确性和科学性。用以诊断生态系统退化的指标很多，但各种指标之间可能相互交叉重叠和包含，有的可能属于主要指标，有的可能属于次要指标。不同的区域以及不同尺度的生态系统，对退化指标的选取和要求也是不相同的。为了评价的准确性、客观性，在建立生态退化指标体系时，需遵循综合性、代表性、时空性、指标体系的层次性、实用性的原则（吕宪国，2004；袁军等，2004；Spencer et al.，1998；Berger et al.，1996；Mort，1996）。①综合性原则是指湿地生态系统组成结构复杂，静态与动态结合，选取的评价指标须能直接而全面地反映其综合特征。②代表性原则是指湿地生态系统具多种综合功能，定量与定性结合，选取的评价指标要最能反映系统的主要性状。③时空性原则是指湿地生态系统的退化特征可在系统许多方面得到反映，选用的指标需要能从空间上反映系统的退化性。④指标体系的层次性原则是指根据不同评价需要和详尽程度可对指标分层分级。⑤实用性原则是指尽量数量化、可视性强、操作简便易行，在较长时期和较大范围内都能使用。

（二）湿地生态系统退化诊断的方法

诊断方法基于非线性理论、生态控制系统理论与复杂性理论、综合运用数据挖掘与统计学原理，可分为单途径单因子诊断、单途径多因子诊断和多途径多因子综合诊断的方法。

湿地生态系统退化用单途径单因子方法进行诊断简单易行，能快速直观地得到诊断的结果，在简陋条件下可以使用，但得到的结果可能会是片面的，因为湿地系统在结构和功能上的改变虽然能直接反映出湿地退化，但有时会出现系统功能变化滞后于系统结构变化的现象。单途径多因子是指各条途径交织在一起，主要是按着同一类别不同因素进行诊断。然而，该方法忽略了生态系统是作为一个整体来体现其结构和功能的，将生态系统内的各个要素之间的关系也割裂开来，不能从整体上提出一个全面综合定量的诊断结果。因此，在生态系统诊断中，仅从片面的结构或功能的单一途径来考虑有其不同的缺陷性。多途径多因子综合诊断由于有结构与功能的多个因子引入，将系统结构和功能紧密结合，客观科学地反映生态系统状态。因子之间相互关联，诊断时往往要借助于数学分析方法或数学模型。另外，生态系统退化直接反映在系统结构和功能的变化上，生态系统结构和功能又是紧密联系、相辅相成的。

（三）湿地生态系统退化诊断的指标体系

生态系统是由生物和无机环境组成的生物环境统一体，而且其尺度和范围可大可小，因此，在实际研究工作中，往往由于评价的对象、目的和涉及的区域范围和层次的不同，生态退化评价的指标体系也将有所不同。目前，湿地退化程度诊断分析主要从定性和定量两个方面展开。定性分析一般多对湿地面积、泥沙淤积情况、湿地功能、生物多样性等特征进行概括性的评估，并对湿地开发利用、管理和保护过程中存在的问题进行分析，提出解决问题的措施和途径，确定今后发展方向定量评价则首先根据评价目的和原则建立具有区域特征的指标体系；然后，运用层次分析法、专家咨询等方法进行指标量化处理，利用模糊综合评判等统计方法计算来诊断出湿地退化的程度。湿地生态系统的退化诊断的主要途径有以下 4 个方面，其诊断的指标体系则依照以下途径来综合得出（刘红玉等，2009；毛仪伟，2008）。

1. 生物途径指标

生物在生态系统中扮演着重要角色，绿色植物是生态系统食物链的基盘。植物作为生产者，具有能量固定、转化、储存和调节区域环境的功能，是维持生态系统平衡的杠杆。草地植被的退化必然导致整个湿地生态系统功能的紊乱、崩溃甚至瓦解，它是湿地生态系统退化的重要标志。生物途径指标较易获得且比较直观，是一类主要的诊断途径。生物途径指标主要用于衡量湿地植物组成、植被数量、群落结构，其主要指标有生物种类组成变化、植被盖度、密度、频度和均匀度、多样性等，以及群落的生活型、牧草中养分含量、污染物含量、微量元素含量等。土壤生物部分（土壤微生物、土壤动物、植物根系等）也越来越受到重视。

2. 生境途径指标

生境往往是指土壤条件和气候条件。与气候因子相比，土壤因子的变化往往较大。土壤是生态系统的载体，是陆地动植物生长和生活的物质基础，是地下生物的容器，而且也是生态系统物质循环和能量交换的重要场所。土壤具有支撑功能、肥力功能和环境功能。在气候条件的研究中，应该重视小气候对区域湿地退化的作用。土壤肥力是土壤的物理、化学、生物等综合性质的综合反映，湿地土壤退化程度主要通过土壤理化性质的变化来衡量，如土层厚度、土壤质地、土壤有机质、土壤的孔性与结构性、土壤持水力、土壤酸碱性、土壤缓冲性、土壤养分（土壤中的氮、磷、钾和微量元素等）、土壤养分平衡及有效性等。

3. 生态系统服务功能途径指标

湿地退化最终表现为湿地功能与服务的减弱或丧失。该途径主要包括物质循环、能量流动、信息传递等生态功能，湿地第一性生产力、第二性生产力等生产功能，生物多样性的保护、环境质量的改善等服务功能。湿地生态系统退化直接导致群落组成及其结构发生变化，另一个后果就是湿地经济潜力及服务功能降低，也就是湿地生产生态功能的下降。

4. 生态过程途径指标

生态过程主要研究土壤—生物—大气中的水循环和水平衡、养分循环、能流、输送和转化、有机物及金属元素的分解、积累、传输等微观过程。对这些过程的研究需要了解物理、化学规律，涉及环境生物物理、植物生理、微气象和小气候等多个学科。生态过程的研究是阐明生态系统的功能、结构、演化、生物多样性等的基础。

（四）湿地生态系统退化诊断模型的建立

20 世纪 90 年代以来，国际上已形成较为系统的湿地生态系统监测指标体系，其指标主要包括大气、地表水和生物等，对土壤、水文等地学要素在维持湿地生态系统平衡中的作用重视不足。但湿地退化的本质是一种地球环境演化过程，湿地退化指标的提取应该从地学角度出发。因此，1992 年国际地科联环境规划地质科学委员会国际地学指标工作组于提出了 27 项地学指标。在这 27 项地学指标中，增加了湿地退化相关的指标，如湿地范围、结构与水文、地下水位、地下水质、湖水位与含盐量、土壤质量、河流流量、地表水质等。湿地退化是自然因素和人为因素影响的结果，但在短期内，湿地生态系统的退化更多的是人类不合理活动的结果。另外，从管理者的角度来看，人类活动较自然因素更易通过合理的规划与管理而得以控制和约束。因此，湿地生态系统的退化既取决于它的内在因素，即系统自维持能力和抵抗力的强弱，也决定于外在驱动力——干扰。根据应用目的的不同，通常将湿地生态系统退化诊段模型分为两大类，即成因—状态—结果框架模型（CSR）和压力—状态—响应框架模型（PSR）（高兴国等，2013；赵锐铎等，2013）。

1. CSR 框架模型

CSR 框架模型是从系统演化方面出发，将生态环境的过程视为：外界输入—系统结构改变—系统功能改变，分别监测生态环境演化的成因（cause），演化的过程、规律和演化过程中的状态变化（state），演化造成的后果（result），是一个正演模型。CSR 框架模型主要用于对其退化机制的认识，让人类认识湿地退化的原因、规律和造成的危害，从而指导相关的湿地评价、管理和规划工作。湿地退化地学监测指标体系通过分析国内湿地退化的原因、现状及其主要危害，分别提取与地学相关的成因指标、状态指标和结果指标基于成因—状态—结果模型，构建了适合我国湿地退化监测和评价的地学指标体系，从而构建出完整的 CSR 模型。该体系由成因、状态和结果组成，每类指标又分为类别指标、次级指标和三级指标 3 个层次（王荣军，2012；巩杰等，2015）。

（1）成因指标。包括水文与水文地质、污染物排放、湿地资源开发利用和地质灾害，通过分析和总结造成各类湿地退化的原因和影响要素确定。

（2）状态指标。通过分析和总结各类湿地退化的共同表现形式，确定包括景观特征、生物、水文、水质和土壤。

（3）结果指标。通过分析和总结湿地退化所造成的各种危害，确定包括气候调节、水源涵养、生产量和净化功能指标。

2. PSR 框架模型

PSR 框架模型是联合国经济合作开发署建立的压力—状态—响应框架模型，其中压力是指描述人类或自然因素直接或者间接给环境带来的负担（压力）；状态是反映环境质量、自然资源与生态系统的现状，以及资源环境随时间的变化状态；响应是描述生态系统本身对环境变化响应及人类社会做所采取的相关对策与措施。PSR 框架模型以因果关系为基础，通过压力、状态和响应 3 类指标，从湿地生态系统退化原因出发，同时进行分级化处理形成新一级的指标体系，让上述因果关系充分展示出来。PSR 框架更注重指标之间的因果关系及其多元空间联系是一个反演模型。PSR 框架模型是从系统演化的观点出发，始终以人类活动为核心，具有清晰的因果关系：人类活动对生态环境施加了压力（pressure），压力导致生态环境状态（state）发生改变，而人类社会应当对生态环境状态的改变做出相应的响应（response），以恢复生态环境防止生态环境的退化。环境管理者可以通过正演过程对生态环境的演化形成科学的认识，并通过反演过程对生态环境进行科学的管理。该体系由压力、状态和响应组成，每类指标又分为类别指标、次级指标和三级指标 3 个层次（Whitall et al., 2017；Wolfslehner etal., 2008）。

（1）压力指标。压力指标包括对环境问题起驱动作用的间接压力和直接压力的人类活动、资源利用、污染物质排放等自然过程或人类活动给环境所带来的影响与胁迫，反映某一特定时期资源的利用强度及其变化趋势。

（2）状态指标。状态指标主要包括大气、土壤、水文、水质、生物等生态系统与自然环境现状，人类的生活质量与健康状况等。同时也体现了环境政策的最终目标，指标选择主要考虑环境或生态系统的生物、物理化学特征及生态功能。

（3）响应指标。响应指标包括湿地退化率、景观破碎化程度、湿地面积变化比例、湿地管理水平、湿地保护意识、相关政策法规及其执行力度、用于湿地保护的财政支出的变化，反映了社会或个人为了停止、减轻、预防或恢复不利于人类生存与发展的环境变化而采取的措施。

在实际操作中，应根据模型指标体系的系统性、实用性以及数据获取可能性等原则，结合研究区的实际特征，利用层次分析法细化湿退化指标体系，并根据各指标对湿地生态安全影响程度的差异构建比较矩阵，对比较矩阵进行计算得到最大特征值及所对应的归一化特征向量，确定各评价指标权重值通过一致性检验（崔保山等，2003；林茂昌，2005；李永健，2002；王荣军，2015）。

【案例】PSR 模型的建立——以洞庭湖湿地为例

1. 压力指标

湿地生态安全的压力主要来自外界人类干扰的影响和系统内在自身的维持能力和抵抗力的强弱。据调查，洞庭湖湿地退化主要是受人类活动的强烈影响，如人口增长压力使得湿地受到破坏、环境遭到污染，进而导致湿地生态环境质量下降等。因此，选取人口密度指数和污染指数指标来反映湿地生态系统所面临的压力，具体如下：

$$人口密度指数 = 研究区人口数 / 研究区的面积$$

$$污染指数 = 0.4 \times（100 - A_{SO_2} \times SO_2 排放量 / 研究区的面积）+ 0.2 \times$$
$$（100 - A_{sol} \times 固体废弃物排放量）/ 研究区的面积 +$$
$$0.4 \times（100 - A_{COD} \times COD 排放量 / 研究区年均降水量）$$

式中：A_{SO_2}——SO_2 的归一化系数；

A_{COD}——COD 的归一化系数；

A_{sol}——固体废物的归一化系数。

2. 状态指标

状态指标是生态系统特性和生态系统功能的最直接的体现，具体可体现在生态系统的组织结构、功能、活力和弹性等指标。

（1）组织结构。组织结构主要是指湿地生态系统的复杂性，在景观尺度上常用景观生物多样性（H）和平均斑块面积变化（MPS）来综合反映区域生态系统的复杂性，计算公式如下：

$$H = - \sum_{i=1}^{m} (P_i) \log_2 (P_i)$$

$$MPS = S_i / N_i$$

式中：P_i——第 i 种湿地景观类型占总面积比例；

　　m——研究区湿地景观类型总数；

　　S_i——第 i 类湿地景观的面积；

　　N_i——第 i 类湿地景观的斑块个数。

（2）功能。洞庭湖湿地是重要的水文调节功能区，而且是鸟类、长江江豚、麋鹿（*Elaphurus davidianus*）的重要栖息地。因此，选取水文调节指数、栖息地指数 2 个指标因子对其功能进行计算：

$$水文调节指数 = (河流面积 + 滩地面积) / 湿地总面积$$

$$栖息地指数 = 栖息地面积 / 湿地总面积$$

（3）弹性。健康的湿地生态系统具有弹性，当湿地生态系统受到压力胁迫后，有能力恢复和保持结构和功能的稳定；其生态系统的弹性度越大，湿地生态环境质量越好。

$$F = \sum_{i=1}^{n} \frac{S_i \cdot F_i}{S}$$

式中：S_i——第 i 类湿地景观的面积；

　　F_i——第 i 类湿地景观的弹性度分值；

　　S——研究区湿地景观总面积。

（4）活力。活力是指湿地生态系统生物物质的生产能力，以植被净初生产力指数来表示。初级生产力与 NDVI 具有明显的正相关，因此，选用研究区内的 NDVI 平均值作为衡量初级生产力的主要指标。

$$NDVI = (NIR - R) / (NIR + R)$$

式中：NIR——近红外波段反射值；

　　R——红光波段反射值。

3. 响应指标

响应指标主要包括湿地退化率（C）和景观破碎化程度（BI）。

$$C = \frac{\sum N_i}{\sum A_i}$$

$$BI = \frac{\sum_{i=1}^{n} \Delta A_i}{\sum A_i}$$

式中：N_i——湿地景观斑块总个数；

　　ΔA_i——第 i 类湿地景观减少的面积；

　　A_i——研究初期第 i 类湿地景观总面积。

第三章

湿地生态修复的目标与原则

一、湿地生态修复的概念及研究进展

　　湿地生态修复是指通过生态技术或生态工程，对退化或消失的湿地进行修复或重建，使湿地恢复到干扰前的结构和功能，包括提高地下水位以涵养湿地，改善水禽栖息地；增加湖泊的水深和面积以扩大湖泊水容量、增加鱼的产量、增强调蓄功能；迁移湖泊中的富营养沉积物以及有毒有害物质以净化水质；恢复洪泛平原湿地的结构和功能以利于蓄纳洪水，提供野生生物栖息地以及户外娱乐区，同时也有助于改善水质。目前的湿地修复实践主要集中在沼泽、湖泊、河流及河缘湿地的修复。一般来说，在许多情况下湿地受干扰前的状态是湿林地、沼泽地或开放水体，恢复到哪种状态在很大程度上取决于湿地恢复管理者和计划者的选择，即他们对湿地受干扰前或近于原始湿地的了解程度。无论如何，根据湿地恢复与重建的细微差别，如果是恢复，一个地区只会再现它原有的状态，重建则可能会出现一个全新的湿地生态系统。在湿地恢复过程中，由于许多物种的栖息地需求和耐性不能被完全发现，因而恢复后的栖息地没有完全模拟原有特性，再者，恢复区面积经常会比先前湿地小，使先前湿地功能不能有效发挥。因此，湿地恢复是一项艰巨的生态工程，需要全面了解受干扰前湿地的环境状况、特征生物以及生态系统功能和发育特征，以更好地完成湿地的恢复与重建过程。

　　恢复生态学（Restoration Ecology）是研究生态系统退化的原因、退化生态系统恢复与重建的技术和方法及其生态学过程和机理的学科。恢复生态学是 20 世纪 80 年代迅速发展起来的现代应用生态学的一个分支，主要致力于那些在自然突变和人类活动影响下受到破坏的自然生态系统的恢复与重建。它所应用的是生态学的基本原理，尤其是生态系统的演替理论。恢复生态学既是理论科学又是应用科学，在一定意义上它又是一门生态工程学或者生物技术学。

　　从生态学角度看，湿地是介于陆地和水体生态系统之间的过渡地带，具有过渡带的脆弱性特征。目前，全球湿地生态系统正在受到严重的改变和损害，这种变化和破坏的程度超过历史上任何时期。恢复生态学的发展，为退化受损湿地的恢复和重建提供了坚实的理论基础。

在受损湿地恢复与重建方面，美国开展的较早。为了保护湿地，美国于 1977 年颁布了第一部专门的湿地保护法规。1975~1985 年，美国国家环境保护局（EPA）清洁湖泊项目（CLP）的 313 个湿地恢复研究项目得到政府资助，包括控制污水的排放、恢复计划实施的可行性研究、恢复项目实施的反映评价、湖泊分类和湖泊营养状况分类等。1988 年，美国水科学技术理事部（WSTB）就国家研究委员会（NRC）所从事的湿地恢复研究项目评价和技术报告进行了讨论；1989 年，美国水科学技术理事部的水域生态系统恢复委员会（CRAM）开展了湿地恢复的总体评价，包括科学、技术、政策和规章制度等许多方面。1990~1991 年，美国国家委员会、国家环境保护局、农业部和水域生态系统恢复委员会共同提出了，在 2010 年前恢复受损河流 64×10^4 km^2、湖泊 67×10^4 hm^2、湿地 400×10^4 hm^2 的庞大生态恢复计划。实施计划的最终目标是保护和恢复河流、湖泊和其他湿地生态系统中物理过程、化学过程和生物过程的完整性，以改善和促进生物结构和功能的正常运转。1995 年，美国开始实施一项总投资为 6.85 亿美元的湿地项目，旨在重建佛罗里达州大沼泽地，该项目原计划到 2010 年完成。联邦政府划拨了 2 亿美元的专项经费用于密西西比河上游的生态恢复，湿地的生态恢复是其中重要的组成部分。在美国明尼苏达的北部地区，通过筑坝重建和恢复湿地，湿地面积已从 1940 年的 2183 hm^2 增加到 1988 年的 3687 hm^2。为了保护和恢复佛罗里达州 Charlotte 县湿地上生存的野生动植物，从 1988 年开始，利用两年的时间，该县在另一地区重建了一片面积为 23 hm^2 的沼泽。据观测，原湿地上拥有的野生动植物已出现在重建的湿地上，并呈现了一定的多样性。

世界上其他一些国家，如加拿大、英国、瑞典、澳大利亚、印度、瑞士、丹麦、荷兰等，在湿地恢复研究方面也有了很大进展。加拿大湿地面积 1.27×10^8 hm^2，占世界湿地资源的 24%，居世界首位。为了有效地保护湿地资源，加拿大于 1992 年颁布了《联邦湿地保护政策》。在英国，为了恢复莱茵河下游漫滩（湿地）的功能，将堤坝拆除，以使洪水能够顺畅流动，从而改善水质和动植物群落；同样，为了防洪、提高生物多样性和生态多样性、改善水质等，恢复莱茵河上游漫滩（湿地）的天然性。在西班牙的 Donana 国家公园，安装水泵来充斥沼泽，补偿减少的河流和地下水流；在瑞典，30% 地表由湿地组成，包括河流和湖泊，由于湿地的不断退化，有些学者已经建议并提出方案通过提高水平面、降低湖底面或两种方法相结合来恢复浅湖湿地。哥斯达黎加为了恢复一片 500 hm^2 的湿地，从 1980 年便开始对香蒲进行清除，经过 10 年的努力，终于将香蒲全部清除，为 60 多种水鸟提供了良好的栖息和越冬场所。印度的 Rihand 河沿岸由于大量伐林、筑坝、露天采矿等，其河岸生态系统正迅速退化。目前，通过采取禁止放牧、禁挖草坪、污水分流及处理等保护措施，较好地恢复了土著植被，改善了日益退化的河岸生态系统。越南湄公河三角洲在战争期间大量排水，导致了 75×10^4 hm^2 的潮汐淡水湿地严重的生态退化。为了恢复该湿地，从 1988 年开始，通过筑坝围水对一片 7000 hm^2 湿地的天然水文过程进行恢复。在欧洲的很多国家，如奥地利、比利时、法国、德国、匈牙利、荷兰、瑞士、英国等已将湿地恢复项目集中于洪泛平原。这些项目计划的目标是多种多样的，主要依赖于河流和洪泛平原的规模和地貌特征。1993 年，200 多位学者在英国谢菲尔德大学讨论了湿地恢复问题。为更好地进行湿地的开发、保护以及科研，科学家们就如何恢复和评价已退化和正在退化的湿地进行了广泛交流，特别在沼泽湿地的恢复研究上发表了许多新的见解。在 1995 年，出版了这次会议的论文集《温带湿地的恢复》，从沼泽湿地恢复的基本理论到实践，文中都有详尽的论述。此次会议使湿地恢复的研究又进入了一个新的领域。

我国的湿地恢复的研究开展的比较晚。20 世纪 70 年代，中国科学院水生生物研究所在我国首次采用水域生态系统藻菌共生的氧化塘生态工程技术，使污染严重的湖北鸭儿湖地区水相和陆相环境得到很大的改善，推动了我国湿地恢复研究的开展。此后，对江苏太湖、安徽巢湖、武汉东湖以及沿海滩涂等湿地恢复研究相继开展起来。在过去的 10 多年中，各科研单位和大专院校对我国的湿地现状及变化趋势、生态系统退化的防治对策、资源的持续利用等做了大量工作，主要侧重于湖泊的恢复。田军（2000）提出植被恢复、沿岸带规划、发展节水型农业等恢复措施。刘桃菊等（2001）在对鄱阳湖湿地恢复，提出了评价围垦、加强流域水土流失治理、强化湿地资源管理等措施。黄金国（2005）对洞庭湖区湿地退化现状及其原因进行分析，提出"退田还湖""退田还鱼""清淤蓄洪"等措施确保湖泊蓄洪、分洪功能；同时依据湖区湿地类型与特征（内环敞水带、中环季节性淹没带和外环渍水低地），提出复合农业生态模式等措施。由于各区域湿地退化的原因及湿地自身特点不同，恢复与重建技术亦有较大差别。但我国对湿地的恢复主要侧重于湖泊，关于河流、海湾、河口湿地的恢复研究相对较少。河流湿地方面，罗新正等（2003）对松嫩平原大安古河道的研究结果表明，以恢复地表径流为核心措施的湿地恢复与重建具有一定的可行性；并提出湿地恢复与重建的"地域性原则""生态学原则"。任宪友等（2004）认为长江中游湿地恢复的关键问题是湿地演化序列和退化机制研究；应选取区域有代表性的湿地，分析各种湿地退化因子对湿地演化和退化的贡献大小，探讨人为因素对湿地生态影响的作用机制，建立适合研究区的湿地演化、退化数学模型，理清区域湿地生态演化、退化机制与规律。王红春等（2010）对郑州黄河湿地自然保护区内植被分布现状及存在问题，提出了保护区在植被恢复时应考虑保护优先、依法治理，自然为主、人工为辅，因地制宜、适地适植被，适度利用、持续发展、统筹规划、多措施并举等原则，并提出自然恢复、人促自然恢复、人工生态恢复 3 种植被恢复模式。在河口湿地恢复方面，唐娜等（2006）通过筑坝修堤等实施黄河三角洲芦苇湿地恢复工程，并通过灌排来改善湿地恢复区土壤基底及水质。叶功富等（2005）在对泉州湾红树林湿地人工生态恢复研究中指出，在海岸湿地进行植被恢复和造林地规划时，应重视滩涂潮汐浸淹深度的影响，尽量选择浅滩地、中滩地营造红树林。但新球等（2006）基于对长江新济州群湿地的退化过程、诊断等级与胁迫因子的分析，提出湿地恢复的技术流程、恢复模式、关键技术与工程措施。郑忠明等（2011）在武汉市城市湖泊湿地植物多样性调查的基础上，研究了湖泊湿地的植被多样性特征，探讨了城市湖泊湿地植被分类保护与恢复对策，指出原生植被湖泊应建立相对严格的湿地保护区，优先保护原有湿地植被。次生植被湖泊最多，城市发展区内的次生植被湖泊应建立 30~100 m 的植被缓冲带，促进植被自然恢复和发育；而农业区的次生植被湖泊应引导和规范湖泊周围的农业生产模式，以减少人类活动干扰。人工植被湖泊应通过建立城市湿地公园，人工促进植被的近自然恢复；而退化植被湖泊则应尽快采用生态工程法促进湿地植被生境改善，并积极开展近自然湿地植被重建与恢复。孟伟庆等（2010）在分析天津滨海新区湿地退化原因的基础上，提出了针对滨海新区湿地恢复的林草地 + 湿地生态恢复模式。在湿地恢复的实践中，必须遵循恢复原则，将现有技术整合应用，才能使湿地恢复满足自然性、科学性和持续性的要求。今后的发展及关注焦点必然会转移到河流、沼泽、河口湾等湿地上，只有这样，才能推动我国湿地恢复研究的全面发展。

为加强湿地保护，我国政府出台了《全国湿地保护工程规划（2002~2030 年）》，确定了湿地保护的长远目标：通过自然保护区建设和水污染控制，全面维护现有湿地生态系统的特征和功能；通过加强水资源的配置管理和恢复治理，大面积恢复退化湿地；通过可持续利用示范和提高管理水平，最大限度发挥湿地的各种功能和效益。力争到 2030 年，使我国湿地保护区达到 713 个，国际重要湿地达到 80 个，90% 以上天然湿地得到有效保护，形成较为完整的湿地保护和管理体系，使我国成为湿地保护和管理的先进国家。按照该规划确定的目标和任务，2005 年，国家林业局等 10 个部门，编制了《全国湿地保护工程实施规划（2005~2010 年）》，明确了湿地保护、恢复、可持续利用、能力建设等工程建设的目标及任务，计划总投资 90 亿元，实施项目 400 多个。2006~2010 年，国家实际批准实施各类湿地保护项目 205 个，包括湿地保护工程项目 138 个，湿地恢复工程项目 24 个，湿地可持续利用示范项目 43 个。完成项目总投资 30.3 亿元，其中中央投资 14 亿元，地方配套投资 16.3 亿元。这些项目的实施，对于抢救性保护湿地、促进退化湿地恢复、开展湿地可持续利用起到积极作用。2016 年 11 月 30 日，国务院办公厅印发了《湿地保护修复制度方案》（国办发〔2016〕89 号），这是我国生态文明体制改革的全新成果，为完善湿地保护管理制度体系奠定了良好基础。

2016 年由国家林业局等多部门联合编制的《全国湿地保护"十三五"实施规划》明确指出，到 2020 年，全国湿地面积不低于 8 亿亩，湿地保护率超过 50%，恢复退化湿地 14×10^4 hm^2，新增湿地面积 20×10^4 hm^2（含退耕还湿），建立比较完善的湿地保护体系、科普宣教体系和监测评估体系，明显提高湿地保护管理能力，增强湿地生态系统的自然性、完整性和稳定性。这标志着我国湿地由"抢救性保护"阶段进入"全面保护"的新阶段。

二、湿地生态修复涉及的主要理论

（一）自我设计理论与人为设计理论

自我设计理论与人为理论设计理论被认为是唯一起源于恢复生态学的理论。湿地自我设计理论强调湿地生态系统内部组成要素之间的相互协调及系统整体功能的发挥，并且认为，只要有足够的时间，随着时间的进程，湿地可根据环境条件的变化调整自身结构组成。在一块要恢复的湿地上，种与不种植物无所谓，最终环境将决定植物的存活及其分布位置。Mitsch（1996）通过比较种植和不种植植物的两块湿地的恢复过程，发现在前 3 年两块湿地的功能差不多，随后出现差异，但最终两块湿地的功能恢复得一样。他与 Odum 均认为湿地具有自我恢复的功能，种植植物只是加快了恢复过程，湿地的恢复一般要 15~20 年。而湿地人为设计理论认为，通过工程和植物重建可直接恢复湿地，但湿地的类型可能是多样的。这一理论把物种的生活史（即种的传播、生长和定居）作为湿地植被恢复的重要因子，并认为通过干扰物种生活史的方法可加快湿地植被的恢复，强调了外界因素对湿地恢复过程的影响。这两种理论不同点在于：自我设计理论把湿地恢复放在生态系统层次考虑，未考虑缺乏种子库的情况，其恢复的只能是环境决定的群落；而设计理论把湿地恢复放在个体或种群层次上考虑，恢复可能是多种结果。这两种理论均未考虑人类干扰在整个恢复过程中的重要作用。

（二）生态系统演替理论

生态系统演替理论强调在一定的环境条件下，湿地生态系统有一定的演替序列，当自然和人为干扰没有超出系统的阈值时，干扰消除后系统可以按其演替序列继续演化。如果干扰超出了系统的阈值，即使干扰消除系统也不会回到原来的演替序列，而是向新的顶极群落方向演化。生态系统演替理论对湿地生态系统恢复与重建的指导意义主要表现在两个方面：一是对非湿地生态系统来讲，可以人为地创造条件改变其演化顶极，使之向湿地生态系统方向演化，如湿地建造和国外湿地的"影子计划"，就是在原来非湿地地区通过人为干扰使之向湿地生态系统发展；二是对现有湿地生态系统的干扰（开发利用）要进行一定的限制，否则会引起湿地生态系统的退化。利用生态系统演替理论指导湿地恢复一般可加快恢复进程，并促进本土物种的恢复。

Odum（1969）提出了生态系统演替过程中的 14 个特征，Fisher 等（1982）在研究了美国 Arizona 的一条溪流的恢复过程后作了比较，他们发现所比较的 14 个特征中只有半数是相符的。因此，虽然可以用生态系统演替理论指导湿地恢复实践，但湿地的恢复与生态系统演替过程还是存在差异的。

（三）边缘效应理论和中度干扰假说

湿地位于水体与陆地的边缘，常出现水位的波动，因而具有明显的边缘效应和中度干扰，是检验边缘效应理论和中度干扰理论的最佳场所。

边缘效应理论认为两种生境交汇的地方由于异质性高而导致物种多样性高。湿地位于陆地与水体之间，其潮湿、部分水淹或完全水淹的生境在生物地球化学循环过程中具有源、库和转运者的三重角色，适于各种生物的生活，其生产力比陆地和水体高。当湿地生态系统结构变化引起功能减弱或丧失时就发生湿地生态系统的退化。

引起湿地生态系统结构与功能退化的原因很多，干扰的作用是主要原因，干扰打破了原有的生态系统的平衡状态，使系统的结构和功能发生变化和障碍，形成破坏性波动和恶性循环，从而导致系统的退化。干扰分为自然干扰体系和人类干扰体系，任何一种自然环境因子只要对生命系统的作用强度超过正常强度，就可能对生态系统的结构和动态造成干扰。人类干扰的规模和强度远远超过自然干扰，而且人类活动的干扰往往超出湿地生态系统所能承受的阈值，引起湿地生态系统结构和功能的改变，它是湿地生态系统退化的主要原因。利用中度干扰假说指导湿地生态修复与重建，首先要搞清楚湿地生态系统发展的过程机理，然后分析各种干扰形式及其强度对湿地生态系统的过程影响，特别是要注意某种干扰是正向干扰还是负向干扰，将会使湿地生态系统产生进展演替还是逆行演替。在具体实践中，干扰理论的指导意义主要表现在两个方面：一方面，如果干扰是负向干扰而使湿地生态系统逆行演替的话，则在湿地生态系统修复与重建中，就应该消除退化干扰因子，使湿地过程重返自然过程；另一方面，已经退化的湿地生态系统如果自然恢复会要较长的时间，可以根据下向演替理论人为地施加干扰，使在湿地生态系统管理进程的不同阶段都充分体现中度干扰假说，人类对湿地的开垦使湿地的生态功能退化，这是负向干扰，禁止对湿地的开垦实际上就是消除了退化干扰因子，使湿地生态系统重返自然的过程。

（四）生态限制因子理论

湿地生态修复应考虑系统要素对各种生态因子的耐受限度。生物赖以生存的各种环境资源，如食物、饮水等，由于质量、数量、空间和时间等方面的限制，不能无限地供给，因而生物生产力通常都有一个大致的上限。生态因子限制作用主要是指生态系统中的生态因子存在量的变化，大于或小于生物所能忍受的限度，并超过因子间的补偿调节作用时，就会影响生物的生长和分布，甚至导致死亡。与生态因子限制作用相关的定律主要有两条，即利比希最小因子定律和谢尔福德耐受定律。二者均强调了合适的耐受范围对于生物有机体正常生长、发育和繁殖的重要性。

（五）生态位理论

对于湿地生态系统而言，生态位又称湿地小生境或湿地生态龛位，是某一物种所处湿地环境及其自身生活习性的总称（陆健健等，2006）。每个物种都有自己独特的生态位，各种环境因子（温度、食物、地表湿度等）的综合作用构成了该物种特定的生态位空间。其中，每个环境因子作为一个维度，考虑的维度越多，生态位之间的差别就越明显，从而占据该生态位的湿地物种就越容易被区分开来。湿地生态位包括基本生态位和现实生态位两个层次。基本生态位是实验室条件下理想化的生态位，物种间不存在捕食、竞争等相互关系，其生态位空间的变化主要取决于内部物种的变异和适应能力；现实生态位是自然界中真实存在的生态位，其内部生物要素之间及其与外界环境因子之间的相互作用对于湿地生态系统结构和功能的自我维持具有重要意义。

（六）系统整体性和最优化理论

整体性特征是湿地生态系统维持区域各生态因子之间的相互关系，并使之达到最佳状态的自然特性。系统最优化理论强调系统内部各要素之间的有机结合，并通过不同要素之间的相互协调和制约，优化系统内部结构，从而实现其生态功能。湿地生态系统内部各要素之间是相互关联的，不同要素特定状态的最佳组合秩序构成了湿地生态系统的整体最优化，其中任何一个要素的变化都会以不同的方式和程度影响到其他要素甚至整个湿地生态系统的生态过程。

（七）入侵窗理论

在湿地生态恢复过程中植物入侵是非常明显的。退化后的湿地生态恢复一般依赖于植物的定居能力（散布及生长）和安全岛（适于植物萌发、生长和避免危险的位点）。Johnstone（1986）提出了入侵窗理论，该理论认为，植物入侵的安全岛由障碍和选择性决定，当移开一个非选择性的障碍时，就产生了一个安全岛。例如，在湿地中移走某一种植物，就为另一种植物入侵提供了一个临时安全岛，如果这个新入侵种适于在此生存，它随后会入侵其他的位点。入侵窗理论能够解释各种入侵方式，在恢复湿地时可人为加以利用。

（八）河流理论

位于河流或溪流边的湿地生态恢复与河流理论紧密相关。河流理论有河流连续体理论（river continuum concept）、系列不连续体理论（serial discontinuity concept）两种。这两种理论基本上都认为沿着河流不同宽度或长度其结构与功能会发生变化。根据这一理论，在源头或近岸边，生物多样性较高；在河中间或中游因生境异质性高生物多样性最高，在下游因生境缺少变化而生物多样性最低。在进行湿地恢复时，应考虑湿地所处的位置，选择最佳位置恢复湿地生物。

（九）洪水脉冲理论

洪水脉冲理论（flood pulse concept，FPC）是 Junk 等（1989）基于在亚马孙河和密西西比河的长期观测和数据积累提出的河流生态理论。洪水脉冲理论强调河流—洪泛滩区系统的整体性和洪水脉冲对河流—洪泛滩区生态系统的重要性，关注洪水侧向漫溢产生的营养物质循环和能量传递的生态过程，同时还关注水文情势特别是水位涨落过程对生物过程的影响。洪水脉冲理论认为洪水冲积湿地的生物和物理功能依赖于江河进入湿地的水的动态。被洪水冲过的湿地上，植物种子的传播和萌发、幼苗定居、营养物质的循环、分解过程及沉积过程均受到影响。在湿地恢复时，一方面应考虑洪水的影响；另一方面可利用洪水的作用，加速恢复退化湿地或维持湿地的动态。

洪水脉冲是河流—洪水滩区系统生物生存、生产力和交互作用的主要驱动力。在大型原始热带河流—洪泛滩区系统，周期性的洪水脉冲可造成有机体的适应和对洪泛滩区的有效利用。洪水水位涨落引起的生态过程，直接或间接影响河流—洪泛滩区系统的水生或陆生生物群落的组成和种群密度，也会引发不同的行为特点，如鸟类迁徙、鱼类洄游、涉禽的繁殖以及陆生无脊椎动物的繁殖和迁徙。洪水脉冲的生态过程为洪水期间，河流水位上涨，水体侧向漫溢到洪泛滩区，河流水体中的有机物、无机物等营养物质随水体涌入滩区，受淹土壤中的营养物质得到释放，洪泛滩区初级生产力大大增加，陆生生物或腐烂分解，或迁徙到未淹没地区，或对洪水产生适应性；水生生物或适应淹没环境，或迁徙到滩地，部分鱼类开始产卵；当水位回落，水体回归主槽，滩区水体携带陆生生物腐殖质进入河流，洪泛滩区被陆生生物重新占领，大量的水鸟产生的营养物质搁浅并且汇集成为陆生生物的食物网的组成部分，水生生物或者向相对持久的水塘、湿地迁徙，或者适应周期性的干旱条件，水塘、湿地等相对持久性水体与河流主流逐渐隔离。生物生产力在洪水循环中因过程的多变性得以提高，因此洪水脉冲对维持遗传和物种多样性、保护特有的自然现象有重要意义。

洪水脉冲理论可以作为河流生态修复的理论基础之一，可在河流系统生态修复的5个方面作为基本理念和技术方法予以应用。

（1）兼顾生态的水库多目标调度。人工径流调节水文过程线尽可能模拟河流自然水文过程线，以产生河流脉冲效应。美国基西米河生态修复计划中就包括恢复自然河流洪水脉冲的内容。

（2）恢复自然水文情势。河流生态恢复仅有生态基流是不够的，还需要考虑其水文过程。因此，在改善河流物理栖息地的同时，需要考虑提高水文情势多样性（diversity of hydrological regime），以全面提高栖息地的空间异质性。另外，河流生态修复规划工作需要调查水域生物生活史，特别是生物对于水文情势的生理学需求，在此基础上改善河流的水文、水力学条件。

（3）恢复河流—滩区系统的连通性。河流与滩区、湖泊、水塘、湿地的连通性是洪水脉冲效应的地貌学基础，因此，恢复河流—洪泛滩区系统的连通性是河流生态修复的一个重要任务。在河流生态修复规划中应在流域的整体尺度上全面考虑恢复连通性问题。如拆除效能低下阻隔水体流通的闸坝、恢复通江湖泊的闸门、合理调度闸坝等工程设施、疏浚阻碍水系连通的河道等。

（4）洪泛滩区的恢复。近几十年，各类经济活动对于洪泛滩区的围垦侵占，不但降低了上述滩区的生态功能，而且降低了防洪功能，增大了洪水风险。因此，洪泛滩区的恢复应结合防洪工程整体进行规划。在有条件的河段扩大堤防间距以扩大滩区，提高蓄滞洪水能力。

（5）退化湿地景观的恢复。规模较大的洪水可使洪泛滩区范围内的盐碱地、沼泽湿地和草地转换为河流湖泊湿地，或将大面积草地和盐碱地转换为沼泽湿地，景观破碎化降低，整体性增强，恢复退化湿地景观中的生态功能。

（十）水文地貌（HGM）法

为了确定湿地生态恢复与重建工作的目标，必然要对恢复和重建的湿地生态系统进行多方面的监测，并将监测数据与参照湿地对比，以评价工作的有效性。由于湿地生态系统及其特征的形成主要受限于水文地貌特征，因此一般认为，只要将湿地生态系统的水文与地貌情势恢复到与参照湿地相同或相似的状态，其功能就可能恢复到与参照湿地相同或相似的状态。

水文地貌法是用来评估人类活动对湿地生态系统功能影响的一种快速方法，可以用3个相互关联的组成部分来描述：湿地分类、湿地功能描述和参照湿地的应用。水文地貌法将湿地分为7大类：河流湿地、洼地、坡面湿地、河口湿地、湖泊湿地、矿质沼泽、有机质沼泽，每一类都有特殊的地貌环境、占主导地位的水源补给和水文动力状态，并由此而形成具有一定的湿地植被和湿地土壤的湿地类型。湿地功能描述包括对构成湿地生态系统功能的过程的确定或对特殊湿地类型功能的确定。参照湿地的应用提供了一个衡量尺度，通过它可以确定某种类型未受或基本未受干扰的湿地变量及与之相关的功能状况。参照湿地能够把湿地恢复与重建的有关变量和功能的参照标准确定在可持续的基础上。受损湿地生态系统的状况提供了该湿地的有关变量和功能距离标准水平的差距，参照湿地与受损湿地有关变量和功能的对比对于湿地恢复与重建是十分必要的。在对某区域的湿地评价中，对 3 个组分进行多次重复是非常必要的，即要多次对监测湿地进行分类、功能描述并将监测数据与参照湿地进行对比，以确定恢复与重建的进程与方向，一旦方向偏离就应该采取措施进行调整。

三、湿地生态修复的原则

（一）自然修复为主、人工修复为辅原则

生态修复一般分为自然修复和人工修复两类。关于自然修复的明确定义很少。美国环境保护局于 1998 年在污染沉积物治理策略研究中首次提出了自然修复概念，主张通过生态系统的自我恢复能力实现生态修复。Boutonnet 将自然修复（natural remediation）定义为 "The natural occurring physical, chemical, and biological processes that reduce the potential for a chemical stressor to cause adverse ecological effects, and hence ecological risk"，即自然发生的一系列物理、化学及生物过程，其能够降低化学压力源所带来的生态负效应或生态风险。但由于使用习惯的不同，国外关于自然修复的表述还包括 "natural recovery" "natural restoration" "natural rehabilitation" 等。如 Avirmed（2014）等在研究蒿属植被大草原油和煤气开发废弃后 30~90 年期间土壤有机质的自然修复状况用的也是 "natural recovery"。而 Ovsepyan 等（2015）在研究俄罗斯中部废弃地自然修复过程中土壤微生物活动的变化状况时使用的是 "natural restoration"。Araújo 等（2013）用 "natural rehabilitation" 术语描述热带酸化湖泊 20 年间自然修复状况。虽然叫法不同，但却有着相似的含义。自然修复作为生态修复的一部分，其对立面是工程修复，而不是人的参与性。鉴于此，也推荐将自然修复对应译为 "natural restoration" 一词。根据张新时等（2010）的研究，remediation 指修复损毁生态系统的过程但却缺乏生态系统整体性恢复的关注。Rehabilitation 意为重建或恢复到原先的状态，与 reclamation 一词极为相近，更多偏重于系统经济价值的修复而忽视系统保育价值。Recovery 是指自然恢复到原来的事物，但是却强调"自然"的独立地位，缺乏人"积极参与"主动性的表达。而 restoration 一词其科学涵义则较为丰富，能够体现人类的参与性。此外，Clewell（2013）认为 restoration 一词更能在世界范围内引起共鸣。为此，将自然修复译为 natural restoration 是较为合适的。在我国，杨爱民等（2005）认为自然修复即完全依靠生态系统系统本身的自组织和自调控能力进行修复。胡振琪等（2014）进一步将自然恢复概括为"是指靠自然力量（营力）修复的一种过程和方法"。上述定义本质上是相同的，强调了自然修复自然发生的过程并排除人

为干扰的特征，即强调修复过程中"自然"的独立性和"人"的脱离性。

湿地生态系统都具有自然修复的能力，包括污染物的自净化、植被的再生、群落结构的重构、生态系统功能的恢复等。其理论基础主要包括：生物地球化学循环、种子库理论（生态记忆）、定居限制理论、自我设计理论、演替理论、生态因子互补理论等来自恢复生态学的基本原理。对于污染物，湿地生态系统通过生物地球化学循环具有自我净化的能力，例如，重金属可在物理、生物、化学作用下失活或转化，从而减轻重金属毒害。水体中含砷、石油类等污染物，也可以自然衰减、降低环境风险。对于破坏的植被，根据定居限制理论，在生态系统恢复前期可通过先锋植物、土壤种子库等为植被的再生提供基础，且这一能力十分突出，即使在重度损毁下依然存在着永久种子库。对于损毁的群落结构，生态系统可利用自身恢复力，通过"种子库"所记录的物种关系形成先前稳定的群落结构，而根据自我设计理论，退化生态系统也能根据环境条件合理地组织已形成的稳定群落。对失去的生态系统功能，虽然自然修复很难像人工修复那样定向且全面地修复各个影响因子，但生态因子的调节能力（某一因子量的增加或加强能够弥补部分因子不足所带来的负面影响）使生态系统能够保持相似的生态功能，例如，土壤中微生物的增加，可以提高营养元素的活性从而弥补土壤肥力的不足，提高生态系统生物产量。此外，近些年学者提出状态转换模型、阈值理论等生态恢复力理论也为自然修复提供了有力的理论支撑。生态恢复力理论能够较好地回答为什么能自然修复、自然修复的速度、自然修复的根本途径等问题。

长期以来，人工修复是生态修复的首选，并在治理实践中取得了较好的效果，修复成功的案例非常多，如土地平整、土壤剥离重构、植被种植、水污染处理等。相比之下，与人工修复不同，自然修复强调生态系统的自主恢复能力，不主张对生态扰动区实施大规模的人工干预，因而自然修复的成本很低，然而自然修复的现实必要性、理论可能性和技术可行性等一直备受争议，导致自然修复的适用性常被忽视。争议主要集中在两个方面：一是自然修复的可行性；二是自然修复的适用性。较之人工修复，自然修复过程是缓慢的，因而其作用遭到了学者的质疑，认为生态破坏尤其是严重损毁后，生态系统丧失了自我修复的能力，因而必须人为介入并结合工程手段予以恢复。MacDonald（2000）则认为自然修复过程缓慢且脆弱，因而民众将长期暴露于生态威胁之下，这违背了生态伦理。对损毁生态采用自然修复的方法是将生态威胁转嫁给附近生活群体的行为，是不作为的推脱。随着研究的深入，自然修复的效果逐渐为人所知，蒋高明（2003）在《让大自然自己修复创伤》一文中着重强调了生态修复中自然修复的重要作用，胡振琪等（2014）认为自然修复是生态修复的最高状态。长期以来，不过，Cooke 等（2014）认为生态修复中生理学的运用最为关键，以往工程手段往往忽视甚至破坏了生态系统的自组织能力，严重制约生态的修复。将生理学运用到生态修复中，充分尊重并发挥系统自组织力是未来趋势。胡振琪等（2014）认为虽然人工技术在我国东部矿区生态治理中显示出了极大的成效，但在西部适宜性却大大降低。根据刘国彬等（2005）的研究，黄土丘陵区人工林的种植致使深层土壤含水量接近凋萎湿度，生态脆弱区人工修复反而会带来不利影响。

但实际上，自然修复并非一味地强调修复中"自然"的唯一地位。Glick 等

（2014）利用微生物促进重金属富集植被的生长，提高重金属修复的效率。束文圣等（2003）通过研究土壤种子库特征，利用种子库引入等方式快速实现采矿废弃地植被的恢复。姜跃良等（2003）在河道修复中提出运用生态水力学，通过控制水流速、水深等，抑制或促进水生动植物的生长发育。以上生态修复技术虽然涉及人为工程参与，但是却与传统人工修复技术有很大的不同。相比于土地挖填平整、表土剥离重构、植被种植养护等措施，上述修复手段的工程投入却只占较小的部分，其主要基于自然修复的基本原理，利用自然营力恢复生态。因而，也应当归属于自然修复技术范畴。

自然修复虽然强调依靠生态系统自我组织、自我维持能力来修复，但不并不排除人为措施，只不过它强调生态系统恢复力建设，通过协调、促进系统各要素内在联系实现系统的恢复，不主张工程修复。由此可见，自然修复的概念可定义为：依靠生态系统的自我组织、自我维持和自我更新等恢复力，辅以微生物工程、种子库撒播、土壤改良剂等，在不经过大规模的工程修复原有生态系统组成、要素和结构基础上的生态修复方法。

但是人工工程修复的工程量大，资金投入多，对原有生态系统的扰动剧烈。相比之下，自然修复则强调依靠生态系统的自我修复能力，在生态修复的过程中尽量避免对原有生态系统的扰动，这改变了过去"人定胜天"的思想。但是自然修复中，人并不是修复的袖手旁观者，"人"在生态修复的过程中成为自然修复过程的监控者、促进者或干预者，而不是主导者。自然修复更不是放任自然，并不等同于封育。一直以来"自然修复"与"封育""放任"等视为等同，给人一种自然修复就是加强封育，然后放任生态系统自由发展的错觉。也正是基于以上认识，有的学者对"自然恢复"进行了批判，认为其是不符合实际的教条，是不作为的推脱。实际上，自然修复技术中，封育措施的确常为首选，这是因为与人工修复相比，自然修复的进程往往是缓慢且脆弱的，而人为的扰动又是剧烈的，如若不进行封育，干扰的程度大于自然恢复的程度，生态系统的自然修复就不可能。然而，自然修复是否需要封育，则要根据修复对象的特性而定。例如，Slotow（2012）发现采用栅栏封育，长期隔绝牲畜会对生态系统带来负面影响，如生物密度的降低，生物多样性的减少。

与"自然恢复"强调生态系统自我恢复不同，人的主观能动性和技术的可参与性是自然修复的特有属性。自然修复与人工修复是生态恢复的两大可选修复策略，根据自然修复的定义，工程投入程度的差异性是自然修复与人工修复手段的直观区别点，但实际上却不仅限于此。自然修复更加突出了生态系统的主导地位，强调了"效果修复"向"过程修复"理念的转变。在自然修复概念下，工程技术的功能更为单一，发展方向更为明确，即控制或引导生态系统自我修复进程。因而将自然修复作为一种独立的修复策略讨论是必要的，尤其目前我国确定以"自然修复"为主的政策下，对自然修复的研究更具有现实意义。中共中央 国务院 2015 年 4 月 25 日印发的《关于加快推进生态文明建设的意见》明确提出："坚持自然恢复为主、与人工修复相结合的方式，对集中连片、破碎化严重、功能退化的自然湿地及周边环境进行修复和综合整治，优先修复生态功能严重退化的国家和省级重要湿地。"通过污染清理、土地整治、地形地貌修复、自然湿地岸线维护、河湖水系连通、植被恢复、野生动植物栖息地恢复、拆除围网、生态移民和湿地有害生物防治等手段，逐步恢复提升其生态服务功能，维持湿地生态系统健康。强调生态自然恢复并不是不作为，而是要顺应自然、科学作为。要坚持自然修复与人工治理相结合，生物措施与工程措施相结合，注重相关措施的配套使用；对生态退化地区，宜林则林，宜草则草，宜荒则荒。"十三五"规划纲要提出"坚持保护优先、自然恢复为主，推进自然生态系统保护与修复，构建生态廊道和生物多样性保护网络，全面提升各类自然生态系统稳定性和生态服务功能，筑牢生态安全屏障"。顺应自然是对生态的一种理想保护，也是对生态多重价值的一种肯定，实现生态的自我修复，坚持自然恢复为主，就是转变以往的生态建设模式，以自然恢复为主、减少人工干预，加大生态保护和修复力度，保护和建设的重点由事后治理向事前保护转变、由人工建设为主向自然恢复为主转变，从源头上扭转生态恶化趋势。

可见，在湿地生态修复中，应以自然修复为主、人工修复为辅，通过人工修复为自然修复创造更良好的环境，加快生态修复进程，促进稳定化过程。在生态缺损较大的区域，以人工修复为主，人工修复和自然修复相结合，人工修复促进自然修复，进行人工修复的区域，一方面需根据现代社会的观念和市民的愿望按照城镇和农村水域的不同功能进行生态修复；另一方面应尽量仿自然状态进行修复，特别是农村区域。水生态系统得到初步恢复后，应加强长效管理，确保其顺利转入良性循环。

（二）生态完整性原则

Leopold 在一篇关于土地伦理学的文章中首先提出了与生态系统完整性相关的概念："人类活动朝着保护生物群落完整性、稳定性和美感等方向发展时是正确的，相反，是错误的。"目前，人们主要从两个不同的角度来理解生态系统完整性的内涵。一是从生态系统组成要素的完整性来阐释生态系统的完整性，认为生态系统完整性是生态系统在特定地理区域的最优化状态，在这种状态下，生态系统具备区域自然生境所应包含的全部本土生物多样性和生态学进程，其结构和功能没有受到人类活动胁迫的损害，本地物种处在能够持续繁衍的种群水平；二是从生态系统的系统特性来阐释生态系统完整性，认为生态系统完整性主要体现在 3 个方面：①生态系统健康：即在常规条件下维持最优化运作的能力；②抵抗力及恢复力：即在不断变化的条件下抵抗人类胁迫和维持最优化运作的能力；③自组织能力：即继续进化和发展的能力。

从耗散结构理论来看，两个不同的角度对生态系统完整性内涵的理解实质上是一致的。耗散结构理论认为，生态系统是一个远离平衡态的、非线性的开放系统，在自然演替进程中受到热力学定理的影响，通过不断地与外界交换物质和能量，产生系统内部梯度；通过系统的自组织进程，由原来的无序结构转变成新的、稳定的有序结构。这种有序结构需要不断地与外界交换物质或能量才能得以维持，因此称之为耗散结构。随着系统的发展和成熟，其总耗散量不断增加，需要提高生物多样性和生态系统的层级水平，以构造更复杂的结构来支持能量的降解。生态系统通过演替而成熟的过程，实际上是它在每个演替阶段通过自组织以耗散更多的输入能的过程。在无外来压力干扰时，随着自组织的发展，耗散的自然生态系统将有以下的性质：更强的能量捕获能力、更强的呼吸和蒸腾作用、更多的能量流通途径、更多的物质循环途径、更高水平的营养结构、更高的生物多样性和更大的生物量。这些性质实质上是生态系统组成（物理组成、化学组成、生物组成）和生态过程（生态系统功能）完整性的具体表现，反映了生态系统完整性的内涵。

生态系统完整性是物理、化学和生物完整性之和，是与某一原始的状态相比，质量和状态没有遭受破坏的一种状态。一个生态系统只要能够保持其复杂性和自组织的能力，以及结构和功能的多样性，并且随着时间的推移，能维持生态系统的自组织的复杂性，那么它就具有完整性。生态系统完整性概念的提出，丰富了生态保护和生态系统管理的理论。完整性表示了生态系统维持自组织的能力，或者说表示了生态系统长期的"养活力"。因此，生态系统完整性成为生态系统管理的目标和价值所在。加拿大国家公园行动清楚表明了生态完整性是公园管理的终极目标，而生态系统管理则是用于达成这一目标的过程。

生态系统完整性是系统的，包括3个层次：一是组成成分的完整性，即是否具有本身的全部物种；二是组织结构的完整性；三是功能的完整性。正如Kay（2001）指出的"考察完整性要考察生态系统的组织状态，这包括系统结构的完整和功能的健康"。前两个层次是对系统组成完整的要求，后一个层次则是对系统成分间的作用和过程完整的要求。

湿地生态系统的结构完整性强调湿地生态系统的全部，包括物种、景观元素和过程，或表述为成分、组成和过程。Karr和Dudley（1981）把生态系统完整性表述为：支持和维持平衡的、完整的、适应的生物群落的能力，这个群落具有自然生境条件下可比的物种结构、多样性和功能组织的能力。因此，当生态系统受到外部干扰时，如果它保持其所有的成分（基因、物种和群落）以及成分之间的功能关系，这个系统将保持它的完整性。湿地生态系统结构的完整性强调维持完整的生物群落，所以生物多样性是生态系统结构完整性量度的重要指标。加拿大国家公园行动对这一价值观作了进一步的阐释：当一个生态系统具有与自然区域相比的特征，包括本生物种、生物群落的结构和丰富度、变化速率和支持这些物种和群落及其变化的生态过程时，这个系统就是完整的。简而言之，生态系统结构完整性就是生态系统具有其本身的成分（植物、动物和其他有机物）和完整的过程（如生长和再生）。

湿地生态系统功能的完整性注重生态系统的整体特性。生态系统是不断演化和进化的，环境的演变、物种的消亡和新生是生态系统固有的属性。一个物种的消失，如果有其他新物种取代，生态系统功能并不会受到影响。King（1993）认为，严格来说，如果生态系统结构方面的变化没有引起功能的质和量的变化，最多也只能解释为完整性的轻微丢失，真正丢失的是由于物种多样性和结构复杂性的丢失，削弱了系统适应较长时间尺度的灾变的能力。Woodley（1993）评价生态系统完整性的准则包括：生态系统自己能够持续存在下去吗？生态系统抵抗新物种的入侵吗？生态系统的净生产力未被削弱吗？生态系保持营养的能力未被削弱吗？生物区和它们的相互作用未被削弱吗？

在外来压力干扰下，湿地生态系统可能存在5个演替方向：①生态系统维持原有的状态，其耗散结构和完整性没有受到影响。②生态系统沿着热力学分支返回到早期的演替阶段，耗散结构发生变化，其完整性受到一定程度的影响。③生态系统经过分歧点沿着新的热力学分支产生新的耗散结构，其完整性受到一定程度的影响。④生态系统演替到某一状态点后发生灾变，然后沿着新的热力学分支形成新的耗散结构，其完整性在受到严重破坏后，通过系统的自组织作用，经过一段时间后，在一定程度上得到修复。⑤生态系统崩溃，系统的完整性完全被破坏。

从生态系统内在的自组织进程来看，在外来干扰下，如果生态系统能够一直维持它的组织结构、稳定状态、抵抗力、恢复力以及自组织能力，那么就是一个完整性良好的生态系统。

湿地生态系统完整性是湿地生态系统健康的重要前提。通过恢复湿地生态系统完整性来恢复退化湿地生态系统的生物群落及其组成、结构、功能与自然生态过程，使生态系统富有弹性，能自我维持，能承受一定的环境压力及变化，其主要生态状况在一定的自然变化范围内运转正常。

（三）生态学优先原则

生态学原则主要包括生态演替规律、生物多样性原则、生态位原则等。生态学原则要求根据生态系统自身的演替规律分步骤分阶段进行恢复，并根据生态位和生物多样性原理构建生态系统结构和生物群落，使物质循环和能量转化处于最大利用和最优循环状态，达到水文、土壤、植被、生物协同演进。

生态学原则包括生态演替原则、食物链网、生态位原则等，生态学原则要求我们根据生态系统自身的演替规律分步骤、分阶段进行，循序渐进，不能急于求成、"拔苗助长"。例如，要恢复某一极端退化裸荒地，首先应重在先锋植物的引入，在先锋植物改善土壤肥力条件并达到一定覆盖度后，可考虑草本、灌木等的引种栽植，最后才是乔木树种的加入。另外，在生态恢复与重建时，要从生态系统的层次上展开，要有整体系统思想，不能"头痛治头，脚疼医脚"。根据生物间及其与环境间的共生、互惠、竞争和颉颃关系，以及生态位和生物多样性原理，构建生态系统结构和生物群落，使物质循环和能量转化处于最大利用和最优循环状态，力求达到土壤、植被、生物同步和谐演进，只有这样，恢复后的生态系统才能稳步、持续地维持与发展。

（四）优先性和稀缺性原则

计划一个湿地恢复项目必须从当前最紧迫的任务出发，应该具有针对性。为充分保护区域湿地的生物多样性及湿地功能，在制订恢复计划时应全面了解区域或计划区湿地的广泛信息，了解该区域湿地的保护价值，了解它是否为高价值的保护区，是否是湿地的典型代表类型，是否为候鸟飞行固定路线的重要组成部分等。尽管任何一个恢复项目的目的都是恢复湿地的动态平衡而阻止陆地化过程，但轻重缓急在恢复前必须明确。例如，一些濒临灭绝的动植物种，它们的栖息地恢复就显得非常重要，即所谓的稀缺性和优先性。因为小规模的物种、种群或稀有群落比一般的系统更脆弱更易丧失，但恢复这种类型湿地的难度也就很大，恢复的成功率不高。

（五）地域性原则

我国湿地分布广，涵盖了从寒温带到热带，从沿海到内陆，从平原到高原山区各种类型的湿地。由于不同区域具有不同的生态环境背景，如气候条件、地貌和水文条件等，这种地域的差异性和特殊性就要求我们在恢复与重建退化生态系统的时候，应全面了解恢复区的相关信息，包括地理位置、气候特点、湿地类型、功能要求、经济基础等因素，充分理解湿地保护对该区域生态和经济价值的影响，突出湿地景观的地域性特征，具体问题具体分析，在长期定位试验的基础上，应尽可能维持地带性植被，减少对当地物种群落的破坏，总结经验，制定适当的湿地生态恢复策略、指标体系和技术途径，并不断优化，然后方可示范推广。

（六）可行性原则

可行性是许多计划项目实施时首先必须考虑的。湿地恢复的可行性主要包括两个方面，即环境的可行性和技术的可操作性。通常情况下，湿地恢复的选择在很大程度上由现在的环境条件及空间范围所决定。现时的环境状况是自然界和人类社会长期发展的结果，其内部组成要素之间存在着相互依赖、相互作用的关系，尽管可以在湿地恢复过程中人为创造一些条件，但只能在退化湿地基础上加以引导，而不是强制管理，只有这样才能使恢复具有自然性和持续性。例如，在温暖潮湿的气候条件下，自然恢复速度比较快，而在寒冷和干燥的气候条件下，自然恢复速度比较慢。不同的环境状况，花费的时间也就不同，甚至在恶劣的环境条件下恢复很难进行。另外，一些湿地恢复的愿望是好的，设计也很合理，但操作非常困难，恢复实际上是不可行的。因此，全面评价可行性是湿地恢复成功的保障。

（七）最小风险和最大效益原则

国内外的实践证明，退化湿地系统的生态恢复是一项技术复杂、时间漫长、耗资巨大的工作。由于生态系统的复杂性以及某些环境要素的突变性，加之人们对生态过程及其内在运行机制认识的局限性，人们往往不可能对生态恢复与重建的后果以及最终生态演替方向进行准确地估计和把握，因此，在某种意义上，退化生态系统的恢复与重建具有一定的风险性。这就要求我们要认真透彻地研究被恢复对象，经过综合地分析评价、论证，将其风险降到最低。同时，生态恢复又往往是一个高成本投入工程，因此，既要考虑当前经济的承受能力，又要考虑生态恢复的经济效益和收益周期，这是生态恢复与重建工作中十分现实而又为人们所关心的问题。保持最小风险并获得最大效益是生态系统恢复的重要目标之一，这是实现生态效益、经济效益和社会效益完美统一的必然要求。

（八）美学原则

湿地具有多种功能和价值，不但表现在生态环境功能和湿地产品的用途上，而且具有美学、旅游和科研价值。因此，在许多湿地恢复研究中，特别注重对美学的追求，如国内外许多国家对湿地公园的恢复。美学原则主要包括最大绿色原则和健康原则，体现在湿地的清洁性、独特性、愉悦性、可观赏性等许多方面。美学是湿地价值的重要体现。

四、湿地生态修复的目标

（一）湿地生态修复的总体目标

根据不同的地域条件，不同的社会、经济、文化背景要求，湿地生态恢复的目标也会不同。总体来讲，湿地生态恢复的总体目标是采用适当的生物、生态及工程技术，逐步恢复退化湿地生态系统的结构和功能，最终达到湿地生态系统的自我持续状态，具体包括4个方面：①恢复极度退化的生境；②提高退化湿地的生产力；③减少对湿地景观的干扰；④对现有湿地生态系统进行合理利用和保护，维持其生态功能。

（二）湿地生态修复的具体目标

根据不同的地域条件，不同的社会、经济、文化背景要求，湿地恢复的目标也会不同。有的目标是恢复到原来的湿地状态，有的目标是重新获得一个既包括原有特性，又包括对人类有益的新特性状态，还有的目标是完全改变湿地状态等。在湿地恢复计划中或实践中经常希望达到的两个目标是湿地的先前特性和机遇目标。

1. 湿地的先前特性

湿地恢复的成功与否，经常受到两个条件的制约。一是湿地的受损程度；二是对湿地先前特性的了解程度。所谓先前特性，就是指原始阶段的后序列状态，亦即受干扰前的自然状态。这些状态从某种意义上讲就是恢复者的一个选择或偏好，或者说这些状态具有一定的不确定性。因为对湿地先前特性的了解程度及理解决定了恢复只能是近于先前的状态，而近于先前或受扰前的程度是很难把握的，这就需要大量资料的积累和科学推断，通过采取最小化的管理方式而发挥其先前应具有的功能和价值。

2. 恢复过程中的机遇

由于恢复过程受多种因素所制约，水文情势、地形地貌、生物特性、当地气候及环境背景变化等都是影响湿地恢复的重要因素。这些因素的自然表现在历史时期内不尽相同，因而湿地恢复的过程及结果常常具有不确定性，可能会有多种选择的机会。在这种条件下，某些结果的出现可能被看做是浪费一个机会，因为这些可能的结果在多种状况下都是可以被恢复的，而浪费的机会却很难再一次出现。因此，恢复者在湿地恢复的操作过程中要关注并珍惜机会的把握，而不是去浪费。但对于不同的退化湿地生态系统，其侧重点和要求也会有所不同。总体而言，湿地生态恢复的基本目标和要求包括7点。①实现生态系统地表基底的稳定性：地表基底是生态系统发育和存在的载体，基底不稳定就不可能保证生态系统的演替与发展。这一点应引起足够重视，因为我国湿地所面临的主要威胁大都属于改变系统基底类型的，在很大程度上加剧了我国湿地的不可逆演替。②恢复湿地良好的水状况：一是恢复湿地的水文条件；二是通过污染控制，改善湿地的水环境质量。③恢复植被和土壤，保证一定的植被覆盖率和土壤肥力。④增加物种组成和生物多样性。⑤实现生物群落的恢复，提高生态系统的生产力和自我维持能力。⑥恢复湿地景观，增加视觉和美学享受。⑦实现区域社会、经济的可持续发展。

湿地生态系统的恢复要求生态、经济和社会因素相平衡。因此，对生态恢复工程除考虑其生态学的合理性外，还应考虑公众的要求和政策的合理性。

五、湿地生态修复的策略

湿地退化和受损的主要原因是人类活动的干扰，其内在实质是系统结构的紊乱和功能的减弱与破坏，而外在表现则是生物多样性的下降或丧失以及自然景观的衰退。湿地恢复和重建最重要的理论基础是生态演替。由于生态演替的作用，只要克服或消除自然的或人为的干扰压力，并且在适宜的管理方式下，湿地是可以被修复的。恢复的最终目的是再现一个自然的、自我持续的生态系统，使其与环境背景保持完整的统一性。不同的湿地类型，生态修复的指标体系及相应策略亦不同（表3-1）。

表 3-1　不同湿地类型生态修复策略

湿地类型	修复的表观指标	综合修复策略
低位沼泽	水文（水深、水温、水周期） 营养物（N、P） 植被（盖度、优势种） 动物（珍稀及濒危动物） 生物量	减少营养物输入，恢复高地下水位，草皮迁移，割草及清除灌丛，恢复对富含 Ca、Fe 地下水的排泄
湖泊	富营养化 溶解氧 水质 沉积物毒性 鱼体化学物质含量 外来物种	增加湖泊的深度和广度，减少点源、非点源污染，迁移富营养沉积物，清除过多草类，生物调控
河流、河缘湿地	水质 混浊度 鱼体化学物质含量 沉积物毒性 河漫滩及洪积平原	疏浚河道，切断污染源，增加非点源污染净化带，河漫滩湿地的自然化，防止侵蚀沉积
红树林湿地	溶解氧 潮汐波 生物量 碎屑 营养物循环	禁止矿物开采，严禁滥伐，控制不合理建设，减少废物堆积

对沼泽湿地而言，由于泥炭提取、农业开发和城镇扩建使湿地受损和丧失。如要

发挥沼泽在流域系统中原有的调蓄洪水、滞纳沉积物、净化水质、美学景观等功能，必须重新调整和配置沼泽湿地的形态、规模和位置，因为并非所有的沼泽湿地都有同样的价值。在人类开发规模空前巨大的今天，合理恢复和重建具有多重功能的沼泽湿地，而又不浪费资金和物力，需要科学的策略和合理的生态设计。

对河流及河缘湿地而言，面对不断的陆地化过程及其污染，恢复的目标应主要集中在洪水危害的减小及其水质的净化上，通过疏浚河道，河漫滩湿地再自然化，增加水流的持续性，防止侵蚀或沉积物进入等来控制陆地化，通过切断污染源以及加强非点源污染净化使河流水质得以恢复。而对湖泊的恢复却并非如此简单，因为湖泊是静水水体，尽管其面积不难恢复到先前水平，但其水质恢复要困难得多，其自净作用要比河流弱得多，仅仅切断污染源是远远不够的，因为水体尤其是底泥中的毒物很难自行消除，不但要进行点源、非点源污染控制，还需要进行污水深度处理及其生物调控技术。

对红树林湿地而言，红树林沼泽发育在河口湾和滨海区边缘，在高潮和风暴期是滨海的保护者，在稳定滨海线以及防止海水入侵方面起着重要作用。它为发展渔业提供了丰富的营养物源，也是许多物种的栖息地。由于人类的各种活动，红树林正在被不断地开发和破坏。为恢复这一重要的生态系统，需要保持陆地径流的合理形式，严禁滥伐及矿物开采，保证营养物的稳定输入等是恢复退化红树林的关键所在。

湿地恢复策略经常由于缺乏科学的知识而阻断，特别是湿地丧失的原因，自然性和对一些显著环境变量的控制，有机体对这些要素的反应等还不够清楚，因此，获得对湿地水动力的理解以及评价不同受损类型的影响是决定恢复策略的关键。

第四章

湿地生态修复
规划与设计

一、湿地生态修复规划设计的原则

生态修复是指对生态系统停止人为干扰，以减轻负荷压力，依靠生态系统的自我调节能力与自组织能力使其向有序的方向进行演化，或者利用生态系统的自我恢复能力，辅以人工措施，使遭到破坏的生态系统逐步恢复或使生态系统向良性循环方向发展；主要指人为地改变和切断生态系统退化的主导因子或过程，调整、配置和优化生态系统内部及其外界的物质、能量和信息的流动过程和时空次序，使生态系统的结构、功能和生态学潜力尽快成功地恢复到一定的或原有乃至更高的水平，实现生态系统可持续发展，为人类提供良好的生态环境。

湿地生态修复的理论基础是恢复生态学。恢复生态学是研究生态系统退化的原因、退化生态系统修复和重建的技术与方法、生态学过程与机理的科学。生态修复的概念源于生态工程或生物技术，修复生态学在一定意义上是一门生态工程学，或是一门在生态系统水平上的生物技术学。生态恢复过程是指根据生态学原理，是按照一定的功能水平要求，通过一定的生物、生态以及工程的技术与方法，由人工设计并在生态系统层次上进行的退化生态系统的结构和功能逐步恢复的过程，因而具有较强的综合性、人为性和风险性。具体内容包括：实现生态系统的生境稳定性，保证生态系统的演替与发展；恢复植被和土壤，保证一定的植被覆盖率和土壤肥力；增加生物多样性，实现生物群落的恢复，提高生态系统的生产力和自我维持能力；减少或控制环境污染；增加视觉和美学享受等（王立新等，2014）。湿地生态修复规划设计应遵循的主要原则如下：

（一）自然原则

生态修复不能替代对生态系统的维持和保护，现存相对稳定的生态系统是保护生物多样性、为受损生态系统恢复提供生物或其他自然资源的重要物质基础，因此，生态修复应充分尊重自然格局和生态过程，要以保护现有完好的湿地生态系统结构和功能为出发点，以生态学理论为基础，以生态修复技术为指导，通过适度人工干预，保护、修复，完善区域生态结构，实现湿地的可持续发展。

根据生态系统自身的演替规律分步骤分阶段进行修复，并根据生态位和生物多样性原则构建生态系统结构和生物群落，使物质循环和能量转化处于最大利用和最优循环状态，要求达到水文、土壤、植被、生物同步协同演进。尽管可以在湿地修复过程中人为创造一些条件，但只能在退化湿地基础上加以引导，而不是强制管理，只有这样才能使恢复具有自然性和持续性，保留湿地系统中的物种多样性，维护湿地系统整体稳定性与协调性，使得湿地系统自然性不受破坏。例如，一些濒临灭绝的动植物的栖息地恢复就显得非常重要，因为小规模的物种、种群或稀有群落比一般的系统更脆弱更易丧失。

我国湿地分布广，涵盖了从寒温带到热带，从沿海到内陆，从平原到高原山区各种类型的湿地。因此，应根据地理位置、气候特点、湿地类型、功能要求、经济基础等因素，制定适当的湿地生态恢复策略、指标体系和技术途径。

（二）社会经济技术原则

国内外的实践证明，退化湿地系统的生态修复是一项技术复杂、时间漫长、耗资巨大的工作。由于生态系统的复杂性和某些环境要素的突变性，加之人们对生态过程及其内部运行机制认识的局限性，人们往往不能对生态恢复的后果以及最终生态演替方向进行准确地估计和把握。因此，在某种意义上，退化生态系统的恢复具有一定的风险性。这就要求对被恢复对象进行系统综合的分析、论证，将风险降到最低程度，同时，还应尽力做到在最小风险、最小投资的情况下获得最大效益，在考虑生态效益的同时，还应考虑经济和社会效益，以实现生态、经济、社会效益相统一。如充分利用原有地形、植被，力求减少工程量和造价；在材料的运用上力求经济与美观相结合，在环境维护中力求减少维护费用（邓志平等，2009）。

（三）美学原则

湿地具有多种功能和价值，不但表现在生态环境功能和湿地产品的用途上，而且具有美学、旅游和科研价值。因此，在许多湿地修复研究中，特别注重对美学的追求，像国内外许多国家对湿地公园的恢复。美学原则主要包括最大绿色原则和健康原则，体现在湿地的清洁性、独特性、愉悦性、可观赏性等许多方面。美学是湿地价值的重要体现。在湿地生态修复规划设计过程中，要特别注重对生态美学的追求，尤其是湿地的形式与湿地植物的配置上，要为后续的景观规划提供良好的素材与发挥余地，湿地开敞的水体空间、浮叶根生植物和挺水植物，以及鸟类、鱼类等，都充满大自然的灵韵（勾波，2006）。美是人类在长期演化过程中形成的、与生俱来的，欣赏自然、享受自然的本能和对自然的情感依赖，具有自然特征的湿地景观，随昼夜、季节、气候的变化而表现的多姿多彩，为人类提供富有诗情画意的体验空间。不论是城市或乡村，湿地景观都是该地区的绿色生命带，水体潜藏着无限的神秘，流水充满着勃勃生机，无论是涓涓细流或者是缓慢流动的开阔水面，无论是深潭还是浅滩，无论是遨游的鱼类抑或嬉戏中的禽鸟，都能给人们带来美的享受；河边露营、野餐、垂钓能舒缓压力，蜿蜒多姿的形态为摄影、写生爱好者提供一幅天然的图画。因此，湿地修复应注重对美学的追求，包括湿地的自然性、清洁性、可观赏性、景观协调性等方面。景观的美学功能和艺术性是通过以自然美为特征的空间环境规划设计，创造丰富多彩的园林景观和生动优美的环境气氛（胡金龙，2007）。

二、湿地生态修复规划设计的策略

生态系统指在一定空间中共同栖居着的所有生物与其环境之间由于不断地进行物质循环和能量流动过程而形成的统一整体，完整健康的生态系统能够自我调节和维持自身的正常功能，并能在很大程度上克服和消除外来干扰。因此，湿地生态修复应从生态系统的结构和功能出发，在掌握生态系统各个要素间交互作用的基础上进行有助于自然过程的设计，最大可能地恢复与重建退化生态系统的完整性，以及与周围环境的连续性与协调性。

（一）生态系统健康

为了提高设计的准确性和可行性，设计人员要根据现有湿地体系发展情况，结合水系生态修复实际需求，制定科学有效的规划设计目标，不断完善湿地规划体系，提高湿地各个使用功能，构建健康湿地生态系统，强化湿地景观，建设湿地文化。

1. 合理规划内容，实现区域协调

在湿地修复规划设计的过程中，为了维护湿地系统内部结构资源的完整性，协调湿地系统和周边区域环境的协调发展，设计人员要做好区域协调工作，并将圈层式规划方式应用到湿地修复规划设计中，将湿地系统划分为以下 3 个层次。

（1）湿地保护区。主要包括湿地原始物种类型、生存环境以及生物链，建立湿地特征区域，促进湿地水系生态系统的修复与发展，最大程度地保证湿地系统的完整性。

（2）外围保护区。在实际规划设计的过程中，设计人员要根据湿地保护区的实际面积，在保护区周围保留一定宽度的预留区域，并从湿地乡土生物生活环境自然原始性、保护多层级演替阶段生态系统、尊重生态自然发展过程与自然干扰 3 个方面入手，其中还涉及火灾过程、旱雨季交替、洪水季节性泛滥等，强化湿地保护区域和周边环境之间的连续性，进而达到湿地保护区的双重保护。

（3）周边景观控制区。周边景观控制区主要在外围保护区的外部，可以对整个湿地景观进行控制与规划，提高湿地周边景观和湿地自身系统的协调性与统一性（李艳彩，2008）。

2. 做好空间布局，强化湿地价值

空间布局作为湿地规划设计中的重要内容，对湿地系统整体景观欣赏性与自然生态性的提升具有关键作用（沈守云等，2009）。由于湿地生态系统中物质与能量存在多重联系，结合各个空间要素实现湿地空间布局，构建湿地系统立体多维空间与游览网

络空间，形成湿地绿色空间体系。其空间布局内容为以下两点。

（1）平面公共空间。平面公共空间根据湿地功能与景观特色，对湿地系统各个功能划分到平面范围、平面形状以及平面位置中，以水体为脉，构建多元化空间体系，同时也为湿地系统内各个物种创造有利的生存环境，提高湿地规划设计的可行性与合理性，进而促进湿地水系生态修复的发展。

（2）立体多维空间。立体多维空间主要针对湿地剖断面采取竖向设计的方式，使得湿地整体呈现立体空间层次，赋予湿地系统形态多变的特点，进而保护湿地系统内部资源的多样性。

由于湿地水生生物的生存环境具有极大的差异性，在进行湿地修复规划设计的过程中，设计人员要结合实际水深设置沿岸区、润泽区、沼泽区、深水区，结合水深和植被生存需求搭配植被，进而构建湿地系统的层次性和多样性，提高湿地水流连续性，保证水域到陆地间的过渡带，使不同水位的湿地都能接触到自然生态的边岸（李旭，2014）。

（二）污染物削减

污染物的有效去除是湿地生态修复的核心要求。湿地的污染物来源包括点源和面源。生活点源污染主要通过废水收集、构建污水处理厂、人工湿地等进行处理，实现达标排放。面源污染主要有水土流失引起的土壤侵蚀、农用化学制品的过量施用、农田污水灌溉、农业与农村废弃物、城镇垃圾、畜禽养殖等在降雨作用下形成的各种地表径流，以及大气及湿沉降、水体人工养殖、各种固体废物的处理、水文改变、河岸的侵蚀以及生活废水的排放等。

可根据现状调查对湿地修复区域年污染负荷进行估算，并按照污染物削减的要求，进行去除率计算和污染控制系统的设计。针对丰与平、枯水期不同的水文特点（水量、流速、水交换率），采用不同的污染物去除计算方法（华涛等，2004）。丰水期以湿地的入流与出流水质指标即污染物浓度为依据，计算污染物去除率。系统总去污率和系统各部分污染物去除率之间的关系依下式计算：

$$Q_T = 1 - (1 - A) \cdot \prod_{i=1}^{n} (1 - Q_i)$$

式中：Q_T——污染控制系统的污染物总去除率；

Q_i——各部分的污染物去除率；

A——水体自然净化作用的污染物去除率。

而平、枯水期则以经进入湿地污染物总量进行污染物去除率简化计算，计算公式如下：

$$W_T = \sum_{i=1}^{n} W_i$$

式中：W_T——污染控制系统的总污染物去除量；

W_i——各部分的污染物去除量。

设计中以湿地复合生态系统削减暴雨径流污染，而为防止暴雨期污染物对湿地的冲击，在雨水排放口附近区域增加其他面源污染处理措施。其中湿地对氮、磷有机污染物的去除量按下式简化计算：

$$W_{湿地} = W_{土壤} + \sum_{i=1}^{n} k_i \cdot \delta_i \cdot L_i$$

式中：$W_{湿地}$——湿地的污染物去除量；

$\qquad W_{土壤}$——土壤对污染物的去除量；

$\qquad k_i$——湿地植物氮磷积累量对湿地的氮磷去除的平均贡献率；

$\qquad \delta_i$——湿地植物对氮或磷的总吸收量；

$\qquad L_i$——主要湿地植物的生物量。

设计中主要依生态健康恢复、景观效果要求提出设计方案，计算其中补栽植物的品种及数量，并根据去污率验算结果确定最终方案。

三、湿地生态修复规划设计的内容

湿地生态修复总体规划设计应在基础资料分析评价的基础上，根据湿地项目现状做出湿地修复可行性分析，提出湿地修复建设中可能面对的问题，得出规划中主要解决的问题和必须解决的问题，制定出总体设计原则和目标，编制设计要求和说明，经过不断地修正，最终得到科学合理的解决方案，作出与自然过程相协调的创造性设计。

（一）湿地生态修复面临的问题

1. 湿地生态修复现状分析

由于人类活动，尤其是农业活动的不断开展，湿地的面积和破碎化程度加剧。这在一定程度上阻碍了湿地生态系统功能的发挥，为湿地植被和生态功能的恢复增添了障碍。一般退化湿地生态系统主要存在以下问题。

（1）水质污染加剧，生态系统结构和功能破坏。湿地水环境污染严重，污染持续，历史长久，水污染态势严峻，且呈现逐年加重趋势，各类污染物污染水体造成的后果可以概括为以下 3 个方面：使水体缺氧（有机污染）和富营养化、使水体具有生物毒性、水体生态系统结构和功能破坏严重。污染源主要来自于大量的工业废水、城市生活污水的排入、渔民生活污染、游船污染等，影响了湿地生态功能的正常发挥。另外，人类农业活动阻断了湿地的相互连通，形成了死塘，水体循环性差，影响水体自净能力。

（2）湿地围垦、调蓄功能急剧下降。随着区域社会经济的高速发展，湿地生态系统被大量开垦，围垦不仅导致了湿地面积的减少，改变了湿地的结构，以自然湿地为主转变成以人工湿地为主，并且造成调蓄能力显著下降。另外，部分湿地由于人类活动的扰动，造成河床或滩地植破坏，覆盖率降低，水土流失加重，土壤逐步沙化。例如，湿地被开垦为农田后，在耕作过程中大量的化肥和农药投入，使得流域面源污染逐年递增，加剧了水质污染形势。

（3）植被退化，生物多样性减少。湿地水量减少、资源过度开发、湿地生境破坏是导致资源衰退、生物多样性受损的重要原因。湿地资源的过度利用首先体现在对经济品种效益的过度追逐，典型的就是水产捕捞、养殖业。围水造田、过度捕捞、偷渔、滥捕、集约化养殖对沿海、湖区、河流等湿地生物资源造成难以恢复的破坏。

（4）景观破碎。景观破碎是指原来连续的生境景观环境经外力作用后变为许多彼此隔离的小斑块。破碎化可导致景观中一种生境类型总数量的减少，也可能导致景观中所有生境类型的减少。被人类破坏的景观中常常会出现物种组成与多度格局的改变，有利于杂草性物种的繁茂等，这给生物多样性保护带来不良后果。斑块类型的改变，打破了湿地生物多样性所依赖的景观生态系统的稳定性。原有的天然的群落和群落中的优势种群和关键种群发生变化，从而影响到生物多样性功能和生态过程的变化。如杨树斑块的大量引进和南荻、芦苇斑块的扩大，导致了珍稀鸭类栖息地和定居型鱼类产卵场地的缩小；引淤、排水沟的开挖，导致冬季浅水沼泽的干涸，破坏了天鹅等珍稀候鸟的栖息场所（孙若琳，2014）。

2. 湿地生态修复设计难点分析

湿地生态修复规划设计的难点主要存在于以下几个方面。

（1）湿地水量调节和水质处理效果控制。人工湿地因其在净化水质方面的独特优势而得到了广泛应用，但是在应用过程中也暴露了很多问题，包括易受气候温度影响、占地面积大、基质易堵塞等问题，这些问题都在一定程度上影响了人工湿地对污水的净化效果，甚至限制了人工湿地的发展和应用。人工湿地受气候温度条件影响较大，随季节的变化，人工湿地对污染物的去除效果也随之变化，夏季>秋季>春季>冬季，这也与植物的生长季节直接相关。水力负荷对人工湿地的净化效果也有一定的影响，湿地中的水力负荷过大，污染负荷过重会缩短水力停留时间，降低湿地对污水的净化效果，严重的还会造成湿地堵塞现象（孙益松，2008）。因此，针对植物的生长季节和湿地处理能力的变化如何调节进入湿地的水量，控制水体污染物的浓度，是保证湿地处理效果和正常运行的重要保障，也是规划设计中的难点问题。

（2）人工湿地的管理。人工湿地的管理内容涉及湿地植物，水质的管理还有其他的相关部分的管理。科学的运行管理和设计可以保持湿地处理系统对污染物稳定、高效的去除效果，同时适当的管理，还可以解决人工湿地可能带来的负面生态问题，充分发挥其美化景观，丰富物种多样性的生态效应（汤学虎等，2008）（图4-1）。

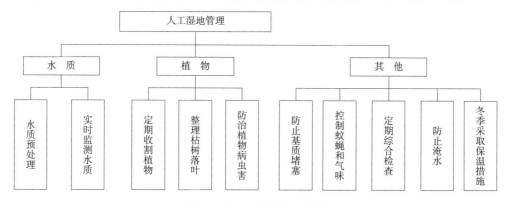

图 4-1　人工湿地管理的内容

天然的湿地之所以能够净化水体是在非常庞大的生态体系及生物链中完成的，天然湿地庞大完整的生态体系及生物链不是简简单单一个纯人工湿地就能模仿的，只有依附于原有保留的天然湿地，人工进行保护与扩大形成的半人工、半天然湿地才能真正形成处理污染的优势。

（3）生态修复规划设计中，实现人和环境的和谐共生。实现人与环境的和谐共生是生态修复规划设计中最大的难点。活动的人流会对湿地的生态环境造成一定的负面影响，如喧哗声会打扰栖息地的生物等。设计者主要通过合理的功能布局和湿地生境的创造来实现人与自然和谐共生的设计理念。

3.湿地生态修复方案分析

（1）水体污染负荷强化削减与净化功能。构建湿地生态水系网的具体措施有以下几点。

①水质净化先行：从水源控制水质，农业污水和周边居民区污水进入湿地前经过沉淀池处理，经过多级净化处理，首先经过潜流湿地的污水再处理，初步达到景观用水标准，流入表流湿地和生态氧化塘利用湿地植物净化水质，再流入植物氧化塘，保证进入生态功能区的水质达标。

②科学的水管理：湿地水体随着气候、季节及地质的结构变化而变化。水体处理需要根据其具体的功能，置入科学的暴雨水管系统，以较低的投入产生较好的生态效能。健全区域内的中水系统，雨水循环系统、排水系统。对原生湿地保证水源质量，并采取雨水收集、自来水补充等多种水源补给方式，以保障健康湿地的水量需求。

③构建内部水网体系：将水系统设计为一个大的湿地循环系统，完成水循环的整个净化流程，以现状场地的地表径流分析为依据，设计场地的三级淹没区域，建造湿地的永久性水域、半永久性水域，完善湿地生境条件。使用现代科技结合"3R"原则（Reducing、Reusing、Recycling），充分考虑水资源的输入与输出，形成水资源的闭合回路，从而实现建成环境中可以循环使用的水体动态生态系统（王禹博，2013）。

④建立湿地圈保护模式：借鉴自然保护区理论中常用的圈层式保护模式，即核心区—缓冲区—实验区的划分和利用模式，在现状场地核心区（天然式湿地）与外围城市建成区之间建立缓冲区，达到对外界不良生态干扰的屏蔽，以及对场地内部原生湿地的保护和过去。同时，湿地公园的保护圈层范围，从可持续发展的角度为湿地未来的发展提供足够的生态恢复圈层，确保湿地今后的稳定可持续发展。

（2）湿地地貌的恢复与改造。湿地地貌是湿地存在的载体和地学特征。湿地退化往往伴随着湿地地貌的改变和消失，因此，对其地貌的恢复和改造是湿地恢复的重要措施之一。而不同的湿地地貌，其生态恢复的技术措施亦有所不同。例如，河滨湿地，面对不断的陆地化过程及污染，修复的目标主要集中在对洪水危害的减小及其对水质的净化上，通过疏浚河道、河漫滩湿地再自然化，增加水流和持续性，防止侵蚀或沉积物进入等来控制陆地化；通过改造护坡、护岸，加强湿地净化能力，使河流湿地得以修复。另外，在湿地恢复规划中，要严禁使用违反生态规律的设计方法与技术，例如，为了加固堤岸使用水泥、石材砌块护岸，为了防渗漏采用的水泥衬底等方法。

根据研究地现有地形，基于工程量最小化原则，结合湿地结构、功能和景观构建的需要对其进行基底改造和修复，以减轻内源污染，维护基底的稳定性，恢复入湖口水域面积，构建依据进水量和污染负荷的不同水深、不同水动力、水停留时间的地形基底，从入水口至出水口设置不同水文梯度的淹水区域，其中，深水区设计水深2.0~2.5 m，沉水植物恢复区设计水深 1.5~2.0 m，挺水植物恢复区设计水深 0.5~1.5 m，浮叶根生植物恢复区设计水深 0.5~0.9 m，滨水区设计水深 0.2~0.5 m；结合设计水深进行基底填挖，去除基底中富含污染物的底泥和淤泥；恢复水面面积。

（3）生物群落改造与建立。在恢复与重建湿地的过程中，湿地生物群落改造与建立应该遵循因地制宜的原则，在不同的地点依据不同的环境条件，根据湿地分区及其规划侧重的不同，可以选择不同的湿地植物系统对湿地进行恢复，其中大型挺水植物系统以挺水植物为主，如芦苇、宽叶香蒲等。此类植物根系发达，可通过根系向基质送氧，使基质中形成多个好氧、兼性厌氧、厌氧小区，利于多种微生物繁殖，便于污染物的多途径降解，较适用于湿地保护控制区湿地的恢复。自由漂浮植物系统则主要以自由漂浮植物为主，如凤眼蓝、浮萍（*Lemna minor*）等。该类植物繁殖能力强，可通过光合作用，由根系向水体放氧，也可通过植物吸收，有效去除氮、磷及重金属等污染物。漂浮植物目前主要用于氮和磷的去除，提高、稳定处理塘的效率，较适用于湿地生态恢复区湿地的恢复。大型沉水植物系统以沉水植物为主，如绿狐尾藻（*Myriophyllum elatinoides*），主要用于水体污染的强化处理，较适用于湿地生态保护区湿地的恢复。

（4）丰富湿地生物多样性，修复湿地生境。天然植物配置应尽量避免其他优势物种入侵对原生群落的破坏，植物配置原则上选用当地群落中的伴生植物，既维持现有群落的完整性，同时丰富群落的植物多样性。湿地是动物天然理想的栖息地，通过改善湿地环境，分阶段投放动物种类，逐步丰富湿地内动物群落，从而构建理想、完善的食物链系统。依据现状生境评价中的分级分类型的评定结果和生态水网布局规划，制定天然核心区的生境修复策略。确定性修复的典型生境位置、类型，包括原生水域生境、新增水域生境、间歇性水域生境、芦苇地生境。在修复过程中可采用动植物等生物措施和过程措施相结合的方法。其中工程措施主要包括湿地补水增湿，基地清淤；植物措施主要包括植物伴生种的引入；动物措施主要包括动物的定期投放等。

（二）湿地生态修复的分区设计

规划分区坚持系统界限明显、功能明晰、便于辨识和管理，保证湿地生态功能有效发挥，有利于保有和改善环境，平衡利用与保护之间的关系。根据各功能区特点采用不同的发展措施，能够科学合理的利用湿地自然、人文资源，在不影响保护对象、不破坏湿地生态环境的前提下对湿地进行适度开发，有利于该地区社会、经济、生态效益的统筹发展。污染处理区是湿地水质的保障，主要用于去除水体中的污染物，达到水质净化的目的；恢复重建区主要开展退化湿地的恢复重建工作。生态保育区是开展保护、监测等必需的保护管理活动的区域，不得进行任何与湿地生态系统保护无关的其他活动。宣教展示区主要开展湿地功能展示、宣传教育活动。合理利用区可供开展生态旅游和生态养殖，以及其他不损害湿地生态系统的利用活动。

1. 污染处理区

污染处理区主要利用人工湿地处理系统农村面源污染中的污染物质浓度快速下降后，通过沉水植物的补氧、吸收等作用，将污水逐渐回归到自然水，以便用于其他用途。

人工湿地处理系统按流向分为表面流湿地和潜流湿地，其中潜流湿地净化能力最强。潜流湿地虽然净化能力强，但建设成本高，且易堵塞，净化能力在后期大幅下降，水质难以得到保障，不建议采用。欧美国家经大量跟踪调查发现，90%以上的潜流湿地最终都是失败的。因此，建议采用强化净化表面流湿地进行处理，其优点是建设成本低、维护成本低，其缺点是占地面积相对较大。污染处理区主要由沉淀池、梯级强化净化区、河道强化净化区和稳定池组成。

（1）沉淀池的构建。在雨污溢流口设置沉淀池，以沉淀固态污染物，降低污水的悬浮物含量，控制进入湿地的COD，净化水质；由于沉淀池水质混浊，景观效果极差，在沉淀池上部设浮床，既净化水质，又有利景观。

（2）梯级净化区的构建。在区域内利用疏浚的底泥构建梯级湿地，采用沉水植物分梯度强化净化处理污水；利用区域内现有的沟渠系统，或者新建沟渠系统，建立河道型湿地净化系统，增加水体在湿地内的停留时间，达到去除污染物的目的。

（3）强化净化区的构建。在梯级湿地和河道型湿地植物选择上优先选择污水处理能力较强的沉水植物，如狐尾藻（*Myriophyllum verticillatum*）等，并配合其他湿生和水生植物，形成较好的景观效果。在水流冲击较小的区域，栽种睡莲，形成一定规模荷花池；在排污口区与天然湿地间，利用排污沟两侧的高位滩地，种植抗冲刷能力强的植物如芦苇、柳树等，形成生物栅栏，以阻止污水对人工湿地的冲击。

（4）稳定池的构建。稳定池为每个处理区域承接经人工湿地净化后的农业面源污染水，每个稳定池的大小根据处理区域承担污水量确定，通过配置不同生态型的水生植物（沉水植物、浮叶根生植物、自由漂浮植物、挺水植物）将其营造成一个同时具备水生植物宣传教育功能的区域。

2. 恢复重建区

恢复重建区主要针对退化湿地进行恢复和重建，包括"退耕还湿"湿地恢复示范小区，"退养还塘"湿地修复小区等内容，改善湿地生物的栖息环境，增加生物多样性。在湿地范围内，有计划地开展"退耕还湿"，禁止在保护区周围开荒对于保护区内部及周围现有耕地，有计划地逐步开展退耕还湿、还草工作，逐步恢复其原始自然状态。保护区内部耕地在完全退耕还湿、还草工作完成前，严禁施用农药化肥，以避免对保护区生态系统产生进一步影响。对于保护区周围农业生产，要逐步调整生产方式和种植结构，合理施用农药化肥，正确处理农药化肥废弃物，最大限度地减少农药化肥施用带来的负面效应。

根据水位与流速等环境因子的不同，配置多种兼具较强净水与景观功能的水生乡土植物，构建不同类型植物群落的表流湿地，湿地退化较轻的区域水位提高后让其自然恢复，中旱生植物被湿生植物自然替代；靠近道路的堤岸裸滩区，人工移植表层土壤种子库恢复植物多样性。恢复河道的行洪功能；修复河床自然形成的浅水缓流区、湍流区、浅滩和深潭等生境，为不同类型的水生植物和水生昆虫、两栖类、野生鱼类等提供适宜生境，提高湿地生物多样性。

3. 生态保育区

生态保育区是湿地自然生态特征明显、生态保护价值最高的区域。湿地建立保育体系应该以湿地生态学为基础理论，辅以生态恢复学理论，从保护与恢复两个角度对湿地进行生态保育，然后采取先进技术手段，参考学术研究成果与法律法规，以及采用科普教育等方式对湿地保育区进行全方位的控制与研究，力求完善湿地的保育系统。生态恢复保育区以湿地种植和风景林地为主，通过植物的合理种植，固定土壤和河岸，净化空气，保护环境，植物与土壤、水系形成良性的自我循环，从而恢复被破坏的湿地环境。

生态保育区建设将以保育对象为主提供特别生境。区内会有浅水区及深水区，令偏好不同水深的水禽都能在保育区内栖息。如红嘴鸥一般较常见于水深大于 1 m 的水体，而野鸭和涉禽一般都在水深小于 1 m 的水体栖息和觅食。保育区内亦适合建造一些小岛，供水禽栖息。在部分浅水区内，将种植挺水植物，为偏好隐藏在草丛中的水鸟（如秧鸡）提供生境。建立保育区的主要目的是自然保育，仅对外提供有限度的开放，如有组织的科普参观等。区内除野生动物生境建设外，还可建设一个科研中心，为生态研究提供设施，开展一系列的研究与监测项目，如水禽数量的监测，水生植物种植试验。研究和观察结果的分析，将有助保育区的营运和管理，亦为湿地的生态修复提供方向。

保育区内不应开发任何不以保护环境为前提的人工设施，并对威胁到湿地生态环境的人工设施予以拆除，从根本上防止湿地保育范围的承载超负荷。保育区内不应增设新的构筑物，并对构筑物进行调查与整修，具有地域文化特色的可以保留，对动植物的生存与演替有妨害的进行拆除。保育区内只设置必要的游览步道及防护设施，严格制止机动车辆与非机动车辆入内，避免造成对湿地环境的干扰。

4. 宣教展示区

宣教展示区中以展示多种野生动植物以及它们的栖息状态为主，让人们能够认识更多的湿地物种，并加强人们对动植物栖息地的保护意识，通过和谐的生态氛围唤起每个人对自然湿地的强烈的责任感，具有现实的教育意义。

有水的地方就有生命出现，建立以"孕育"为主题的湿地科普景观线，首先对湿地的形成、特点、作用加以介绍，然后介绍依赖湿地生存的特色动植物常识，如动物的科、属、种，生活习性，植物的科、属和形态等，以图文并茂的形式加以展示，使观赏者了解湿地的知识。

各植物类型系列可以包括：湿地植物生态型系列沉水植物区、浮叶植物区、挺水植物区、营造大面积的植物群落，形成较明显的群落生态型外部特征。湿地植物景观型系列，湿地观叶植物系列、湿地观花植物系列、湿地观果植物系列、湿地园林乔木系列、湿地园林灌木系列、湿地园林草本系列、垂枝型湿地园林植物、葡枝型湿地园林植物、各种特殊冠型湿地园林植物集合区、湿地引种观赏植物系列、湿地植物科教系列，按植物进化顺序以植物分类单位设置湿地植物进化展示区、按湿地植被演替方向设立湿地植被演替区、湿地濒危孑遗植物展示等。

5. 合理利用区

湿地生态修复规划设计的核心目标是充分有效地保护湿地资源，但是这并不意味着将保护与利用割裂开来，不允许利用。湿地的保护与利用并不矛盾，在当前城市湿地资源紧缺的条件下，一味地保护并不能充分地体现出资源的效率，规划设计应当在环境承载力允许的范围内，支持一定限度的合理开发，实行用养结合的方案，充分发挥湿地的各种价值。因此，只有将规划设计的各种发展需求统筹考虑，依据资源的重要性、敏感性和适宜性，综合安排，依据合理利用的原则，才能从根本上解决保护与利用的矛盾，达到湿地资源永续利用的目的。

合理利用包括合理利用湿地动植物的经济价值和观赏价值，合理利用湿地提供的水资源、生物资源和矿物资源。通过开展生态养殖和渔业资源综合利用示范，减轻水体污染，构建水产养殖和水质改善的双赢模式。规划开展生态体验及游钓休闲体验渔业，探索精品观光渔业、体验渔业生态旅游资源开发模式。

（三）湿地生态修复的专项设计

1. 湿地生态修复的水系规划

水系统规划依据不同地段的现状特点、区位状况、水质的状态，通过水系连通，形成了明确的区域水系，水流趋势。采取多种手段，恢复河道的原始面貌和自然生态过程，整治护岸和河道。杜绝截弯取直，水土流失，坍塌比较严重地带进行放坡和植被恢复。采取退塘、退耕等手段恢复湿地生态系统，根据需要对导流渠及周边水陆交错地带的鱼塘和农田，依照现有地形和水系进行改造，将现有的水渠和池塘变成相连的水系，部分池塘外扩，形成较为开阔的水体，进而扩大湿地面积。合理处理地形竖向，通过雨水蓄积调整，使湿地成为雨水收集系统，增加滞洪面积，增加湿地调蓄能力。河流湿地的重要作用是地表水分传输，同时养分、生物也随同一起传输和交换，此外，流动的水体里氧气充足，有利于各种好氧生物生存。规划将池塘、导流渠与主河道连通，形成循环的水体，增加水体的流动性，能有效地改善水质（肖澎，2016）。

水系统规划设计应以湿地中的水系作为对象，综合考虑场地自然条件、水系现状以及湿地总体规划等条件，通过对地形的改造设计、水系的布局、水质量的保障措施来完成，是保证湿地达成良好生态修复效果的基础之一，水系统规划由以下3个方面展开进行。

（1）地形改造设计。在开展设计工作之前，需先对拟建设的湿地范围内的水文特征、地形地貌、土壤状况、原有生物资源进行详细的调查、搜集数据，经过分析对比后结合湿地的特点进行地形的改造设计。在进行地形改造之前，应充分考虑湿地的基底环境，即湿地动植物的生长和立足场所，根据基底本体不同的属性类型，主要从3个方面进行探讨。①陆地区域类型：陆地区域常见类型包括丘陵、缓坡、平原地等。在进行设计过程中以顺其自然为主，地形的堆砌以及改造坡度不宜过大，一般不大于土壤的自然安息角即可。场地内部的地形改造产生的土方可"自产自销"，挖填方在场地内部互补，既减少了经济成本，也使湿地内部色调和谐统一。②湿地区域类型：湿地区域地势多较为平坦，或为低洼，高差较小容易积水，根据其基底特有情况，并结合湿地所在地的降水量，不同的降水量导致不同的常水位，故根据降水量的不同可将基底类型分为短暂性水淹基底、季节性水淹基底、半永久水淹基底以及永久性水淹基底。针对于永久性水淹基底，可通过坡面整地、堆土作垄、侧引沟渠等手段来进行排水，改善水生植物生长的立地条件；相反，对于短暂性水淹基底，则可采取泥筑加高、堆石砌土等手段增加保留水量，同时达到滋养水生植物的效果。湿地基底的形态多种多样，常见的形态为"锅底式"，在设计中，需要将"锅底式"这种单一的水下空间模式调整变换为多变的"凹凸式"，复杂的基底环境以及变换的高差水位更加有利于湿地水生植物的生长，同时也更利于湿地动物的栖息地构筑。与此同时，基底的改造设计还需考虑到水生植物的生长条件限制，在保证有氧的条件下是否根系长度能够到达最大水深，从而达到最好的处理效果以及较长时间的接触。通过设计手段完善基底形态，使其更有利于动植物生长。③水陆过渡区域类型：水陆过渡空间的地形设计应依照原有的湿地水岸进行修正或完善，增加原有水岸线的自然弯曲，使其增长水岸线长度，可设计增加生态岛、滩涂、沙洲等地貌，适当增加浅滩，旨在营造湿地植物的生长空间和动物的栖息地，也塑造多样性的湿地空间形态（谢玉杰，2014）。

竖向设计是针对场地地形改造的一种具体设计手法，能够改善生物系统地分布格局，也能营造良好的游憩空间。在湿地环境中有岛屿、曲流、浅滩、沙洲、汀洲等交替分布，多种多样的地形能够为植物以及生物的繁衍创造了有利的生存条件，同时亦可有效的削弱洪水、降低流速、涵蓄水源。在整个湿地规划设计的大尺度上来看，地形的设计是保证能够为湿地建立一个有自然生产力的基底，是湿地生态系统的长久发展的基础；在各个专项设计的小尺度上是为动物栖息空间、植物生长空间以及游人活动空间提供了可能性，使湿地生态系统的生态修复效果更具效果，是湿地生态系统良性发展的前提。

（2）水系规划。水系统规划是城市湿地公园生态修复的最重要步骤。一般来说，水体在湿地的面积占50%以上。湿地水系的规划可分为集中型布局和分散型布局，其中集中型布局水系规划是将水系作为公园的中心，形成开阔的水面环境，周边的服务设施以及服务性建筑围绕水而设立；而分散型布局水系规划是将区域范围内的水域化整为零，通过特定的设计手段以及工程措施划分为若干的水域形态，亦可根据原有场地现状内分散性的水体布局进行疏通引导，使其具备更长的岸线、更复杂的基底环境，为湿地生物提供更丰富的栖息空间（陈兴茹，2011）。当然，湿地类型多种多样，水体形式也千变万化，湿地水系的规划不可能完全兼顾，在规划设计之前，应紧密联系相关上位规划要求、结合城市湿地公园水系条件，针对场地限制条件进行分析，具体问题具体分析，因地制宜、实事求是。竖向设计是利用地形设计带来的高差变化，顺应场地内自然起伏的地形变化，辅以人工动力设施，在湿地的内部形成一个水循环系统，同时也提升了湿地内部水系的自净化能力。例如，层级叠水通过人工的竖向设计手段，将自然水流从高到低层级净化，最终排入表流湿地并进一步净化。

（3）水质维持设计。水体可以说是湿地的血液，是构建生物系统长久发展的基础，因此，水体的水质保障至关重要。由于不同的湿地生物对水环境的要求各有差异，规划设计时，应调查清楚水环境的适宜度。不同的池塘水位通过堤、坝、涵闸、泵站等设施分开控制，池塘之间通过河道、溪流等线形水体相互贯通，尽可能构成循环流动的体系，这样的设计对水质保持起着积极作用。

准确计算水资源需求量和补水潜力。应充分考虑季节变化、降水时空分布和湿地生态的特点，科学分析水资源需求过程和水资源需求量的动态变化应合理找出水资源恢复目标或最高与最低控制水位阈值，确定水资源在最不利条件下的需求总量，应考虑湿地在恢复演替过程中对水资源需求量的增加，并应计算维持湿地当前状态和近似原始状态两个目标层在不同降水年份的水资源动态需求量，同时对湿地周边来水潜力也应做出详细的计算，为实施合理的水资源补充工程布局提供科学依据。

根据《地表水环境质量标准》（GB 3838—2002），在湿地水环境的营造中，pH值、COD（化学需氧量）等作为水质的监测指标。在具体的设计层面，可以通过以下几种措施来进行水循环规划。①设立水源控制阀：在湿地进出水口设立阀门，使之成为人工可控的控制装置，并协调湿地内外的水系分布，使之相互联通，这样既能保证了水位的控制，又能保证水体的定期更换，同时能够应对季节性变化带来的影响。当季节性缺水时，湿地能够起到蓄水池的作用，保证了湿地生态系统所需水环境；在季节性汛期时，湿地又能及时泄洪，起到防洪排涝的功能。②设立小型水闸：在湿地的水域与水域之间设立小型水闸，既能够满足调节水位的需求，其轻巧的设计又带了美感。③水生动植物净化。通过水生动植物的净化措施来进一步净化水质。在水生植物方面，可使用狐尾藻、竹叶眼子菜、罗氏轮叶黑藻、风车草（*Clinopodium urticifolium*）等进行不同层次的种植。

2. 湿地生态修复的护岸规划

河流护岸是对河岸土壤的生态保护措施，通过生态设计方法，起到防止河岸土壤侵蚀、保护河流到陆地的安全缓冲作用，减少对河流的干扰。生态河道护岸是满足河流防洪标准要求，应用天然植被材料或工程材料构建的河流护坡（张亚芬，2009）。

护岸修复的主要方法有混凝土加植被护岸，结合硬化和绿化的技术，采用混凝土护岸，能够较好的抗击波浪的冲刷，适合于较陡或冲蚀严重的坡岸；植被护岸，采用根系发达、适宜本地区气候的植被，适宜侵蚀不很严重区域。自然驳岸对于防洪要求不是特别高的部分湿地生态岛屿可以考虑保持自然状态，通过植物配置达到稳定河岸的目的，如种植芦苇、菖蒲（*Acorus calamus*）、水葱（*Scirpus validus*）等水生植物，配合天然石材、木材护堤达到生态修复的目的（国家发展与改革委员会，2014 年）。人工驳岸对于防洪要求较高的河段可采用混凝土等材料建造人工驳岸与挡土墙，上方可种植水生植物。

（1）自然型生态护岸。植物护岸主要根据植物根系的固土能力，采用人工植草或者种植灌木、乔木等方式进行铺设，防止坡岸水土流失。植物护岸一般是选择自然条件良好，适宜种植固土植物的河段。植物护岸坡度宜大于 1∶1.5，不宜种植在长期浸泡在水下、流速超过 3 m/s 的迎水坡面和防洪重要地段（河道弯曲处）。根据当地的自然气候条件，选择适宜的植物种类，根据河道的护坡现状灵活设计。

（2）半自然型生态护岸。一般采用天然材料和半自然材料加固河岸，用于防洪要求较高且河岸空间小的河段，可分为石笼护岸、半干砌石护岸、土工材料护岸等。石笼护岸是在钢丝、铁丝等材质编制的网笼内填补适宜大小的石块，形成一道有通透性较好的挡墙，放置在河岸边。石笼护岸的优点是能有效防洪，抵抗河岸侵蚀，也没有阻隔水体与土壤之间联系。但是石笼护坡使土壤贫瘠，即使填塞有机物也会阻止植物生长，影响河岸景观恢复。石笼护岸一般应用在土壤贫瘠，水土流失严重的河水流速大于 6 m/s 的河岸地段。半干砌石护岸用混凝土将卵石一半固定，最终多层铺设，形成通透性的石堆。土工材料护岸一般是利用人工合成材料制作的网垫铺设在河流护坡上，覆种植土在其上种植草籽的工程措施。草籽发芽长成植物比较发达的根系，穿过网垫将土壤牢牢固定。土工材料护岸可用于水流速度介于 3 m/s 和 6 m/s 之间的河岸地段。

（3）人工型生态护岸。有些河段位于城市中，出于防洪安全与河岸侵蚀的考虑，不能只采用自然型护坡或者半自然型护坡。在这种情况下就可采用人工型护岸，可结合石笼护岸、土工材料护岸、半干砌石护岸等形式，达到护岸的多样要求。一般方法有生态混凝土护岸、混凝土块体护岸等方式。但是这种护岸也是以生态保护为目标，提高河岸的耐侵蚀性，同时维持水体与土壤的物质能量交换。

3. 湿地生态修复的植物规划

在湿地植物配植前，首先就要明确湿地植物所要实现的预期功能。水生植物在湿地中主要具备以下几种功能：滞留化学物质、为野生生物提供栖息地、美学价值、减慢水流。依据植物的生物学特性，优先选择本地物种，通过湿地植物空间配置、种群动态调控、种群行为控制，构建适应水文周期历时、水深，以及削减入湖污染负荷、发挥最大净化效益的植物群落，同时，注重观赏价值和经济价值的平衡，尤其重要的是构建自我演替、自我维持的稳定生态系统，使其与环境背景保持完整的统一性（徐新洲，2008）。

（1）植物选择依据。植物选择注重净化与美化价值的双重功能，在水质净化方面，依据该区植物净化能力的研究结果，以及现有植物分布的调查结果，选择适合当地水质的适宜植物。在观赏价值方面，依据株型、叶形、色彩等观赏价值，并考虑不同生活型、不同株型、叶形、色彩的搭配，选择构建景观价值和群落净化效果均佳的植物（张兴余，2013）。在进行植物种类的选择时，还要尽可能地选择本地植物种类，避免外来物种对本地生态系统构成威胁和破坏（表 4-1）。

表 4-1　适宜生态修复的水生植物种类

名　称	科　属	生态习性
菖蒲	天南星科菖蒲属	适宜浅水生长
美人蕉	美人蕉科美人蕉属	喜光、怕强风，始于潮湿浅水处生长
萱草	百合科萱草属	喜湿润、耐旱
马蔺	鸢尾科鸢尾属	根系发选、耐旱，耐盐碱
黄菖蒲	鸢尾科鸢尾属	耐寒、耐旱、耐湿
鸢尾	鸢尾科鸢尾属	喜光、耐寒力强，耐半阴
千屈菜	千屈菜科千屈菜属	喜湿润、耐旱，耐盐碱

（续）

名　称	科　属	生态习性
荷花	莲科莲属	喜光、极不耐阴，喜平静浅水
芦苇	禾本科芦苇属	深水耐寒，抗旱抗高温，抗倒伏
水葱	莎草科藨草属	生于河边或浅水湿地
香蒲	香蒲科香蒲属	喜光，适宜浅水生长
紫花地丁	堇菜科堇菜属	喜湿润、耐寒、耐旱
茭白	禾本科白茅属	喜生长于浅水中，喜高温多湿

对于人工湿地处理系统而言，选择合适的水生植物显得尤为重要。选择植物时考虑的因素很多，但应主要考虑的方面包括：①耐污能力强；②去污效果好；③适合当地环境；④根系的发达程度；⑤有一定的经济价值。

研究表明，对于污染物的吸收积累能力依次为：沉水植物＞自由漂浮植物＞浮叶根生植物＞挺水植物，根系发达的水生植物＞根系不发达的水生植物。因此采用发达茎秆类植物以有利于阻挡水流、沉降泥沙，发达根系类植物以利于吸收等的搭配，既能保持湿地系统的生态完整性，又能带来良好的生态效益。根据湿地动物生存习性，在吸引动物和营造动物栖息地方面，所选择植物种类应考虑栽植不易靠近、枝繁叶茂的灌木丛，作为动物栖息场所，或在湿地周围种植可供鸟类等动物食用果实或种子的植物，在生态驳岸上配置生长繁茂的绿树草丛，不仅能为昆虫、鸟类等提供觅食、繁衍的适宜场所，而且进入水口的柳枝、根系为鱼类产卵、幼鱼避难、觅食提供了场所等。

（2）基于生态功能与景观构建的空间配置。植物的群落配置是通过人为设计，把欲恢复重建的湿生和水生植物群落，根据环境条件和群落特性，按一定的比例在空间分布、时间分布方面进行安排，高效运行，达到恢复目标，即净化水质，形成稳定可持续利用的生态系统。一般而言，水生植物群落的配置应以当地历史上存在过的某营养水平阶段下的植物群落结构为模板，适当引入经济价值较高、有特殊用途、适应能力强及生态效益好的物种，配置多种、多层、高效、稳定的植物群落（严军，2008）。人工湿地系统中的群落配置主要包括水平控制配置和垂直空间配置两项内容。水平空间配置指在受污水域上配置不同的植物群落，垂直空间配置主要考虑不同生活型植物群落与不同沉水植物群落对水深的要求。基于基底修复后的地形和水文条件，以及植物美学和生态学价值，在研究地出水口、相邻农作物种植区域、中心明水面区域以及研究地出水口区域，结合区域水质状况及景观需求选择适宜的植物，在净化水质的同时，构建叶形、色彩、高矮相互衬托、远近相结合的优美湿地植物群落景观。从层次上考虑，有灌木与草本植物之分，挺水植物如芦苇，浮叶根生植物如睡莲，自由漂浮植物如浮萍，沉水植物如金鱼藻，将这些不同层次的植物进行搭配设计。从功能上考虑，可采用发达茎叶类植物以有利于阻挡水流，沉降泥沙，发达根系类植物以利于吸收等的搭配，同时考虑深根系植物与浅根系植物搭配。从布局上考虑，比例要相互协调。水生植物的面积不要超过整个水面的50%，以免影响湿地植物的观赏水中倒影的效果。从景观上考虑，横竖线条相协调。大水面属于横线条，因此，水边选择植物时尽量以造型竖线条的植物为主，形成视觉平衡，创造湿地景观的艺术美。这样，才能保持湿地系统的生态完整性，带来良好的生态效果。同时注意周边防护林带宽至少 3 m，选择高大乔木，配置以灌木，形成良好的道路景观。

（3）植物的栽种。①挺水植物：芦竹、芦苇、香蒲等属于挺水植物，该类植物不需演替过程，可直接种植。该类植物属于宿根多年生，能通过地下根状茎进行繁殖。可以在早春季节，这些植物发芽时，带根移植。在水比较深的地段，可以移栽比较高的植物，种苗栽植后，必须有 1/3 以上挺出水面。另外，对于芦苇栽种，可采用插秆法，即在 7~8 月的雨季，芦苇生长旺盛时选择粗秆，用快刀贴地面削去嫩梢，在移植地将芦苇秆斜插入泥中，若秆顶露出水面，不久在叶部即可长出腋芽。②浮叶根生植物：菱、睡莲属于浮叶根生植物，该类植物的繁殖器官如种子、块根等比较粗壮，储存了足够的营养物质，在春季萌发时能够供给幼苗生长直至达到水面。菱的种植以撒播种子最为便捷，初夏季节移植幼苗效果也较好，但移植时幼苗一定要大于水深。③沉水植物：该类植物的生长期大部分时间在水下，因而对水深和水下光照条件的要求较高。应该从水浅的岸边开始，并在低水位季节进行。

（4）湿地植物的管理。良好的管理与维护是人工湿地发挥功能的重要环节。人工湿地系统的管理与维护主要是指对水生植物系统的管理。在湿地系统中，利用耐污能力强、生长迅速的水生植物对污水中悬浮物及营养元素进行吸附、截留沉降，通过水体微生物和土壤微生物对有机质进行消化分解，再由植物体吸收净化，最终把污染物移出水体，达到净化目的。人工湿地的植物系统（尤其是挺水植物带）在建立后必须为其连续提供养分和水分，保证栽种植物多年的生长和繁殖。湿地中的植物通常在雨季生长迅速，大量吸收污水中携带的营养物质，但是其在冬季来临之前必须进行收割，这是因为存在于湿地中部分氮、磷通过植物的收获去除，因此植物的及时收获显得尤为重要。此外，秋冬季是植物地下根茎和根芽的重要生长期，植物的收割能够给第二年植物的生长创造良好的环境（尤长俊，2017）。植物收割和其他有关植物的维护管理，必须以不破坏植物向根系传氧为原则。对于人工湿地水质净化工程中种植的芦竹、芦苇和香蒲等挺水植物，宜每年在秋季收割一次。将地表以上的枯黄植株收割掉，在市场上销售。考虑到芦竹和芦苇均是优质造纸原材料，因此，收割后的芦竹和芦苇等挺水植物具有广阔的销售市场。收割后的植株宜保持高度 30 cm 左右，割除的植物应尽快运出现场，不在现场保留；而对于菱、莲、芡实、金鱼藻等浮叶根生植物和沉水植物，可以定期收割，作为饲料使用，也可用于沤制绿肥。通常，一些天然杂草会出现在人工湿地系统中，如其不致影响处理效果，可不必去除。但是，当杂草竞争，危及湿地水生植物系统或发生其他特殊情况时，应及时解决。

4. 湿地生态修复的旅游规划

旅游规划包括旅游策划、基础设施建设、多种经营规划等方面，是对湿地进行合理开发利用的主要内容，主要以观赏和休憩为主，设置亲水设施和生态岛景观来满足游客的亲水愿望，欣赏湿地和谐美好的景象（张丹等，2016）。在湿地修复规划中，可以开展丰富的科普宣教项目，寓教于乐，同时在不影响湿地生态的前提下，开展生态休闲项目，①设置湿地科普馆：使人们身在其中普及湿地知识、湿地动植物知识和湿地保护理论，进行人工湿地净化水质的原理和效果展示。②实行"退养还滩"策略：在湿地的恢复区内拆除部分围堰，恢复淤泥滩涂，以吸引鸟类在此停留；保留的部分围堰可以用作栈桥或摄影聚集点来观看自然湿地景观和鸟类的迁徙。③设立生态岛：将恢复区内较大的平台或围堰保留堆土形成生态岛，拆除其他围堰，允许游人进入的生态岛上可以开展摄影活动等；禁止游人进入的生态岛，主要供鸟类活动，游人只能在外侧观赏。

5. 湿地生态修复的防灾规划

为维护湿地生态的结构稳定与功能完善，需要对有可能发生的自然和人为灾害进行有效防御。防御灾害规划主要从防洪和有害生物防治两个方面着手。暴雨后汇流迅速、洪水位涨幅大、洪峰高，防洪规划要求较高，应建立湿地防洪体系，制订相应的水土保持措施和工程措施方案；规划区域内主要的有害生物问题是养殖鱼类病害和外来种防治。

防洪设计以"挡得住、排得出、降得下、蓄得住"为治理目标，合理利用现有防洪排涝工程，按规程提高完善现有工程的防洪标准，做到改造和新建工程设施并重。主要以巩固堤防结合除险加固为主。河道进行清淤，对堤防加高加固，并进行防渗处理。以主要河道水位相应控制标准中的高水位为控制水位。当内河水位超过控制水位且高于闸下外河水位时，闸门开启；当内河水位超过控制水位但外河水位高于内河水位时，闸门关闭，有泵站的水闸开启泵站向外河排水；当内河水位低于控制水位时，闸门关闭，以保证内河保持一定的水位。

有害生物防治规划指制定措施防御可能出现的有害生物，主要有凤眼蓝、喜旱莲子草等。对于这些有害物种要从源头上杜绝，在进行物种引进前，要经过专家严格论证和病虫害检疫。同时，对恶意引进有害物种的行为要进行严厉的惩罚。在自然资源本底调查和动态监测过程中，结合环境效应和危害性评价，对具有危害的物种进行实时控制，主要以生态控制手段为主，工程控制为辅，最大限度地控制和防治有害物种。有害鱼类以各种小型鱼类和青蛙为捕食对象，其食量大，繁殖速度快，容易和食性相近的鸟类构成竞争，同时构成水体生物链的失衡，进而导致群落内部物种单调，个别物种极易成为当地湿地生态系统的优势种，并改变湿地生态系统的食物链、食物网结构，导致生态平衡失控。对湿地水体进行定期巡视，发现成熟个体要及时清除。安排专门的工作人员长期监控，并对其进一步研究，探寻更好的控制方法，维持湿地物种丰富性。

病虫害防治应以预防为主，治早、治小，控制蔓延不使其成灾。同时，坚持生物防治为主，化学防治、物理方法为辅的综合防治措施。采取的主要防治和监控措施包括：①在湿地内设置病虫害预测预报点，定期观测，及时防治，建立科学的病虫害监测体系和病虫害的预测、预报制度，及时掌握病虫害的发生与变化状况。对主要害种生活史、习性、生物学特性及发生、发展规律进行系统研究，开展预测预报工作。②病虫害一旦发生，及时查清害虫种类、发生面积、危害程度等基本情况，建设植物病虫害防治检疫站，加强检疫手段，增置防治设备和药品，杜绝病虫害的侵入和蔓延。

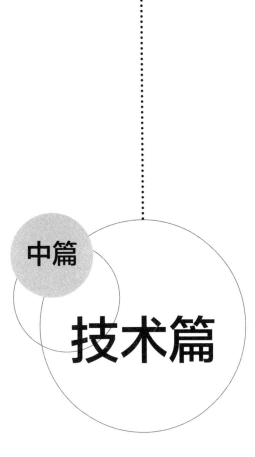

中篇

技术篇

　　本篇包括第五章和第六章，重点介绍湿地生态修复规划设计的原则、策略和内容，并对湿地生态修复的主要技术，湿地生态系统监测、评估和管理等相关技术进行总结。

第五章

湿地生态修复技术

　　湿地退化是指由于在不合理的人类活动或不利的自然因素影响下，使湿地生态系统的结构和功能不合理、弱化甚至丧失的过程，并引发系统的稳定性、恢复力、生产力以及服务功能在多个层次上发生退化。在这一过程中，生态系统的结构和功能均发生改变，能量流动、物质循环与信息传递等过程失调，系统熵值增加，并向低能量级转化。相比原生湿地，退化湿地具有生物群落生产力降低、生物多样性下降；土壤有机质含量下降、养分减少、土壤结构变差；水体富营养化、水位降低、水域面积减小以及水分收支平衡失调等特征。因此，湿地退化包含了3个重要部分，分别是生物、土壤、水体的退化，这3个部分相互影响、相互制约，并最终导致湿地最为重要的标志——湿地生态环境功能的退化（韩大勇等，2012）。

　　湿地生态修复是指根据生态学原理，运用生态技术或生态工程等手段对处于不健康发展状态，或是已经严重发生退化的湿地进行恢复或重建，再现干扰前的结构以及相关的物理、化学和生物学特征，使其生态功能得到最大限度提升（王金爽，2015）。湿地生态修复的主要对象为结构受损、生态功能降低、生态系统不稳定的湿地。湿地生态恢复的前提是停止人为干扰，以减轻负荷压力，然后依靠生态系统的自我调节能力与自组织能力，辅以人工措施，使遭到破坏的生态系统逐步恢复或使生态系统向良性循环方向发展。

　　湿地生态修复的技术包括湿地生境修复、湿地生物修复和湿地生态系统结构和功能修复等技术。这3个方面既有区别，又紧密联系，共同构成了湿地生态修复的关键技术。

一、湿地生境修复

　　湿地生境是指湿地生物所生活栖息的生态环境，包括水分、土壤、地形、光照、气温等生态因子（孙儒泳等，2002）。同一气候条件下，生物种类、群落组织及生长演替受到上述各种生态因子的综合作用而发生变化，由此构成了种类繁多的湿地生境。

湿地生境修复技术是指用生态、生物及工程措施等技术手段，通过改变湿地生物所依赖的生态环境（水、土、地形等环境因子），提高生境的异质性和稳定性，为湿地生物提供良好的生存条件并能保持生物多样性，保障湿地生态系统稳定运行，主要体现在湿地基底稳定、土壤健康、水系连通等方面。在湿地生境改善的工程实践中通常采用的技术措施包括：基底修复技术、土壤修复技术、水系改良技术等。

（一）湿地基底修复

湿地基底是湿地生态系统发育和存在的载体，基底修复技术通常包括生态清淤、基底修复与重建、底质改良和多自然基底等。

1. 生态清淤

湿地沉积物内往往含有大量的有机污染物及重金属，是造成湿地二次污染的主要内源，湿地生态清淤是改善底泥营养物质含量高的水体的一种有效手段，但需注意挖掘底泥的地点和深度（龚春生，2007）。清淤之前要对周围地理环境、底泥分布范围、底泥深度、底泥成分、水体特征等充分地调查分析，根据实际情况选择合适的清淤设备及工艺，目前主要的清淤方式有抽干后回水清淤及静水吸泥式清淤等。清淤深度也不宜过深，因为过深将会破坏湿地生态系统原有的生物种群结构及其生境条件，削弱湿地恢复能力。

目前国内外相关的工程技术主要包括干法疏浚技术与湿法疏浚技术。干法疏浚是通过在近岸湿地设置围堰，将围堰内的水抽干来疏浚底泥的方法，该方法缺点是对原有的生态系统和环境影响较大，投资也大；但优点是疏浚的可控性好，可较为彻底去除污染底泥，疏浚深度易于精确控制，可方便进行水下地形重塑。在太湖东岸以及贡湖沿江高速以北区域的生态修复中已广泛使用。

湿法疏浚包括生态疏浚和传统抓斗式疏浚，其中生态疏浚为近十年新兴的疏浚技术，采用 GPS 精准定位以绞吸式方法去除湿地底泥，该方法的优点是疏浚深度精度高，对湿地生态环境影响相对较小；缺点是投资大，疏浚区易受非疏浚区的流泥的污染，造成疏浚不彻底，另外过程控制较难，技术工艺较复杂，设备要求高，且需要大面积排泥场，余水量较大。同时，疏浚后的底泥因量大、污染物成分复杂、含水率高而难于处理。常规的填埋和土地利用，不仅占用大量土地，可能还会使污染物再次释放，造成环境污染。资源化利用是底泥安全处理处置的发展方向，当前应用较多的是制作填方材料及建筑材料等（章丹等，2014）。

2. 基底修复与重建

基底修复要与生物修复目标相结合，根据现有的湿地基底条件，改造基底地形、地貌，增加基底的多样性，为生物生长提供条件，例如，依据水生植物正常生长所需水位，在水生植物恢复区营造由岸向湿地中也的多自然坡地；去除传统整治河道铺设在河床上的硬质材料，恢复河床自然泥沙状态，恢复河床的多孔质化，构筑生态河床；在生态系统相对完整的湖滨带（海滨带），波浪水流还会对植物生长有一定的影响，可在湖滨带外侧基底上充填土工管袋，防止波浪水流的侵蚀，或者在适当高程散落布置块石，削减水流的作用，保持基底稳定。

基底重建是针对由于人为或自然因素影响而已经完全损坏的湿地基底，这类生态系统恢复较难，对其修复通常采用工程措施重建基底，营造适应生物生长所需的水深环境，往往需要配合消浪、基底保护等措施，缓解风浪、水流等不利水文条件对湿地生态恢复的干扰，共同创造生态系统赖以生存的载体及环境。例如，叶春等（2012）针对太湖无滩地——大堤型湖滨带，在运用土工管袋潜堤消浪创造了稳定水文条件的前提下，采取吹填造滩的方式，重建了湖滨带多自然型基底，为太湖无滩地——大堤型湖滨带生物修复提供了保障。

3. 底质改良

湿地原有基底底质中通常含有丰富的营养盐和重金属，即使在没有外界污染物输入的情况下也会对湿地水体造成污染，底质改良技术是在生态清淤之后，根据湿地生物修复或水文需要，通过客土等方式恢复基底生境。例如，在基底铺设土壤渗透性能较好的沙土等，不仅有效提高湿地的水力学特征，而且还为基底微生物及底栖动物提供更大的附着表面积，增加系统对污染物的净化能力。

4. 多自然基底

通过人工生境空间营造，构建多自然型湿地基底，为生物提供各种各样的生存条件。例如，减少河流人工直线化的程度，增加河道的自然蜿蜒形态，改变单一的河床断面结构，采用复式断面，在基底铺设抛石等，增加基底多样性，进而能够增加水生生物的多样性（刘大鹏，2010）；在湿地中也构建生境岛，为鸟类营造良好的栖息环境；加拿大多伦多的汤米汤姆森公园恢复过程中利用原木堆放在基底上，以此来模拟构筑浅滩和礁石，为鱼类提供栖息环境，并在原木层间放置一些碎石或树枝等，既增加了基底的异质性，又为多种鱼类提供了避难场所（Makoto and Marco，2005）。

5. 生态护岸

生态护岸技术是将工程防护与生态保护结合起来，起到既能防洪，又能恢复生态的效果。目前，国内外针对生态护坡的研究成果较多，例如，关春曼等（2014）研究的适用于城市狭窄河流的岸坡生态修复技术，空心砌块生态护面的加筋土轻质护岸技术、石笼网状生态袋和废旧轮胎联合的生态护岸技术；谢三桃（2007）提出了一种保水基质—耐淹植物覆土护坡技术，不仅缓解了硬质护坡给河流生态系统造成的危害，还提高了区域内的生物多样性。

生态护岸是利用石头、木材、多孔环保混凝土和自然材质制成的柔性结构等进行构建，对河岸进行加固，防止河道淤积、侵蚀和下切，同时多孔护岸材料，为植物的生长提供了有利条件，为野生动物提供栖息地，保障自然环境和人居环境的和谐统一。透水的护岸也保证了地表径流与地下水之间的物质、能量的交换（钟春欣和张玮，2004）。

随着技术不断进步和完善，生态护岸也出现了许多不同的种类。按照天然材料在护岸材料中的比例，将生物护岸分为自然原型护岸、自然型护岸和多自然型护岸。自然原型护岸是指单纯种植植被保护河岸，保持自然河岸特性的护岸。国内该类护岸主要形式有植草护岸和防护林护岸。植草护岸常用的草种有白车轴草（对称白三叶，*Trifolium repens*）、野牛草（*Buchloe dactyloides*）、草地早熟禾（*Poa pratensis*）、紫苜蓿（*Medicago sativa*）、百喜草（*Paspalum notatum*）、假俭草（*Eremochloa ophiuroides*）等。防护林护岸主要采用木本灌木和乔木，最常用的是柳属、杨属和山茱萸属等植物。国外护岸形式较多，主要有灌丛席、灌丛层、根系填塞、活性淤泥植物、活枝扦插、枝条篱墙、垄沟式种植、压枝、枝干篱墙等。自然原型护岸具有投资少、技术简单、维护成本低、近自然程度高等优点，但该类型护岸防护能力有限，抵抗洪水的能力较差，容易遭到破坏，使用寿命短。因此，自然原型护岸一般适用于流速较缓、坡度较陡的河岸。自然型护岸是指不仅种植植被，还采用石材、木材等天然材料的护岸。利用石材、木材等材料增加护岸稳定性，为植物的生长创造良好条件。自然型护岸具有抗冲刷能力强、整体性好、应用比较灵活等特点。因此，自然型护岸比较适合于流速大、河床不平整的河道断面。该类护岸的主要形式包括栅栏护岸、生态坝护岸、石笼护岸、石积护岸等。多自然型护岸是指在自然型护岸的基础上，再用混凝土、钢筋混凝土等材料的护岸。主要形式包括混凝土覆土绿化、混凝土坡面打洞与回填、混凝土组合砌块和生态混凝土等护岸新材料的出现，该类型护岸的生态功能也大大增强。该类型护岸既能提供较高的防护能力，同时又能满足生态的需要，但投资较大，适于城市的河岸防护（钟春欣和张玮，2004）。

（二）湿地水文修复

湿地水文是湿地生态系统的"血液"，直接控制着湿地的生物多样性与系统稳定性，制约着湿地的形成与演化，是维持湿地生态系统稳定和健康的决定性因子，湿地水文修复是湿地生态修复的重要环节之一（Mitsch and Gosselink，2000）。湿地的水文修复一般包括水文连通、修复水位和修复水位波动等方面（Wilcox and Whillans，1999）。湿地在实施水文恢复工程时，通常会使用各种工程技术，建设水利设施，如堤坝、沟渠与水道以及其他水流与水位控制设施等。这些设施的建立既要能保证各水文过程进行，又要营造出良好的陆地与水文环境，利于水生植物的栽培以及动物的定居。

1. 水文连通

湿地斑块间的水文连通对湿地生态系统的形成以及生态过程具有关键作用。水文连通对湿地生境格局及生物多样性维持至关重要。水文连通对湿地生境格局的影响主要体现在重塑湿地地形、改变生境分布结构以及扰动湿地理化性质等方面。水文连通良好的湿地生态系统能够使水体中的营养物质在多变的外界环境中保持相对稳定的状态（Read et al.，2015），促进营养物质的生物地球化学循环，在水体净化中起着重要作用。水文连通对生物的影响主要通过生境的改变，如理化性质、水文条件，影响生物定居、迁移扩散等，并通过食物链（网）的级联效应影响更高营养级的生物组成与行为，最终改变湿地生物群落分布以及生物多样性（Obolewski，2011）。水文连通的中断或受阻将严重影响栖息地生物的物种稳定性以及群落结构的抵抗力（Carrara et al.，2012），降低物种在不同生境间的迁移能力（Perkin et al.，2015），增加物种种群的孤立（Schick and Lindley，2007），导致生物多样性下降。

人为水文调控可导致湿地水文连通结构和功能发生变化，湿地生态过程紊乱，带来了一系列生态环境问题。为了缓解湿地面积减少、结构受损、功能失调等问题，修复、重建和加强各类型湿地斑块之间的水文连通进行湿地生态修复迫在眉睫。欧洲国家、美国及澳大利亚等发达国家在 20 世纪 90 年代前充分认识到了水文连通修复在湿地修复中的重要地位，并开展了系统的工程试验。在淡水湿地修复方面：美国利用 2 年时间重建了佛罗里达退化淡水草本沼泽湿地的水文连通（Erwin et al.，1994）；加拿大通过筑坝围水的方式对退化湿地的水文过程进行修复（Young，1996）；瑞典科学家提出通过抬高水位和降低湖底的方法防止湿地的退化过程。近年来受损湿地水文连通修复机理研究已得到众多学者的关注，良好的水文连通有助于湿地斑块之间的物质、能量、生物信息流动与交换（Pringle，2003）。然而，湿地的修复受多个因子的限制，且不同区域不同湿地类型都存在各自特有的限制性因子，所以单纯复制水利工程措施的成功概率很低。由于缺乏对湿地修复工程成功或失败原理的认识，使得修复技术的使用与推广存在很大的局限性（Young，1996；Henry and Amoros，1995；Wolters et al.，2005）。

湿地水文连通技术是根据区域内地形地貌等特征，合理改善地形，适当控制水位，使水资源优化分配格局，重新建立各水系供求关系。在具体修复实践中，可采用构筑生态沟渠或水道、扩挖或沟通小水面、区域滞水等多种形式，综合利用多种恢复技术，完善水文生态修复效果。如夏军等（2012）研究分析得出，维持水系连通可以明显地改善湿地生态环境，维持湿地生态环境及生物多样性，保障防洪安全和水资源可持续利用。

2. 生态补水

大部分受损湿地都会出现缺水的问题，需要利用河道、沟渠或者铺设管道来为湿地补充水源。在充分了解湿地恢复区水文变化规律和湿地生物季节变化规律的前提下，根据水文特征或汛期差异合理补水，保证湿地生态需水量。

自 20 世纪 80 年代以来，黄河来水来沙逐渐减少，使黄河三角洲失去了维系本区水系和水文生态平衡的主导因素，不仅改变了黄河三角洲淤积和蚀退的状态，还造成了湿地面积萎缩，湿地植被发生正向演替（刘青勇等，2016）。为了遏制黄河三角洲湿地的退化，实施了经刁口河故道向三角洲北部地区进行生态补水的工程（2010 年 6 月 24 日～8 月 5 日）（刘青勇等，2016）。生态补水在短时间内改变了刁口河流经线路的自然环境，植被类型也发生了相应变化。2011 年后通过生态补水的措施，湿地内生长的盐地碱蓬群落、白茅—獐毛群落、芦苇草甸、芦苇—盐生杂草甸及柽柳群落基本转化成为了芦苇沼泽，盐渍地变成水域或芦苇沼泽。大部分区域植被类型转变为芦苇沼泽或有向芦苇沼泽演替的趋势。采取调水调沙和生态补水趋势使研究区的湿地基本恢复，有效遏制了生态退化的趋势，生物多样性得以增加，生态类型和景观结构得到优化，生态系统功能获得改善，鸟类保护取得一定的成效，种群数量增加。

美国佛罗里达州利用 Cypress Creek 运河作为水源地对 Pompano 海滨的城市野生公园进行生态补水（Weller，1995），这一工程使佛罗里达州森林湿地在短时间内恢复了之前的生机。

3. 水流与水位控制技术

湿地恢复工程中，可以使用调节水位、排水和区域内单元间的截留或导向水流等方式来控制水流，常见的水流控制设施包括堤坝、槽堰、水闸等。修建堤坝是蓄水和保持大面积水域的常见方法，但由于无法控制区域内的水位深度，经常会因为水位问题造成许多生物失去栖息的环境，生态系统遭到破坏。因此，在湿地建设堤坝时移动要慎重决定，特别是堤坝的位置，不应破坏原来的土地轮廓，使水资源和湿地资源利用达到最大化（张学峰等，2016）。同时，还应该注意堤坝建设使用的材质、堤坝的斜率以及压缩度等问题，这些对堤坝的稳定性都有直接影响。研究发现，黏土、淤泥土和壤土具有高压缩度、低缩水膨胀率，非常适合用来修筑堤坝。

槽堰设计简单、操作方便，是应用比较广泛的控制水流的设施，特别是针对由地势差异而形成的湿地时，既能维持湿地的水位，又能调节水的供给方式，有效解决缺水问题。但是，如果在高污染负荷情况下，高水位会造成系统阻塞，湿地的水力传导能力下降，槽堰的作用也会被大大减弱。此外，湿地植物的枯萎凋谢以及洪水拔起的植物，会使水体中存在大量的有机碎屑，在建设水流控制设施时要注意将其去除，防止阻塞的发生。

4. 湿地蓄水防渗技术

对于区域因干旱等原因导致的缺水现象，往往采用围堰筑顶等方式进行蓄水，在工程实践中具体采用水泥、黏土等建筑材料进行修筑，也可采用生态辅助材料修筑。例如，对甘肃省玛曲沼泽湿地的水文恢复中（戚登臣等，2007），就是利用生态袋筑顶的方式分段填培排水沟，并将排水沟的水以"扇型"形状逐级幅射至周边需水草场，从而解决了草场缺水问题。对于基底渗透性能高、持水性能差的区域，需采取一定防渗措施，通常采用构筑混凝土的方式进行，但这种方式通常针对水域面积较小的湿地。对于面积较大的湿地恢复工程，一般采用铺设防渗膜、黏土夯实等方式实现。

（三）湿地水质净化技术

目前，国内外用于水生态修复的工程技术，根据其处理原理可分为物理法、化学法、生态—生物法3类。①物理法：是指对污染水体采用物理或者机械的方法进行治理，该法工艺设备简单且易于操作。常见的物理法有调水稀释、底泥疏浚和人工增氧等。②化学法：是指向受污染的水体中投加化学药剂，以去除水体中的污染物。化学法通常可分为混凝沉淀法、化学除藻法和重金属固定法。③生态—生物法：是指利用生物维持自身生存需要分解和利用水体中的无机和有机污染物，促进被污染水体恢复其自我净化能力。常用的生态—生物法包括微生物强化、生物膜净化、稳定塘净化、人工湿地净化净化、生态浮岛（床）净化、水生植物净化和多自然河流构建等。

1. 微生物强化

微生物对污染物具有降解作用，当水体受到污染时，此时微生物的降解能力不足，需要人为创造条件强化微生物对污染物的降解，目前可采取的途径有以下两种。

（1）直接向污染水体投加微生物菌剂或酶制剂。该途径采用的集中式生物系统，应用的是由美国研究者研发的一种生物修复水体技术。该技术是在无固定装置的自然状态下，通过向流动的水体喷洒微生物菌团，增加水体中微生物的数量和种群，利用微生物的生命代谢活动降解染水体中的有机物。菌团主要包括光合菌、乳酸菌、放线菌、酵母菌等。此外，喷洒的微生物菌团还可使淤泥脱水，使水和淤泥分离，淤泥再经转化，从而消除水体污染的内源，达到净化水质的目的。重庆桃花溪利用此技术取得了较好的治理效果，有机质、氮、磷含量都大幅度降低（李继洲等，2005）。徐亚同等（2000）在上海徐汇区上澳塘的一段河道内投加了生物促生剂，水体黑臭现象明显改观，水体溶解氧增加，有机质含量迅速下降，生物多样性也相应增加。

（2）向污染水体投加微生物促生剂，促进水体中"土著"微生物的生长。微生物促生剂是高效复合微生物菌群的总称，是日本的比嘉照夫教授于20世纪80年代初开发的一项生物技术。菌群由多种微生物包含酵母菌、放线菌、乳酸菌、光合菌等用特殊的方法培养而成，其在生长过程中能快速降解有机物，依靠共生繁殖和协同作用，产生抗氧化物质，生成稳定复杂的生态系统，激活水中有降解功能的微生物，抑制有害微生物。赵志萍等（2007）将富集液和复合菌投加到重污染河道，治理效果较好。王玮等（2006）向污染河流中投加微生物菌群，使河水中有机物、氮、磷含量降低，提高了河水的透明度。汪红军等（2007）向黑臭水体中加入一种生物复合酶，结果表明，水体溶解氧增加，有机质、铵态氮和硫化物含量大幅度降低，水体黑臭现象基本消除。

2. 生物膜净化

生物膜净化是使微生物群体附着于某些载体的表面呈膜状，膜上的微生物通过与污水接触，能截留、吸附或降解污染物，使污水中污染物含量降低。以往这种技术主要用于污水处理厂中处理污水，近年来也较多地用于水体修复。建于日本江户川河滩地的古崎净化厂对支流坂川的污水采用卵石接触氧化法进行水质净化，水流在卵石间流动时与卵石上附着的生物膜相接触，污染物得到去除，去除率达80%以上（董哲仁等，2002）。曹蓉等（2008）对污染河道采用软性填料作为载体，挂膜成功并取得了一定的处理效果。胡一珍和张永明（2007）对污染河道采用蜂窝陶瓷作为载体进行了生物修复，铵态氮去除效果都较好。日本的京都、韩国的良才川和泰国的河水净化中都有对生物膜净化技术的研究和应用，并且取得了较好的修复效果（戴莽等，1999）。

3. 稳定塘净化

稳定塘是一种利用细菌和藻类等微生物的共同作用来处理受污染水体的自然生物处理技术。稳定塘通过4种作用净化水质：微生物的代谢作用、维管束植物的作用、浮游生物的作用，以及稀释、沉淀和絮凝等物理化学作用。稳定塘可以由污染水体附近的洼地或鱼塘经适当改建而成；对于中小河流还可以在河道上直接筑坝拦水，此时可称为河道滞留塘（邹平等，2003）。还有多水塘技术是利用多个天然水塘或人工水塘来净化污染水体。江苏新沂河采用3座污水地涵和2个闸门将污水专道分隔成5段，并采取了闸、坝拦截等合理调度措施，结果表明，经5级稳定塘处理后，COD的去除率超过了 80%（蒋勇和左玉辉，2001）。郝达平等（2005）对污染河道采用完全储存塘和连续出水塘两种方式进行净化，结果表明完全储存状态比连续出水状态的污染物去除率高。在工程应用中稳定塘可作为预处理方法，也可与其他技术手段，如底泥生物氧化、曝气充氧、水体生态恢复等技术措施相结合。

4. 人工湿地净化

人工湿地净化技术是 20 世纪七八十年代在人们长期应用天然湿地净化功能基础上发展起来的一种污水处理生态工程措施。人工湿地污水净化过程是依靠物理、化学、生物等多方面协同作用完成，是一个综合性的生态系统。人工湿地净化技术是对天然湿地的功能强化，基质材料、湿地植物、附着微生物及原生动物是人工湿地实现水处理功能的 3 个主要组成部分。人工湿地的运行方式主要有表面流人工湿地、水平潜流人工湿地和垂直流人工湿地。

（1）表面流人工湿地。污水在湿地表面漫流，与自然湿地相似，投资低、易操作，运行成本低，湿地水体表面复氧能力强，污染物的去除主要是通过湿地植物吸收及根系生物膜来完成的；表面流人工湿地不被填料的淤堵问题所限制；但占地面积大，水力负荷小，污水处理能力有限，寒冷地区易结冰且卫生条件差，表面流人工湿地一般作为污水的预处理措施。

（2）水平潜流人工湿地。污水在湿地床内渗流，可充分利用湿地系统的水生植物、基质填料、微生物的协同作用去除污染物，具有较强的脱氮除磷效果。由于污水在湿地地表下流动，不会对湿地周围环境产生影响，但存在堵塞问题，湿地的净水效果也受到污染负荷的影响。潜流人工湿地卫生条件较好，受气候影响小、保温性好，是目前工程实际应用较多的一种湿地水处理系统。

（3）垂直流人工湿地。垂直流人工湿地是一种新型实用有效的湿地水处理技术。作为新型的人工湿地水净化工艺，污水从湿地表面纵向流向湿地床底部，依次流经不同基质的上行和下行填料层以强化湿地对污染物过滤与吸附，氧气通过大气扩散和水生植物传输进入湿地系统以强化湿地复氧能力。垂直流人工湿地占地面积小、投资低、出水水质好，但是工艺控制相对复杂，存在堵塞问题以及污染负荷问题，湿地构造费用较高。

人工湿地的净化机理包括以下 3 种作用。①填料作用：填料在人工湿地中发挥基础性载体作用。填料为湿地植物提供载体及营养物质，为微生物生长繁殖提供稳定的附着表面；填料材料比表面积大，可吸附、沉淀悬浮颗粒物；填料可与某些污染物发生物理化学反应产生稳定固态物质，利用沉积作用去除。②微生物作用：微生物是人工湿地净化污水降解有机物的主体，为污水净化提供了足够的分解者。有机污染物的降解与转化主要由湿地植物根系及填料基质附着的生物膜微生物完成。③植物的作用：水生植物是人工湿地不可缺少的主要组成部分，湿地植物生长快、生物量大，通过发达根系的吸收、吸附、富集等作用去除污水中的污染物并向湿地系统传输氧气。湿地植物发达的根系与填料交错，为微生物提供具有巨大比表面积的附着载体形成生物膜，促进湿地生态系统的脱氮作用，改善湿地系统的水质净化能力。

目前，人工湿地净化技术在污染河流治理和生态修复工程中的应用越来越多。刘树元等（2011）通过利用间歇运行潜流人工湿地系统处理人工模拟废水的实验研究，结果表明：当水力停留时间为 7 d 时，2 种湿地植物（芦苇和小叶章）对总氮的去除率分别为 65.2% 和 99.5%，芦苇和小叶章对湿地系统去除总氮的贡献率分别为 61.8% 和 14.6%、对湿地系统去除总磷的贡献率分别为 12.8% 和 11.9%。赵联芳等（2006）通过利用芦苇碎石床复合垂直流人工湿地小试装置处理城市污染河水的实验研究，结果表明：湿地系统去除污染河水中氮主要是发生在湿地水面表层 30 cm 处，植物吸收溶解态氮、填料与植物根系对悬浮态氮的过滤截留以及微生物对有机氮的氨化、硝化和反硝化作用是人工湿地脱氮的主要机理。杨长明等（2010）通过利用组合人工湿地对城镇污水处理厂尾水中不同形态有机物的实验研究，结果表明：组合人工湿地出水水质基本达到 III 类或 IV 类水标准，组合人工湿地对尾水中 COD_{Cr} 和 BOD_5 去除率分别达 35.5% 和 44.2%，对尾水中 TOC、DOC、POC 的去除率约为 46.8%、45.7%、48.5%。Cheng 等（2011）通过不同污染负荷对垂直潜流人工湿地的净水效果影响研究，结果表明：在高污染负荷处理条件下，湿地植株生长良好，湿地系统对污水中的化学需氧量、总氮、总磷均有较好的去除效果。在植物生长的旺季，加拿大的潜流芦苇床湿地系统对总氮、总凯氏氮、总磷和磷酸盐的平均去除率分别达 60%、53%、73% 和 94%（Garba et al.，1998）。日本 1993 年在渡良濑蓄水池修建了人工湿地以保护蓄水池水质，湿地上种植了芦苇，工程运行以后蓄水池水质得到明显改善，水体的生物多样性也逐步恢复。He 等（2007）采用了沸石、砾石和粉煤灰为填料建造了人工湿地，用以处理上海交大闵行校区的河水，结果表明，有机物、氮、磷都得到了有效去除，河水臭味减轻。

5. 生态浮岛（床）净化

生态浮岛又称作生态浮床或人工浮岛，它是以水生植物群落为主体，根据物种间的共生关系，充分利用水体营养生态位和空间生态位的原则建立起来的人工生态系统，主要用于减轻水体的污染负荷。生态浮岛的生物载体一般是采用毛竹、木料和泡沫板等，植物在载体上漂浮生长，不受水深和水位变化的影响。生态浮床技术净化水体的原理为：一方面，水生植物根系发达，表面积大的可形成浓密的网，能有效吸附水体大量的悬浮物，并逐渐在植物根系表面形成生物膜，生物膜微生物利用好氧厌氧微环境水体的有机污染物，部分产物为微生物自身的营养物质同化吸收，通过人工收割浮床植物去除水体营养盐；另一方面，生态浮床通过庞大的浮床床体遮挡阳光抑制水体的藻类光合作用，减少自由漂浮植物的生长量，利用接触沉淀作用促使自由漂浮植物沉降，有效抑制水华发生，提高水体的透明度，同时浮床上的植物可供鸟类栖息，下部植物根系形成鱼类和水生生物共生的水生态系统。生态浮床技术的优点有：①浮床浮体的形状、大小灵活可变，易于制作；②无土栽培技术安全可靠，植物成活率高；③无需专人维护，只需定期清理，运行成本低；④净水效果好，生态效应显著。

生态浮床技术在应用过程中也可能出现以下情况：①夏季高温、台风，冬季低温都不利于水生植物净化水体污染物，净水效果受季节影响较大；②浮床植物老化腐败，若不及时清理、收割，容易对水体造成二次污染；③浮床植物生长茂盛，床体重量增加，且浮床床体上易积累外界沉降物，浮床长期运行有可能缓慢下沉。

　　生态浮岛在国内外的众多的河流湖泊和池塘中得到了应用（Craig et al.，2001；Li et al.，2007；Zhou et al.，2012）。张志勇等（2007）通过利用在温室条件下开展了无土浮床技术栽培黑麦草（*Lolium perenne*）、水芹和香根草（*Vetiveria zizanioides*）去除生活污水中氮、磷的效果的实验研究，结果表明：3 种植物对生活污水的总氮、铵态氮、总磷都具有良好的净化效果，浮床植物系统与对照无植物系统相比，黑麦草、水芹和香根草浮床系统对总氮的平均去除率分别提高 26.3%、26.9% 和 4.2%，对铵态氮的去除率分别提高 31.5%、14.6% 和 3.1%，对总磷的去除率分别提高 33.2%、54.3% 和 15.6%。Mohan 等（2010）通过利用模仿自然净化功能的生态工程系统（将挺水植物、浮叶根生植物、沉水植物和滤食性动物串联）处理工业废水，研究表明：整个系统对 COD 去除率为 68.08%、硝酸盐去除率为 23.15%、浊度去除率为 59.81%。罗固源等（2009）通过利用美人蕉、风车草、菖蒲和香根草 4 种常见的浮床植物开展了净化污染河流的实验研究，并对 4 种植物的生长特性及吸收氮、磷能力进行比较研究，结果表明：4 种植物的成活率均在 90% 以上，经过 100 d 的生长，4 种植物水面上部生物量均显著高于下部，植物体内的氮、磷累积量依次为：美人蕉 > 风车草 > 菖蒲 > 香根草，植物吸收约占浮床系统去氮比例的 45%，生态浮床系统除磷的比例约为 60%。李文祥等（2011）通过利用浮床喜旱莲子草净化池塘养殖废水的实验研究，结果表明：种植塘中总氮去除率为 30.12%，总磷为 21.67%，显著高于对照塘中总氮（25.28%）和总磷（15.26%）去除率。吴建强等（2011）通过利用美人蕉、黄菖蒲（*Iris pseudacorus*）、再力花（*Thalia dealbata*）和千屈菜（*Lythrum salicaria*）4 种常见植物构建植物浮床对治理淀山湖富营养化水体的实验研究，结果表明：采用上下层尼龙网固定种植方式有利于浮床植物的快速生长繁殖，4 种植物的成活率均高于 80%，其中，美人蕉和再力花净化效果最为显著。周元清等（2011）通过利用水芹浮床处理城市黑臭河道污水脱氮效果的实验研究，结果表明：水芹浮床开展了对城市河道黑臭污水硝态氮和铵态氮的去除率分别达 69.8% 和 76.7%，浮床系统内固氮菌与氨化菌、亚硝化菌、硝化菌和反硝化菌共存，浮床水芹的吸收同化作用和氮循环细菌的生物脱氮是浮床水芹系统净化水质的两个重要途径。井艳文等（2003）对罗道庄桥永定河引水渠段建设了种植美人蕉和风车草的生态浮岛，试验结果表明，浮岛对水中氮、磷物质的去除效果较好。操家顺等（2006）采用浮岛种植喜旱莲子草，使重污染河道的水质明显改善。Li 等（2007）等将喜旱莲子草作为生态浮岛的植物，对水质出现富营养化的水体进行脱氮净化处理，取得了较好的效果。张彦海（2009）对利用美人蕉浮床技术去除临江河氮、磷的动态进行研究，结果表明，美人蕉植物浮床可以有效地去除重污染河流中的氮、磷等污染物质，运行稳定，并且具有很好的经济效益和环境效益。邓志强（2013）选取芦苇、水稻、美人蕉、菖蒲作为供试植物，比较 4 种植物净化氮、磷的能力及影响因素，得出芦苇、水稻、美人蕉和菖蒲对氮、磷均具有良好的净化效果，获得了适合在东北地区应用的优势浮床植物。

6. 水生植物净化

　　水生植物净化技术是指利用水生植物，包括沉水植物、自由漂浮植物、浮叶根生植物和挺水植物等对水体中的氮、磷等营养物和重金属进行吸收，及植物根系寄居的微生物对水中的有机污染物进行降解去除的技术措施。一方面，水生植物特别是大型维管束植物自身能够大量吸收营养物质满足自身生长需要以及降解有机污染物质；同时，植物根区周围存在的有氧及缺氧微环境，有利于对氧不同需求的微生物生存，为其发挥硝化作用、反硝化作用，降解、转化水体污染物提供了好氧厌氧的微环境。水生植物净化水体主要是通过 3 个方面的作用达到去除污染物的目的。

（1）物理作用。主要是指水生植物发达的根系与水体接触面积很大，对污染物中颗粒态氮磷的截留、吸附、促进沉降等作用。

（2）吸收作用。主要是指水生植物直接吸收污染水体中的溶解态氮、磷营养物质，同化为自身的组成成分，通过人工收割将其固定的氮、磷等营养物质带出水体。

（3）微生物作用。主要是指水生植物发达的根系为附着微生物提供了好氧厌氧环境。一方面，微生物能将污水中的有机态污染物降解或转化成溶解性小分子物质，被植物体吸收利用；另一方面，由于在水生植物根系微环境存在好氧区与厌氧区，部分铵态氮和硝态氮通过转化、反转化过程去除。该技术可控制水体的富营养化。

胡长伟等（2007）通过利用凤眼蓝修复城市重污染河道的试验研究，结果表明：河水透明度由 40 cm 提高到 120 cm，化学需氧量（COD）、总悬浮物（TSS）、总氮和铵态氮的去除率分别为 70.3%、39.5%、49.76% 和 22.8%，说明凤眼蓝净化严重污染河道的效果显著；Lu 等（2012）通过在夏季利用水生植物（睡莲）净化城市黑臭河水的试验研究，结果表明：睡莲在黑臭河水中生长良好，睡莲对黑臭河水中的 COD_{Cr}、总氮、铵态氮、总磷等的去除率均超过 60%。周晓红等（2009）通过利用 3 种景观植物（美人蕉、马丽安、绿萝）净化城市污染水体中氮、磷的实验研究，结果表明：3 种植物在污染水体中均能保持较强的生命力，生长状况良好，3 种植物对水体中 COD_{Mn}、总氮、铵态氮、总磷均有明显的去除效果，其中总氮、铵态氮的去除率超过 90%。许桂芳（2010）通过利用地笋（*Lycopus lucidus*）、水苏（*Stachys japonica*）、酸模（*Rumex acetosa*）、羊蹄（*Rumex japonicus*）4 种观赏植物处理城市景观污染水体的实验研究，结果表明：4 种植物对水体中 COD_{Cr}、总氮、铵态氮、总磷均有显著的去除效果，对总氮、铵态氮去除率均达到 80%。童昌华等（2003）通过在低温条件下利用金鱼藻等 6 种植物对养鱼池污水进行净化实验研究，结果表明：在低温条件下 6 种水生植物对总氮、总磷和硝态氮仍有较好的去除效果，对铵态氮的去除率略低，水体透明度 7 d 后显著提高，但受低温条件影响，水体 COD 去除及改善溶解氧（DO）浓度的效果不佳。胡绵好等（2010）通过利用水生蔬菜水芹和豆瓣菜（*Nasturtium officinale*）净化富营养化水体的实验研究，结果表明：水生蔬菜不仅能在富营养化水体中生长良好，而且对富营养化水体显著的净化能力，实验运行 20 d 后，水芹对富营养化水体中的 COD_{Mn}、总氮、铵态氮、总磷和水体叶绿素 a（Chla）的去除率分别达到 95%、76.9%、69.44%、90.5% 和 89.8%，豆瓣菜对富营养化水体中的 COD_{Mn}、总氮、铵态氮、总磷和 Chla 的去除率分别达到 95.4%、78.3%、67.9%、89.9% 和 91.3%。李欲如等（2006）利用无土栽培技术在城市重污染河道上种植喜旱莲子草，不仅进行静态试验，而且还在重污染河道（苗家河）上进行示范工程研究，结果表明：静态试验条件下，喜旱莲子草对重污染水体中 COD_{Mn}、总氮、铵态氮和总磷的去除率分别为 37.5%、

92.9%、93.9% 和 94.3%，示范工程水域中水质有明显改善，透明度达 90~130 cm。王丽卿等（2008）研究比较了 3 种沉水植物对水体氮、磷等营养物的去除效果，结果表明，3 种沉水植物除磷效果都很好；金鱼藻系统和竹叶眼子菜系统除氮的效果比较好；穗状狐尾藻和竹叶眼子菜对氮、磷的去除效率都很高。

（四）湿地土壤恢复

湿地土壤修复技术主要包括农艺修复、物理修复、化学修复以及生物修复技术。农艺修复技术是利用作物秸秆还田、种植绿肥、改土培肥等农艺方法来改善土壤的组分与结构，从而达到改良土壤的目的。物理修复技术能够改变土壤中的水盐运动方式，具体包括坡面工程、抬高地形、微区改土、冲洗压盐等。随着材料科学的发展，现在还出现了使用沸石、地面覆盖物等来改良土壤的物理方法。化学修复技术包括淋洗络合、改变土壤碱度、施用高聚物改良剂、重金属钝化剂等。这几种技术均能有效改善土壤环境，减少污染土壤对环境的影响，但工程费用偏高，实际工程量较大，所以只适合于面积小、污染严重的情况。土壤生物修复技术是通过综合利用动物、植物及微生物的生命代谢活动，使土壤中的有害污染物得以去除或稳定化存在，提高或改善土壤质量的技术，土壤生物修复技术因成本节约，而且不会造成二次污染等优点，所以应用较为广泛。生物修复主要分为植物修复、微生物修复以及植物—微生物联合修复。

1. 植物修复

狭义的植物修复是指利用植物生长来修复污染土壤。广义的植物修复（phytoremediation）指利用植物提取、吸收、分解、转化或固定土壤、沉积物、污泥及地表水、地下水中有毒、有害污染物的技术总称，具体包括植物萃取、根际过滤、植物固定等技术来修复污染土壤。一般认为，湿地植物修复是通过植物本身和其根际微生物的联合作用来去除或降解污染物。湿地植物通过根系生长疏松土壤结构，为微生物提供氧气，从而刺激了根际中的微生物降解作用。同时，植物根系能分泌用于维持根际微生物生长和活性的有机化合物促进微生物降解，从而间接进行植物修复作用以外，还有一些植物降解作用是植物通过向环境中分泌大量的酶（如过氧化物酶和脱氢酶等），将一些有机污染物直接降解或完全矿化。

为了优化湿地植物修复，必须选择合适的植物品种，即所选植物要适应特定地点的条件，对特定的污染物有耐受性，并且有可能增加土壤微生物群落的数量和降解能力，这些是植物修复成功与否的关键。在用植物修复石油污染湿地时，通常选择湿地典型植物或者能适应湿地特殊环境的植物品种，如红树林植物、灯心草（*Juncus effusus*）、互花米草。十字花科遏蓝菜属植物 *Thlaspi caerulescens* 具有很强的吸收锌和镉的潜力。据报道，现已发现镉、钴、铜、铅、镍、硒、锰、锌超富集植物 400 余种。

用植物进行污染修复的前提是保证植物有一定的生物量，能够适应污染地区特定的生长环境。湿地区由于特定的水分、盐度、pH 值等物理化学条件，使得湿地区植物种类往往比较单一，这给植物修复技术的广泛应用带来一定的困难。因此，有研究尝试通过基因工程技术来提高超积累植物的生物量，从而强化植物在污染修复中功能。

同时也要注意到，植物或微生物的生长对污染物浓度有一个耐受极限，因此植物修复效果与石油污染物浓度有很大关系，近年来有不少研究开始关注石油烃污染浓度与生物修复效果之间的相关性。

2. 微生物修复

微生物与重金属具有很强的亲合性，能富集许多重金属。有毒金属被储存在细胞的不同部位或被结合到胞外基质上，通过代谢过程，这些离子可被沉淀，或被轻度螯合在可溶或不溶性生物多聚物上，细胞对重金属盐具有适应性，通过平衡或降低细胞活性得到衡定条件。微生物积累重金属也与金属结合蛋白、肽以及与特异性大分子结合有关。

微生物能够改变金属存在的氧化还原形态，如某些细菌对 As^{5+}、Fe^{2+}、Hg^{2+}、Hg^+、Se^{4+} 等离子有还原作用，而另一些细菌对 As^{3+}、Fe^{2+} 等离子有氧化作用。随着金属价态的改变，金属的稳定性也随之变化。有些微生物的分泌物可与金属离子发生络合作用，产 H_2S 细菌又可使许多金属离子转化为难溶的硫化物被固定。微生物可对重金属进行甲基化和脱甲基化，其结果往往会增加该金属的挥发性，改变其毒性。甲基汞的毒性大于 Hg^{2+}，三甲基砷盐的毒性大于亚砷酸盐，有机锡毒性大于无机锡，但甲基硒的毒性比无机硒化物要低。在细菌作用下的氧化还原是比较有潜力的有毒废物生物修复系统。

3. 植物—微生物联合修复

在实验室环境下，将具有生物降解作用的细菌加入到污染土壤中（即生物修复），通常能够有效地加速污染物的分解，但在室外环境下，却往往很难成功地生物修复。将植物种植在污染土壤中以代谢和去除土壤中的有毒化合物（即植物修复）也面临同样的问题，因为即使植物在一定程度上对土壤污染物具有耐受性，但是植物生长通常会受到明显影响，以至于植物不能达到足够的生物量使其在一定时间内实现对污染物的有效降解。克服这些传统微生物修复和植物修复的局限性的方法之一是将具有生物降解作用的微生物和植物结合，即植物—微生物联合修复作用。在过去十几年的时间里，有大量研究工作成功地用这种方法去除了土壤中的有机污染物。

植物—微生物联合修复主要分为植物与污染物专性降解菌的联合修复；植物与菌根真菌（mycorrhizal fungi）的联合修复以及植物与根际促生菌的联合修复。在植物与污染物专性降解菌的联合修复中，大部分具有生物降解作用的细菌能有效地结合到植物根部，利用根系分泌物作为自身代谢的能源对特定污染物发挥降解作用。在植物—菌根真菌的联合修复中，菌根作为真菌与植物的结合体，有着独特的酶途径，可以降解不能被细菌单独转化的有机物，不仅从微生物修复角度影响有机物降解，还能从植物修复角度影响有机物的降解。植物和根际促生菌的联合修复近年来也有较大发展，在这种联合修复作用中主要是微生物通过自身作用促进植物生长，从而增加植物吸收、降解污染物的能力。促进植物生长的细菌可能通过直接或间接作用促进植物的生长。外源添加降解菌能否适应湿地特定环境条件，以及能否有效地和植物协同作用都是联合修复应该研究的主要问题。

二、湿地生物修复

物种是湿地生态系统的重要组成部分，也是评价湿地生态系统的重要标志。其中，湿地植物能够通过吸收、过滤、沉降和根际微生物的分解作用净化水质；湿地中的微生物和部分以藻类等浮游植物为食的水生动物在一定程度上也能缓解水资源的富营养化。但现在所说的湿地生物恢复一般均指湿地植被恢复。作为第一性生产者，湿地植被能够为湿地的生物多样性打下基础，保证湿地生态系统中各过程的有序展开，植物及其生物多样性保育是植被恢复及其功能发挥的基础。湿地植被能够反映环境特征，并能及时地对环境的变化做出相应的调整，促进湿地生态系统的发育与演替，维持着湿地生态系统的稳定和平衡。因此，湿地生态修复和重建工程中最重要的一步就是恢复湿地植被。湿地植被恢复使用的技术有：物种筛选和配置技术、物种繁殖技术、种群动态调控技术、群落结构优化配置及组建技术、群落演替控制技术等。

（一）物种筛选与配置

1. 物种筛选

植物种类是水生态修复效果的主要影响因素。一方面，不同植物对水质的适应性不同，在营养物含量较低或污染物浓度较高时，一些植物的生长可能会受到抑制甚至死亡。Hubbard 等（2004）选择宽叶香蒲、灯心草和锐穗黍（*Panicum hematomon*）作为工具种来处理猪场氧化塘废水，试验发现香蒲和黍能很好地在该含高浓度污染物的废水中生长，而灯心草在第一年生长缓慢，第二年夏季死亡（Hubbard et al., 2004）。另一方面，不同植物的生物量、根系长度、输氧能力等都不同，对水体的净化能力也不同。周真明等（2010）研究发现，与富贵竹（*Dracaena sanderiana*）相比，风车草和菖蒲对富营养化水体中氮、磷的去除效果较好。不同植物对水中氮、磷的去除也有差异，一些植物除氮效果好，另一些植物除磷效果好。王金丽等（2011）发现，在对景观水体进行净化过程中，美人蕉对总氮、铵态氮的去除效果较好，去除总磷的效果较差，而千屈菜和风车草的除磷效果较好。Lee 和 Kwon（2004）研究发现，对水中总氮去除效果从高到低依次是：水葱 > 黄菖蒲 > 芦苇 > 水烛（*Typha angustifolia*），对水中总磷去除效果从高到低依次是：水烛 > 水葱 > 芦苇和黄菖蒲（Lee and Kwon, 2004）。进行湿地植物筛选时一般遵循以下原则。

（1）土著性原则。例如，历史上异龙湖沉水植物种类丰富，据《云南植被》记载计有 11 种。2013 年调查发现异龙湖沉水植物由 11 种减至 5 种。恢复异龙湖的沉水植物群落应遵循土著性原则、限制性原则、生态适应性和净化能力原则，对异龙湖的沉水植物进行选种。

（2）限制性原则。在透明度达不到植物生长需求的情况下，沉水植物的恢复较难成功，因此，沉水植物的选种应分阶段地恢复不同种类，以耐低光、耐低溶氧的植物为优先选择对象，其他沉水植物待水质好转以后逐步实施恢复。

（3）生态适应性和净化能力原则。沉水植物对水环境的耐受程度不同，应根据沉水植物的适生条件，在不同的水深、区域选择不同的沉水植物进行培植，按照水环境的变化，形成具备一定梯度差异的沉水植物群落，同时考虑沉水植物的净化能力，为异龙湖的富营养化防治与水质净化提供核心净化体系，为后续沉水植物的净化提供良好基础。

用于水生态修复的植物工具种的选择对于生态修复效果至关重要，植物工具种应具有生物量大、根系长、输氧能力高等特点。根系长，截留污染物能力和输氧能力也就大，De Stefani 等（2011）对虹鳟鱼（*Oncorhynchus mykiss*）养殖废水进行原位净化处理发现，鸭茅（*Dactylis glomerata*）和宽叶香蒲根系生长状况最好，鸭茅根系可达到 115 cm。Wiebner 等（2002）研究发现，在水体 E_h 介于 –250~150 mV 之间时，每株宽叶香蒲、芦苇、灯心草和黄菖蒲向水中释放氧气的能力分别为 1.41 mg/h、1.0 mg/h、0.69 mg/h、0.35 mg/h。宽叶香蒲和芦苇释氧能力高，有利于有机物的降解和铵态氮的氧化，因此，应用浮床时应优先选择这样的植物。卢进登等（2005）通过对 27 种植物进行对比研究，发现芦苇、南荻、水稻等 7 种植物在富营养化水体中的成活率和生长量较高。芦苇、美人蕉、香蒲生物量大，从水中吸收移除氮、磷的量也较大，是应用最多的植物工具种（Hubbard et al.，2004；陈开宁等，2006；郑剑锋等，2008；Billore et al.，2009）。

不同的水生植物有不同的功能范畴，在水生生态系统生态恢复时植物的选择时必须遵循耐污能力强、去污效果好、适应当地环境、根系发达、抗病虫害能力强、具备美观和经济价值等原则（吴建强和丁玲，2006）。

针对富营养化水体修复物种的筛选，谢永宏等（2014）发明了一种量化评估的方法，包括以下步骤。①指标筛选：根据富营养化水体特征筛选出要调查的水体理化指标。②野外调查：在典型区域范围内对河流或湖泊采用传统方法调查，记录样方中所有水生植物种名称，采集水样，测定水体物理指标。③标准化无量纲化计算：按生态型将水生植物分为沉水植物、浮叶根生植物和挺水植物 3 类；按生态型计算每一物种对应的水体理化指标的标准化无纲量数据。④赋予权重及总标准差计算：对理化指标赋予权重后计算每一物种无量纲化数据的总平均值和总标准差。⑤排序及量化评估：该方法操作简便、快速、准确，可满足河流、湖泊等湿地恢复的要求，促进湿地生态环境的高效恢复和功能群的配置。

2. 物种配置

水生植物是湿地植被中最重要的组成部分，水生植被的恢复也是受损或退化湿地植被能够成功恢复的关键所在。湿地功能的发挥与水生植被密不可分，而且水生植物还可净化水质、抑制水华的发生。因此，应尽可能为水生植被的恢复创造适宜的环境条件，利用多样化的技术方法，恢复适宜的水生植被，并同时合理配置水生植被的群落结构。

针对多样化的微地形与复杂的水环境、水资源条件，研发不同生活型植物（耐涝、耐旱、耐污、季节）的配置与组合技术，构筑存在种间互利以及健康、稳定的植物群落，奠定健康水生生物群落的基础。

首先，不同的水位深度选择不同的植物类型及植物品种配置栽种。不同生长类型的植物有不同适宜生长的水深范围，如挺水植物茎叶伸出水面，根和地下茎生于底泥中；自由漂浮植物茎叶或叶状体漂浮于水面，根系垂悬于水中漂浮不定，在浅水处有的根系可扎入泥土中。具有特化的适应漂浮生活的组织结构；浮叶根生植物根部固定在底泥中，叶漂浮在水面；沉水植物根扎于底泥或漂浮于水中，植物完全沉没于水下（王国祥等，1998）。其次，不同土壤水体环境条件下选择不同的植物品种栽种。在静水环境下选择浮叶根生植物，而流水环境下选择挺水类型植物。土壤养分含量高、保肥能力强的土壤栽种喜肥的植物类型，而土壤贫瘠、沙化严重的土壤环境则选择那些耐贫瘠的植物类型（王国祥等，1998；米勒，2000）。再次，不同季节选择不同的植物类型栽种。在水体流域中栽种植物时应该预料到各种配置植物的生长旺季以及越冬时的苗情，防止在栽种后即出现因植株生长未恢复或越冬植物太弱而不能正常越冬的情况。同时，在同一区域应该同时有不同季节性的植物，合理搭配，以免在不同季节出现植物全部死亡的情况，影响水体流域的生态功能。因此，在进行植物配置选择时，应该先确定设计栽种的时间范围，再根据此时间范围并以植物的生长特性为主要依据，进行植物的设计与选择。最后，不同的地域环境选择不同的植物进行配置。不同的地域环境选择不同的植物品种进行配置，在进行植物配置时，主要应以本土植物品种进行配置为主，在人工湿地建设时更应把握这个原则。而对于一些新奇的外来植物品种，在配置前，应该参考其在本地区或附近地区的生长表现后再行确定，防止盲目配置而造成的生态危害。

（二）物种引入与栽培

1. 物种移植

（1）播种法。此法成本较低，易于大面积作业，但失败的风险较大。Budelsky 和 Galatowitsch（1999）探讨了 5 种薹草种子的储藏、萌发条件与发芽率的关系，指出冷湿储藏可使种子保持高活性。Yoshioka 等（1975）发现播种方式、覆土厚度对泥炭裸地上的种子发芽、成活有较大影响，径流冲刷、野鸟食害对所播种子种群的影响不可忽视。

（2）营养体移植法。对可无性繁殖的植物而言，营养体移植不失为成功率较高的好方法（Richard et al., 1995; Koppitz et al., 1998；Yetka and Galatowitsch，1999）。但此法费工费时，成本较高。定植密度是最重要的参数，如野生稻的定制密度为 3~5 丛 /m^2（每丛 2 枝）、芦苇为 1 枝 /m^2（Schafer and Wichtmann, 1998）、*Eriophorum angustifolium* 为 6 枝 /m^2（Richards et al., 1995）。在种源有限的情况下，斑块状定植的效果较好。

（3）草皮移植法（Block 法 /Turf 法）。此法将未受干扰（或干扰较小）的自然植被切块后移植于受损裸地，以达湿地恢复的目的（Brown and Bedford, 1997）。对富营养沼泽而言，移植斑块的厚度需大于优势植物的地下茎层（一般在数厘米至 40 cm 之间），且应达地下水位的高度。在日本尾濑，移植斑块的大小为 30 cm × 30 cm × 30 cm，移植密度约为 2 个斑块 /m^2，移植时主客斑块调换。挖取斑块后的迹地约需 6 年时间恢复至 100% 盖度（Yoshioka et al., 1975）。此法是在群落水平上（包括繁殖体库及土壤生物区系）最自然的恢复方法，可使受损湿地迅速恢复至群落发展的高级阶段（Merrilees et al., 1995）。其缺点是工程量较大，易对邻近的自然植被造成二次破坏。

对于种子植物来说，春季移植比秋季成活率高；植株对早期水位变动的敏感性比晚期高（Yetka and Galatowitsch，1999）。对种子库来说，室外发芽率由高到低的季节依次为：秋、冬、春、夏（Brock and Britton，1995）；移植斑块则需在秋冻前进行，以使斑块泥炭有充分时间与恢复地基质衔接，保证地下水上升至斑块内（Yoshioka et al.，1975）。

2. 种子库引入

广义的种子库是指土壤表面或基质中具有繁殖能力的种子、果实、无性繁殖体以及其他能再生的植物结构的总称；狭义的种子库是指存留于土壤表面及基质中有活力的植物种子的总和。不管狭义还是广义概念，种子库都是过去植物的"记忆库"，决定着植被能否自然恢复，因此对退化或受损湿地的植被恢复意义重大，可以及时的为湿地补充新个体，使演替重新进行并最终完成。Der Valk（1981）根据种子库中物种的生活史特征、繁殖体寿命、种子萌发和幼苗成活对水分的需求等参数，建立了环境筛模型，可预测在水位变化后的地表植被演替。

按照种子库衰减的特征，可将湿地植被的种子库分为 3 类：短暂留存、短期留存、长期留存（Maas and Schopp-Guth, 1995）。种子库的规模在 10 年后仅存 1%~4%。*Juncus articulatus* 和 *Myriophyllum variifolium* 可以在干土中埋藏 11 年后萌发（Brock and Britton, 1995）。

受损湿地上层土壤中的种子库对植被恢复的作用正日益受到重视（der Valk and Davis, 1979；Der Valk and Pederson 1989；McDonald et al., 1996）。种子库的移植是受损湿地恢复的必要手段，在开采高位泥炭前应移取表土并湿藏（Poschlod, 1995），且应在 5 年内尽快实施恢复（Maas and Schopp-Guth, 1995）。

利用种子库恢复植被的技术称为土壤种子库引入技术，就是把含有种子库的土壤通过喷洒等手段覆盖于受损湿地表层，然后利用土壤中存在的种子完成湿地植被的恢复和重建。由于区域内不同植被状况以及生境类型会致使土壤种子库中所包含的植物种子的数量和种类也有很大差异。在对湿地进行植被修复和重建时，应尽量选择与湿地环境状况相似或者接近的种子库土壤，这样将更加有利于植被的重建。

种子库引入技术在引入种子库的同时也引入了土壤，这些土壤可以改善受损生态系统的土壤质地和结构，为植物的修复和重建创造良好的生长环境。在土壤种子库引入技术中有一种表土法，也称客土法或者原位土壤覆盖法。此法可较好的应用于河流周边的湖沼等湿地植被的恢复，不仅可以保全河流固有的植物群落，还可以减少搬运土壤所产生的费用。

3. 水生植物栽植

水体透明度、水下光照强度以及水质污染情况等都会影响沉水植物的生长、生存以及繁殖。因此，在恢复沉水植物时，应将工程技术与生物技术相结合，利用人工调控，减少湿地的内外源污染，净化水体，提高透明度与水下光照强度，保证沉水植物的有效恢复。

（1）生长床—沉水植物移植技术。适用于淤泥较少或没有淤泥的区域。由于深水区域的沉水植物得不到足够的光照，生长迟缓，此技术利用生长床可以有效解决这一难题。沉水植物生长床包括浮力调控系统、植物及生长基质、深度调节系统、固定系统 4 部分。其中浮力调控系统又包括浮球组与浮力竹节组。植物与生长基质包括沉水植物、生长基质和承泥竹节。深度调节系统利用浮球以及沉水植物和生长床体间的连接线来控制生长床体的深度，这个深度取决于受污染水体的透明度。生长床体四个边角和浮球的连接线上有刻度，能精确到毫米，这样可以精确地调控生长床的深度。固定系统则包括浮球之间、浮球和生长床之间、生长床内部之间，以及沉水植物和生长床之间的定位构件。

（2）浅根系沉水植物恢复技术。将浅根系植株—土壤复合体直接抛植入水，或者将植株根部与土壤用无纺布包裹后抛植入水。进入水后复合体会沉入水底，植株最初会利用自带的土壤生长。该植被生态修复技术适合在湿地浆砌基地或无软底泥的湿地水域使用，所用的植物除了要求浅根系外，还应选用对水深要求不高的植物种类，如竹叶眼子菜、罗氏轮叶黑藻、伊乐藻（Elodea canadensis）等。

（3）深根系沉水植物恢复技术。在恢复区域水体透明度较低，以及要求栽种后立刻出现成果的情况下，可采用容器育苗种植法，即先把深根系沉水植物种植在营养钵或者板内，待培养成高大植株后再进行移植。可选用的沉水植物包括菹草、罗氏轮叶黑藻等。深根系沉水植物生态恢复技术除采用容器育苗种植外，还可使用悬袋种植、沉袋种植等措施。

（4）挺水植物恢复技术。挺水植物在恢复时首先要对基底进行改造，做平整处理后再进行地形地貌的再造，最终形成一个整体平坦、局部起伏的基地环境。在完成对基底的改造后，引入先锋物种，改善环境条件，再逐步营造其他挺水植物群落。

（5）浮叶根生植物恢复技术。浮叶植物较沉水与挺水植物对水质的耐受力更强，繁殖体粗壮，能够蓄积更多的营养物质，供浮叶根生植物生长需要；叶片多浮于水面，能够直接与空气和阳光接触，所以其生长与生存对水质和光照没有特殊要求，可直接种植或移栽。其中，菱可以直接撒播种子种植，方法简单，且种子易收集，但需要注意初夏不宜移栽幼苗。荇菜（Nymphoides peltatum）的种子大，发芽率又高，但如果在水深较大的区域成活率会有所下降，种植一般使用移苗的方式。金银莲花（Nymphoides indica）在秋天会形成一种特化的肉质莲座状芽体，芽体掉入水中越冬后，可以在第二年春天萌发成新的植株。睡莲的栽种方式一般是在早春萌芽前进行块茎移栽，还能够直接移栽幼苗、开花的植株，成活率普遍较高。

（三）种质资源保存

植物种质资源保存方法很多，其分类方式也有很多。总的来说，可分为两大类：一类是就地保存；另一类是迁地保存（Lundergan et al., 1979 ；Hawkes, 1981 ；Perscott-Allen, 1981 ）。实际应用中，可以根据具体材料采取不同的方法。

1. 就地保护

就地保存是指在原来的自然生态环境下，就地保存野生植物群落或农田中的栽培植物种群，又称原地保存。就地保存是较原始的种质保存方法，但近年来越来越受到人们的重视，该方法优点是植物保存在原生长地点，不需要经过人工迁移及适应环境变化的驯化过程，从而避免了人工控制环境下对植物基因的选择，同时，原生境保存还保证了原产地的生态多样性，植物在原产地仍可接受自然选择，确保植物的自然进化（Khanna et al., 1991）。

常用的原地保存方法有通过建立自然保护区或天然公园等途径来保护处于危险或受到威胁的植物物种，主要适用于群体较大的野生及近缘植物。原地保存既保存遗传资源，又保护产生遗传多样性的进化环境。相对迁地保存来说，原地保存能使植物保持进化和对其环境的适应能力，保存所有水平的多样性，即生态系统多样性、物种间多样性和物种内多样性。但这种保存方式需要大量的土地和人力资源，成本高，且易遭受人类活动、病虫害、气候条件变化等的影响，很难完全以人力来进行控制。例如，野大豆（*Glycine soja*）的生长对光照要求较高，因此在对其种群进行保护的同时，要保证充足的光照强度和光照时间。花蔺（*Butomus umbellatus*）对水分和光照的要求也较高，尤其是对水分的需求。当湿地面临水体污染、水资源缺乏以及湿地退化等重大的问题时，当务之急是要改善水质，恢复退化的湿地，为野大豆和花蔺的生长提供一个较为理想的生境。野大豆和花蔺的就地保护工作，还要包含其伴生种的保护。这些伴生种在群落中虽然不起主要作用，但是在群落中经常出现，与野大豆和花蔺间具有一定的联系。因此，在对野大豆和花蔺进行相关的就地保护的同时，也要加强对其伴生种的保护力度。在对野大豆和花蔺的伴生种进行适当保护的同时，也要控制其竞争种的种群数量。建立自然保护小区或对野大豆的集中分布区域设置围栏、警示牌等，降低其所受人为干扰的程度（朱思雨等，2017）。

2. 迁地保护

在加强就地保护的同时，迁地保护也成为植物物种长期保存的重要方式，特别是对于那些野外生境消失或生境严重片段化的物种，以及遭受外来物种入侵、污染或者其他人为活动导致迅速灭绝的物种。在迁地保护下通过人工繁殖复壮种群，并在原生境或其它适宜生境回归重建自然种群是物种保护的终极之路。

异地保存是指将种质资源迁移出原生地栽培保存或离体保存，包括田间集中保存法、种质资源圃、种质库、离体保存等方法。

（1）田间集中保存法。该法是以植物园、标本园、果园等形式保存，管理栽培容易，且能获得经济效益。

（2）种质资源圃保存法。该法是集中定植种质资源到适合植物生长、有一定生态代表性的圃地，以便长久保存。种质资源圃解决了原地保存中植物生长地易受影响的问题，可以对各类种质资源进行栽培化管理，是目前最重要的种质保存方式之一。原则上乔木果每种 5 株，灌木和藤本 10~12 株，草本 20~25 株，重点品种保存数量可以适当增加（沈德绪，1992）。但这种方法同样也存在弊端，如占地面积大，管理费用高，还会遇到病虫害和不利环境因素的影响（郑少泉，2001）。

（3）种质库保存法。该法是指以种子、花粉等繁殖器官为主要保存对象的一种保存方式。种质资源的保存并不是不经筛选全盘保存所有未知的基因。种子和花粉是植物遗传信息的高效载体，种子和花粉保存简便经济，基因多样性也可以保存下来，应当被列入优先考虑的范围（Paroda，1991）。目前，我国国家种质库保存的种质数量已达到 3 万余份，单库长期保存的种质数量达到世界第一，为我国作物育种和生产提供了雄厚的物质基础。

（4）离体保存法。该法是通过延长离体培养的继代时间来实现离体种质保存目的的方式。在 20 世纪 70 年代初期，人们对离体种质保存进行了最初的尝试（Henshaw，1975；Meryman，1966；Nag et al.，1973）。在其后的 20 多年间，离体种质保存迅速发展起来。用于离体保存的材料很灵活，可以是子叶、幼胚、细胞、愈伤组织、原生质体、茎尖或小苗等，相对于种质圃来说，离体保存是既经济又安全的一种保存方式。通过离体培养技术，更为广泛的远缘杂交、胚胎早期败育、芽变、细胞融合、转基因等产生的新种质资源都可以通过离体培养的形式保存下来（Tomes，1990）。在离体保存过程中，植物的生长都在人为控制的环境下进行，这使植物免受病虫及环境气候条件的选择，从而保持一定的基因稳定性，通过离体培养，可以在短期内在数量上形成一定的规模，并利于在国家或地区间进行运输与交流，较之传统种质资源保存方法有较大优势。常规保存最大的优点就是材料一直处于生长状态，可以随时用于检测与育种研究。

王勇等（2003）对三峡库区消涨带特有植物疏花水柏枝（*Myricaria laxiflora*）、丰都车前（*Plantago fengdouensis*）迁地保护进行了研究，探讨了迁地保护策略，并提出了以下保护建议。

（1）加速取样策略的研究。目前，已经按照"随机取样、均匀分布、全面覆盖"的原则，对疏花水柏枝的 31 个自然居群按 40~100 株 / 居群进行了取样，在武汉植物园建立了种质保护基地，实现了种质的全面保存，并正在开展遗传结构、遗传多样性及其生态适应机理的研究。

（2）科学布局、保护网点，实行多地点、多层次保存。疏花水柏枝对生境特别是对夏季水淹、冬季温暖的水文和气候条件要求较高，在其迁地保护点的布局上宜按照"生境相似、方便管理、多地保存"的原则和方法来选定。建议在疏花水柏枝自然分布区同纬度的水域四周选取多个地点进行迁地保护，如香溪河、大宁河、乌江等库区较大、直流海拔 175 m 以上的消涨带、三峡大坝至葛洲坝之间的长江两岸沙滩和清江的河岸带等是迁地保护较理想的候选之地；在保护层次上，不仅要进行植株活体保存，还要对其种子和 DNA 进行冷库保存。

（3）开展疏花水柏枝生态适应机理的研究，探索库区新消涨带植被恢复重建途径与方法。三峡工程建成后，库区将形成两条垂直高度达 30 m 的新消涨带。由于三峡水库采取蓄清排浊的水位调节方式，库区新消涨带将处于夏季出露冬季淹没的水文环境中，疏花水柏枝能否适应新消涨带环境还有待于研究和探索。加强疏花水柏枝生态适应机理的研究，对于该物种的长期保存和回归自然，以及库区新消涨带和其他类似区域的植被恢复均具有十分重要的意义。

（四）种群动态调控

1. 种群动态调节

在湿地生物恢复中，可以通过调节湿地环境因子来调控植物种群动态，进而控制湿地植物群落结构与动态。在湿地生态系统中，水文情势是调控种群结构与动态的最基本、最重要的环境因素之一（Barnes，1999；Lusk and Reekie，2007；Xie et al.，2008；Luo and Xie，2009）。对河岸带湿地研究发现，随着水位持续下降，藨草萌蘖率明显升高，并取代胀囊薹草（*Carex vesicaria*）成为群落优势物种（Barnes，1999）；在松嫩平原向海湿地，生境湿生化时，芦苇根茎节芽能快速萌发取代羊草成为优势种群（田迅等，2004）。

2. 种群竞争控制

在湿地恢复中，即使物种适宜当地的环境和土壤条件，有时也必须与当地的杂草群落竞争。竞争最终会出现两种结果：第一是恢复地上"正常"的杂草联合体。先前土地利用留下来的和来自周围环境的种源形成杂草联合体。第二是"问题"杂草，尤其是木本攀缘植物：通常在曾经围湿造田的土地上来自杂草植物的竞争压力会比较重。

目前，主要有两种控制种群竞争的方法：耕作和除草剂。耕作主要是对要进行恢复的湿地进行翻地。研究发现，翻地能够显著的提高滩地阔叶苗木的生存率和生长力，但有些低洼湿地可能会限制这种技术的应用。除草剂能够有效抑制草本植物间的竞争。除草剂在使用后一般都在土壤中残留活性，必须在除草剂使用和苗木种植之间留出充足的时间间隔。大多数是在整地时采用全面喷洒的方法。一般必须在种植前采取控制措施，一旦种植了苗木，就没有可操作的控制措施。如木本攀缘植物，通常情况下即使在种植后控制了其竞争，苗木的死亡率也会达到甚至超过 60%，尤其在"问题"杂草和入侵种上，种植前采取的积极控制措施将决定恢复的成败。也有很多研究表明，在种植后采取的竞争控制措施对苗木的生存率、生长率及材积量等没有益处，在一些控制措施非常强烈的地块苗木通常较矮。

其他的一些恢复措施（如整地、施肥、控制草食动物破坏等），需要根据恢复地的环境条件决定是否需要采取。如在放牧比较严重的地区就可以采用围栏以防止牲畜的进入而破坏苗木。

三、湿地生态系统结构和功能修复

湿地生态系统结构与功能的修复内容包括对群落结构的优化配置、功能区划分，对生态系统功能的调控、对生态系统稳定化管理、对景观的规划以及创建生态监测体系等。由于湿地生态系统结构与功能的修复技术目前仍在不断的摸索和试验中，尚未形成比较完整的理论体系，也使得湿地生态系统结构与功能的修复技术成为湿地生态修复实践中的重点与难点。目前亟需针对不同类型的退化湿地生态系统，对湿地生态修复的实用技术进行研究（如退化湿地生态系统修复关键技术，湿地生态系统结构与功能的优化配置与重构及其调控技术，物种与生物多样性的恢复与维持技术等）。

（一）湿地物种群落结构优化配置

1. 湿地物种群落空间配置

应根据湿地的形态、底质、水环境乃至气候等多重条件来确定群落的水平以及垂直结构，复合搭配各类生活型的植物物种，丰富物种多样性，加强群落的稳定性，提高群落的适应力，还可以利用优势种的季节变动性，保持湿地植物四季常绿。最终通过湿地植物物种的筛选及群落的配置技术，在受损或退化湿地构建出从近到远依次由陆生植物、挺水植物、浮叶根生植物、沉水植物群落组成的植被带。

物种的配置应在各个区域现有物种的基础上，根据各区域的不同情况与条件，选择适合在该区域生长、具有较大生态位、与其他植物种类有较大生态位重叠的物种进行组合（周小春，2013）。

（1）湖泊、池塘湿地植被配置。由于湖泊与池塘水深浅、风浪相对较小、基质厚，因此能够按照挺水区、浮水区和沉水区的划分来合理配置湿地植物。挺水区多种植芦苇、南荻、菖蒲、莲、水葱、香蒲、灯心草、千屈菜、酸模叶蓼（*Polygonum lapathifolium*）等物种。浮水区多种植睡莲、芡实、萍蓬草（*Nuphar pumilum*）、荇菜、莼菜（*Brasenia schreberi*）、满江红（*Azolla imbricata*）等物种。沉水区多种植苦草、竹叶眼子菜、菹草、大茨藻、罗氏轮叶黑藻、狐尾藻、金鱼藻等物种。

（2）河流湿地植物配置。河流水流流速快、水位落差大、岸边多砂石、基质贫瘠，植物不易成活，且栽植植物是要注意不能阻碍泄洪和通航，所以一般不会在非主河道或者开阔处栽种湿地植物。

（3）水库湿地植物配置。水库水位深、落差大，且在泄洪时，植物易被水冲起。在栽植植物时应该选择能适应高水深、水位变幅大的植物物种。水深是限制水库湿地植被恢复的关键因子，很多挺水植物都无法在较深的水库中种植、存活。对于这种情况，可以使用人工浮岛技术来种植挺水植物。对于浮叶根生植物，可以选择荇菜、水鳖（*Hydrocharis dubia*）、槐叶苹（*Salvinia natans*）等物种，栽植在浮水区，但一定要注意远离泄洪口，并尽量建立围栏进行保护。沉水植物则要种植在光照充足的区域，如果水库水体透明度高，沉水植物的分布深度较大。根据经验来看，沉水植物可以种植的深度能够达到水体透明度的两倍之多。在水库的水陆交界处，有时季节性水位变动能够达到数米，这些区域应该多种植高茎的草本植物或湿地木本植物。

对于陆地植被，一般认为种植时应该形成复合结构，形成从高到低的垂直结构，并在周围建立顶极群落与边缘群落，一方面促进植物的生长；另一方面维持生物多样性。水生植物栽培时，则应该按照不同植物的不同水位需求，将种植区分为浅水、深水和耐水湿地植物区，根据具体植物的特性栽种在不同区域。而在湿地中的池塘栽种植物时，应该既满足维持生物多样性的要求，又要维持田园风光，以最低的成本投入取得最大的恢复效果。

在一些特殊的湿地环境中，植物的配置也要根据具体的环境条件进行更改与调整。如湿地驳岸需要满足防洪要求时，枯水位以下的驳岸应该全部固化；枯水位以上、平水位以下的驳岸可固化，也可用鹅卵石堆积保护；平水位以上、丰水位以下的驳岸则可以采用植栽法（在驳岸横切面间或者是网格间栽植草本植物）和筑堤法（在筑堤的石块间种植草本植物）两种方法的常用植物包括狗牙根、狗尾草（*Setaria viridis*）、结缕草（*Zoysia japonica*）、白茅、络石（*Trachelospermum jasminoides*）、麦冬（*Ophiopogon japonicus*）、沿阶草（*Ophiopogon bodinieri*）等；丰水位以上的驳岸可全部绿化。如果全部驳岸都需要进行固化，可以在其上搭建花台，种植一些攀援植物美化驳岸。此方法中用到的植物多是云南黄馨（*Jasminum mesnyi*）、紫藤（*Wisteria sinensis*）、凌霄（*Campsis grandiflora*）等。

生态修复的群落镶嵌组合是根据种群的特性，将不同生态类型的种群斑块有机的镶嵌组合在一起，构成具有一定时空分布特征的群落，时间分布的镶嵌可以保证群落的季相演替，空间上的镶嵌可以满足局部生境的空间条件差异。湿地植物多为草本类，生长期较短，一些湿地植物在衰亡季节往往会影响景观，有的甚至形成二次污染，为了在不同的季节均有植物存活生长并充分发挥其生态功能，在滨江带湿地植物恢复重建时，尤其是物种选择上除了应注意土著性原则外，还必须注意不同季相物种的镶嵌组合种植，注意乔灌草的配置。

2. 湿地物种群落季节配置

植物的季相变化是在进行湿地恢复设计时应该注意的一个重要问题。水生植物的生长状况与净化率有关。在夏、秋季节，许多喜温水生植物处于生长旺期，因而表现出较高的净化效率，然而到了秋季和冬季，许多喜温水生植物已处于衰老和死亡阶段，自然会失去其净化效能。但对于耐寒植物来说，情况却相反，在寒冷季节对废水中污染物有较高的净化率。因此，可充分利用习性不同的水生植物群落间的相互作用及人工干预，以解决冬季绿化问题。关保华等（2002）通过植物的筛选，发现萱草（*Hemerocallis fulva*）和石菖蒲（*Acorus tatarinowii*）具有越冬生长的优势，能保持生态工程的冬季运行。因此，需要以湿地植被群落季相自我演替为原则重建镶嵌组合的群落。

（二）湿地植被带修复与功能区划分

1. 湿地植被带修复

在进行湿地植被带修复时，首先在所选定的区域内进行先锋水草带建设。通过选用新型、高效的人工载体，将先锋植物放置在选定的区域中作为生态基质，改善水体环境。先锋水草带的宽度为 10~15 m。经过一段时间后，其上能够自然出现由各种细菌、藻类、原生动物、后生动物等形成的稳定生物群落，重现完整食物链。这种由人工基质材料构成的生态缓冲区不仅有助于提高透明度、净化水质、创造生物栖息空间、增加生物多样性，而且还有助于削减风浪对沿岸冲刷，然后再开始进行其他湿地植被带的恢复，主要通过构建 3 个植被带实现对湿地植物群落的修复和重建。

（1）岸带水域——挺水及浮叶根生植物带。主要在水陆交错带进行湿生与挺水植物群落组建以及近岸带浮叶根生植物群落构建。该植物带构建过程也是先锋植物群落建立过程，即用先锋水生植物进一步改善环境条件，从而为后续有效建立沉水植物群落提供适宜的环境。由于生态系统在恢复的过程中可能会出现小幅度的波动，因此，先锋植物群落可能需要重复多次进行构建才能形成稳定的群落结构。在水环境条件满足沉水植物功能群发展时，开始构建沉水植物功能群，同时削减先锋植物密度，以促进沉水植物功能群的发展。同时，还要根据水体环境各项指标的连续监测结果，判断是否满足沉水植物功能群的发展。该工程还应该结合生态岸带改造同时进行，另外在自然护坡区域，可以构建芦苇群落、南荻群落、香蒲群落等水生植物群落。在环境特别恶劣、不适宜水生植物生长的地段，可结合先锋水草带的建设，采用人工水草等生态型高科技材料，构建人工水草区域，改善水环境。

（2）近岸水域浮叶根生植物——沉水植物带。待水体中透明度逐渐提高后，离开堤岸一定距离外可逐步增加栽种浮叶根生植物与沉水植物。浮叶根生植物应种植在挺水植物外围，与挺水植物相邻，栽种后浮叶根生植物的覆盖率不宜好过 30%，可栽植的植物种类包括睡莲、苔菜、萍蓬草、金银莲花等。

（3）离岸沉水植物带。在环境合适的范围内可以使用人工种植的方法栽植沉水植物，但环境条件逐渐变好后，可以适当扩大沉水植物的种植范围，使所种植的各沉水植物能够连为一个整体的沉水植物群落。主要种植的水草种类有：苦草、罗氏轮叶黑藻、狐尾藻、金鱼藻、竹叶眼子菜、鸡冠眼子菜（*Potamogeton cristatus*）等物种。

除了根据不同的植被带使用不同的湿地修复技术外，由于不同淹没带植被特征、土壤特征以及干扰影响程度均有一定的差异，因此，在湿地植被修复过程中应该根据各淹没带实际情况采取以下不同的修复技术（李扬，2014）。

（1）重度淹没带植被修复技术。重度淹没带植被平均覆盖度低，砾石裸露，土壤稀少且 pH 值偏高，土壤营养元素尤其是氮素匮乏。需要使用人工绿化方式为主恢复技术，包括人工种植和补植水陆交错带湿生植物、客土措施等。另外，重度淹没区受水文影响严重，在一些水流冲击较大的区域需修建小型防浪墙等工程措施。

（2）中度淹没带植被修复技术。中度淹没带多为草本植物，植被的平均覆盖度为 40%~50%，土壤质量比重度淹没带有一定提高，但是砾石裸露面积仍较大。本淹没带应采用人工绿化方式为主导的修复技术，通过人工补植和客土方式开展水陆交错带植被修复和重建工作。

（3）轻度淹没带植被修复技术。轻度淹没带植被以灌木植物和草本植物为主，土壤和植被状况良好，而且水文影响作用较低，因此，应采用人工辅助工程促进其自然修复，主要措施为降低人工干扰强度与频次、围栏封育、人工施肥以及补植少量植物等。

（4）微度淹没带植被修复技术。微度淹没带为疏林地，整体植被和土壤状况最佳，且受水文影响最小，因此，在植被恢复中不采取人工措施，视受损状况，一般利用水陆交错带自身变化就可以实现其被动修复。

2. 湿地功能区划分

在对受损或退化湿地进行生态修复时，可以根据不同的植被特征与环境条件把恢复区划分成多个功能区，之后再分区进行修复与重建。这样既有利于提高修复效率，又有利于日后对湿地进行管理和监测。不同的研究中将不同的受损湿地分为不同功能区进行湿地修复。

钱海燕等（2010）在《鄱阳湖双退区湿地植被恢复方案探讨》中，将鄱阳湖双退区湿地划分为生物多样性繁育区、生态景观区、植被群落重建区以及缓冲区 4 大功能区。

（1）生物多样性繁育区。这个区域主要进行有关湿地植物繁育和筛选的实验，并在此基础上，建立生物多样性保育区。在修复湿地生态系统的工程中，该区要注重加强对生物多样性的提高，通过各种方式，如招引鸟类、投放鱼苗、创造适宜的栖息环境等，吸引动物的到来，提高本区的生物多样性。

（2）生态景观区。以恢复水生植被为主的区域，并建立起既具有生态功能，又具有旅游观光功能的湿地。

（3）植被群落重建区。这一区域在恢复工程前没有水生植被或水生植被极其稀少，在此要积极构建各种水生植被带，合理搭配，实现对植物群落的有效修复和重建。

（4）缓冲区。一般在陆地和湿地的交接处，有时还会受到农业面源污染。对于这个区域，首先要利用香根草等植物对沙化地块固化，改善土壤品质，之后再通过改善地表径流与植被恢复工程，建立起健康完善的缓冲区。此区一方面可以净化入湖河水；另一方面又能为旱生植物向湿生植物过渡提供适宜的环境。

（三）湿地生态系统构建与集成

生态系统的健康稳定发展依赖于生态系统结构和功能的完整性。其中，生态链（食物链）的完整性是生态系统维持自我平衡的关键。由于长江水体氮、磷等污染负荷较高，一些初级生产者一旦引种，生长速度和生物量往往会比较高，有些甚至会疯长，如凤眼蓝、喜旱莲子草等。因此，必须注意在适当的时机引种草食性鱼类等生物，以控制初级生产者的蔓延。还应注意选择一些附生功能菌比较丰富的土著物种，以提高系统对自身生物残体的分解降解能力，维护系统的自我平衡机制。

在保护水生植物净化功能的前提下，完善人工生态系统的食物链和食物网结构，放养一定种类和数量的肉食性鱼类和底栖动物，提高水生生态系统的稳定性。水生动物的放养将充分考虑水生动物物种的配置结构，科学合理地设计水生动物的放养模式（朱广平等，2017）。

利用生态学生物操控理论，在水体中构建合理的鱼类牧食链，利用肉食性鱼类对下行生物的群落控制，从而达到削减水体中藻类生物量，保持水体质量的目的，并最终通过渔产品的形式提取水体中的污染物质。肉食性鱼类的配置考虑对建设的沉水植物的保护及湖体中草鱼（*Ctenopharyngodon idellus*）及杂食性鱼类的控制，选取鳜鱼及青鱼（*Mylopharyngodon piceus*）作为肉食性鱼类群落构建物种。底栖动物根据其摄食习性选择螺贝类作为群落调控主要种类。岸边落叶、湖中水草等形成的有机碎屑以及水生动物的粪便、尸体等形成的有机物质易污染景观水体，在湖中放养一定数量的青虾以摄取有机碎屑，起到净化水质的作用。根据水质需求，投放轮虫、枝角类等滤食性浮游动物，滤食水中的细菌、单细胞藻类和原生动物，起到控制藻类的作用（朱广平等，2017）。

对于藻型湖泊，可通过恢复重建高等水生植物群落，使之成为初级生产力的主体。在空间和营养生态方面，与浮游植物竞争，抑制浮游植物过度生长，从而使水体透明度得到提高。此外，从湖泊生态系统的生物多样性角度出发，高等水生植物为其他水生生物生存、繁衍提供了重要的生境条件，是提高水生动植物群落多样性的基础。因此，恢复水草群落，可使湖泊生物多样性得到恢复，使受损的湖泊水生生态系统得到逐步修复，最终优化了生态环境。

鱼类游动可以促进水体对流，并为水生植被提供所需营养盐的转化创造条件。在系统中，若草食性或杂食性鱼类密度过大，就会破坏水生植被生长，导致系统崩溃。鱼类调控，主要是通过驱除或放养肉食性、或肉食性为主偏杂食性鱼类，控制工程区内杂食性鱼类密度，减少草食性鱼类对水生植被牧食的破坏，减少因杂食性鱼类牧食行为而导致沉积物的再悬浮。

任何水生生态系统中，营养盐的循环流动，与系统中生物的食物链密切相关。底栖动物是水生态系统的重要组成部分，它们生活在水体底部，从底质中吸取营养物质，在一定程度上，对底质的改良有着重要的作用。底栖动物多样性，有助于水生态系统的稳定并朝有利的方向发展。

生态管理是维护生态系统长期稳定的重要手段，它基于生态学、经济学、管理学、社会学、环境科学、资源科学和系统科学等理论，修复生态系统的结构和功能，维护生态系统健康稳定性、可持续性和生态多样性，最大限度地支持社会经济的可持续发展。对于人类干预频繁、环境胁迫压力大的生态系统，生态管理是必不可少的手段。

（四）湿地生态系统管理

对恢复后的植被进行管理，是湿地生态恢复初期不可或缺的一步。但随着植被逐渐稳定，管理也应逐渐弱化直到停止。如果一直维持对植被进行人工管理，最终恢复后的植被将无法形成天然植被，多是人工植被或者半自然植被。主要包括以下管理技术（周进等，2001）。

1. 湿地水管理

植物栽植后，可以适当的提高水位，一方面为植物的生长提供足够的水分；另一方面可以阻止陆生杂草的出现。但水位也不能一味提高，切不可淹没栽种植物的嫩芽。随着植物的不断生长，水位可以多次适当提高。如果湿地的水资源不足，可以每隔 5~10 d 对植物进行一次漫灌，保证植物生长需水。在植物生长稳定后，特别是经过了一个完整的生长季节后，即使遇到了短期干旱，植物也可以凭借湿地中的水分继续生存。如果遭遇了严重的干旱，植物的地上部分会死亡，但地下部分一般会保存下来，待环境条件再次恢复，植物会恢复生长。而对于水生植物，在每年春天其发芽的时间，要保证水位不会太高，不至于淹没了刚刚萌发的嫩芽，保护水生植物顺利萌发。同时，还要使水位处于动态变化之中，这样有利于植物群落的形成与维持，特别是能够恢复湿地水环境的自然水位涨落系统。

2. 湿地植物管理

湿地恢复初期每 15 d 检查一次，除了检查是否有杂草外，还要检查是否有动物对新栽的植物进行采食破坏、环境是否有淤泥淤积等。对发现的生长状况不好的植株，应该及时清除补种。每年春季，对恢复区内的空白区域进行及时补种；每年秋季，在不影响湿地动物的前提下，对水生植物适当收割。在湿地周围的缓冲区内现的杂草要及时去除，防止向湿地内部扩散。在缓冲区还可以修建栅栏，阻止牲畜进入湿地。每隔一段时间还要检查栅栏的状况，及时整修或替换受损栅栏。

3. 湿地杂草与虫害管理

要做到及时发现杂草，并在第一时间清除，不要等到它们形成种群再进行清除。一般来说，在恢复开始后的4~6月内，每15 d检查清除一次，之后可以每3个月检查清除一次。

水生植物的生长极易受到真菌感染、害虫侵食，从而造成植物表面腐烂、花叶生长畸形，这都将严重阻碍水生植物的健康生长。防治方法包括：避免引入带病带虫植株；控制好栽植密度，保证良好的通风与足够的光照；密切观察植株的生长状况，一旦发现带病带虫植株，及时清除。

如果对虫害预防失败，根据不同的昆虫，选用不同的方法进行灭虫，如喷洒药剂、人工去除虫卵、黑光灯诱捕等。

4. 湿地施肥管理

施肥能够有效促进种子植物的生长。但也有实验证明，施肥只对种子植物幼苗的生长有促进作用，对其成熟的个体无显著影响。

5. 湿地封育管理

对正在进行恢复的湿地实施封育管理，能够有效加速其恢复过程。利用封育管理，可以降低人为因素对湿地的干扰，加速湿地植被恢复，提高植被覆盖度，增加生物多样性。

除了封育管理外，还要注意对水生动物以及牲畜的管理。如果湿地出现了大量草食性的水生生物，极有可能会对新栽种的植物造成极大威胁。这些生物，特别是一些水禽，会将植物连根拔起，但只食用植物的嫩芽。如果水禽的数量庞大，阻止又不及时，它们可能在几天内将所有植物破坏殆尽。虽然不能完全清除这些水生动物，但在恢复初期一定要严格控制它们的数量。对于鸟类的防护，则可以通过安装不同的装置来防止它们进入湿地。而在湿地缓冲区栽种硬叶植物或者修建栅栏，可以防止牲畜的入侵。

第六章

湿地生态系统
监测、评估与管理

一、湿地生态系统监测

（一）湿地生态监测的依据与规范

湿地生态系统监测主要依据《陆地生态系统水环境观测规范》《陆地生态系统土壤观测规范》和《陆地生态系统生物观测规范》进行。监测方案主要参考执行的规范、标准和规定见表6-1。

表 6-1　湿地生态系统监测方案制定的依据

名　称	编　号	名　称	编　号
《水质采样 样品的保存和管理技术规定》	HJ 493—2009	《水质 钙的测定 EDTA 滴定法》	GB 7476—1987
《土壤环境监测技术规范》	HJ/T 166—2004	《水质 钙和镁总量的测定 EDTA 滴定法》	GB 7477—1987
《地表水环境质量标准》	GB 3838—2002	《水质 氯化物的测定 硝酸银滴定法》	GB 11896—1989
《土壤环境质量 农用地土壤污染风险管控标准（试行）》	GB 15618—2018	《硫酸盐的测定，铬酸钡分光光度法》	HJ/T 342—2007
《土壤环境质量 建设用地土壤污染风险管控标准（试行）》	GB 36600—2018	《生物多样性观测技术导则 内陆水域鱼类》	HJ 710.7—2014
《湿地监测技术规程》	DB 11/T 1301—2015	《碱度（总碱度、重碳酸盐和碳酸盐）的测定（酸滴定法）》	SL 83—1994
《水位观测标准》	GB/T 50138—2010	《降水量观测规范》	SL 21—2015
《水环境监测规范》	SL 219—2013	《中国生态系统研究网络（CERN）陆地生态系统生物观测规范》	

（续）

名　称	编　号	名　称	编　号
《水质 总氮的测定 碱性过硫酸钾消解紫外分光光度法》	HJ 636—2012	《中国生态系统研究网络（CERN）水域生态系统观测规范》	
《水质 总氮的测定 气相分子吸收光谱法》	HJ/T 199—2005	《中国生态系统研究网络（CERN）陆地生态系统水环境观测规范》	
《硝酸盐氮的测定（紫外分光光度法）》	SL 84—1994	《中国生态系统研究网络（CERN）陆地生态系统土壤观测规范》	
《水质 亚硝酸盐的测定 分光光度法》	GB 7493—1987	《湖泊生态系统观测方法》	
《水质 总磷的测定 钼酸铵分光光度法》	GB 11893—1989	《湿地生态系统观测方法》	
《水质 高锰酸盐指数的测定》	GB 11892—1989	—	

（二）湿地生态系统监测的内容

湿地生态系统的监测主要包括：湿地特征、湿地生物、水文水质、土壤和气象等要素监测（表 6-2）（刘红玉，2005）。

1. 湿地特征

湿地特征包括湿地地理位置、湿地面积、水域面积和植被面积等。

2. 生物特征

（1）生境指标。生境指标包括植被类型，植物群落名称，郁闭度，群落高度，地理位置，地形地貌，水分条件，地下水位，土地利用方式，动物活动，演替特征，土壤 pH 值，土壤全碳，土壤全氮，土壤全磷等要素。

（2）动物指标。动物指标包括鸟类、鱼类、浮游动物和底栖动物的种类组成、数量和生物量，濒危野生动物数量、动态及迁徙规律。

（3）植物指标。植物指标包括洲滩湿地植物（群落特征、物候期、优势植物矿质元素含量与能值等）；高等水生植物（群落类型、盖度、种类、生物量及群落面积及分布特征）；浮游植物、叶绿素的数量、生物量及其分布特征。

（4）其他指标。微生物生物量碳等。

3. 水环境特征

（1）水文指标。湿地水总量、地表径流量、年进出入湿地水量、降水量、蒸发量、水位等。

（2）水质物理指标。水深、酸碱度、地下水位、电导率、温度、透明度。

（3）水质化学指标。溶解氧、氧化还原电位、矿化度、氯化物、总氮、铵态氮、硝态氮、总磷、磷酸盐、硫酸盐、COD、TOC、K^+、Na^+、Ca^{2+}、Mg^{2+} 等。

4. 土壤指标

表层土壤速效养分、表层土壤养分、表层土壤酸度、表层土壤阳离子交换性能、表层土壤速效中量元素、表层土壤速效微量元素、剖面土壤养分全量、剖面土壤微量元素全量、剖面土壤重金属全量、剖面土壤机械组成、剖面土壤容重。

表 6-2 湿地生态系统监测指标体系

监测类别	监测项目		监测指标	监测频度、时间、年度	方法与操作要求
湿地特征	湿地地理位置，湿地面积，水域面积，植被面积			1 次 /5 年	野外调查和航片解译结合，分别判读出典型沼泽类型或湿地植被类型
生物	生境要素		植被类型，植物群落名称，郁闭度，群落高度、地理位置、地形地貌，水分条件，地下水位，土地利用方式，动物活动，演替特征，土壤 pH 值，土壤全碳、全氮、全磷	1 次 /5 年	野外调查
	湿地洲滩植被	群落特征	植物名，高度，盖度，株数，物候期，绿色部分鲜重，立枯鲜重，绿色部分干重，立枯干重，总鲜重，总干重，凋落物干重	1 次 / 季，每年监测一个季节动态	样方调查，草本为 1 m×1 m 样方，灌丛为 2 m×2 m，乔木为 10 m×10 m，5~10 个重复
		物候观测	萌芽期 / 返青期，开花期，结实期，种子散布期，枯黄期	每年监测	观测群落优势种和指示种
		优势植物矿质元素含量与能值	土壤全碳、全氮、全磷、全钾、全硫、全钙、全镁、热值	1 次 / 年	分器官测定，具体方法与生物量监测相同，常规元素分析法，热值测定用燃烧法，分别计算去灰分和不去灰分的热值
	生物量碳		土壤微生物生物量碳	每 5 年监测一个季节动态	氯仿熏蒸法
	底栖动物		种类、密度、生物量	每年监测一个季节动态	抓斗式采泥器或三角拖网采样
	水生高等植物		群落类型、盖度、种类、生物量	每年监测一个季节动态	野外监测
	鱼类		种类、数量	每年监测一个季节动态	野外监测
	两栖、爬行动物及兽类		种类、数量	每年监测一个季节动态	野外监测
	浮游植物		种类、生物量、叶绿素 a	每 5 年监测一个季节动态	野外监测
	浮游动物		种类、生物量	每 5 年监测一个季节动态	野外监测
	鸟类		种类、数量	每年监测一个季节动态	野外监测
水文水质	物理要素		主要包括水深、酸碱度、地下水位、电导率、温度、透明度等	1 次 / 月	野外监测
	化学要素		主要包括溶解氧、氧化还原电位、矿化度、酸碱度、氯化物、总氮、铵态氮、硝态氮、总磷、磷酸盐、COD、TOC、K^+、Na^+、Ca^{2+}、Mg^{2+}、S^{2+}	1 次 / 月	实验室分析
	水文特征		包括水体总量、地表径流量、年排入量、降水量、蒸发量、水位	1 次 / 月	野外监测

（续）

监测类别	监测项目	监测指标	监测频度、时间、年度	方法与操作要求
土壤	表层土壤速效养分	碱解氮、有效磷、速效钾	1 次 / 年	0~20 cm
	表层土壤养分、酸度	有机质、全氮、酸碱度、缓效钾	1 次 / 年	0~20 cm
	表层土壤阳离子交换性能	阳离子交换量、交换性钙、交换性镁、交换性钾、交换性钠	1 次 /5 年	0~20 cm
	表层土壤速效中量及微量元素	有效铜、有效锌、有效硼、有效硫		
	剖面土壤养分全量	有机质、全氮、全磷、全钾	1 次 /5 年	0~20 cm²、20~40 cm²、40~60 cm²
	剖面土壤微量元素全量	铁、锰、铜、锌、硼、钼	1 次 /10 年	0~20 cm²、20~40 cm²、40~60 cm²
	剖面土壤重金属全量	铬、铅、镍、镉、硒、砷、汞		
	剖面土壤矿质全量	SiO_2、Fe_2O_3、Al_2O_3、TiO_2、MnO、CaO、MgO、K_2O、Na_2O、P_2O_5、烧失量、全硫		
	剖面土壤机械组成	0.05~2 mm 砂粒含量、0.002~0.05 mm 粉粒含量、<0.002 mm 黏粒含量、土壤质地（美国制）		
	剖面土壤容重	容重		
气象	自动站观测、人工观测气象要素	净全辐射、总辐射、反射、辐射、光合有效辐射、日照时数、风向、风速、气压、干球温度、湿球温度、毛发湿度、大气最高温度、大气最低温度、地面温度、地面最高温度、地面最低温度、暗筒式日照、雨雪量、水面蒸发量等	人工观测每天3 次，分别为8:00、14:00 和20:00	

（三）湿地生态系统监测采样点布设

采样点应能覆盖所需的生态系统监测和评价范围，除特殊需要外（由于地形、水深和监测目标的限制），所有采样点应在监测范围内均匀布设，可采用网格式、断面或梅花式等布设方式，以便确定监测要素的分布趋势。

水样采用断面式的布设方法，土壤样布设点与水样保持一致，分别根据《水质采样方案设计技术规定》（HJ 495—2009）和《土壤环境监测技术规范》（HJ/T 166—2004）采集水样和土壤样。水生浮游植物和水生浮游动物的监测点一般尽量与水化学监测采样点一致。挺水植物、浮叶根生植物、沉水植物的样方面积应不小于群落最小面积，可根据种—面积曲线来确定。挺水植物和浮叶根生植物的样方面积一般选取1 m×1 m 或 0.5 m×0.5 m，沉水植物样方面积为 0.5 m×0.5 m 或 0.2 m×0.2 m；采样点的布设可采用断面法，根据湖泊的形状、水文情况、植物的分布等设置断面，断面最好是平行排列，或为"之"字形。断面与断面的距离一般为 50~100 m（可根据实际情况而定）。断面上定点数目最好为奇数，即断面中间应设一个点，没有大型水生植物的地区可不必设定。鸟类监测样点布设见鸟类监测方法。采样一经确定，不应轻易更改，不同时期的采样点应保持不变。

（四）湿地生态系统监测的时间和频率

针对湿地生态系统监测的具体范围，在正式开展生态环境监测以前，应对湿地生态环境的背景进行调查监测，以便确定常规生态系统监测指标体系及生态系统评价的背景值。背景值主要包括湿地生态系统的地理位置、湿地面积、水域面积、植被面积、水体总量、地表径流量、年排入量、降水量、蒸发量，湖、沼湿地与地下水的交换量，供给水量等。背景调查监测应在一个年度内完成，调查频率应不少于4次，分别在春、夏、秋、冬各开展一次调查监测。

1. 自然指标

为保证采样的连续性和周期性，水环境和土壤环境中的自然指标中，通常可在线进行连续监测的指标（如水量、水温、电导率、酸碱度、溶解氧等）可通过自动监测系统进行实时连续监测，其他指标的监测时间设置为在丰水期、平水期、枯水期各采样1~2次。

2. 生物指标

（1）植物。监测时要选择植物开花或结实的时期，分不同季节进行调查，以获得全面而准确的资料和典型的标本。由于全国各地气候差异悬殊，各监测区应根据本地气候和植物生长发育特点确定具体最佳监测时期。

（2）鸟类。鸟类数量监测分繁殖季和越冬季两次进行，繁殖季一般为每年的5~7月，越冬季为12月至翌年2月。各地应根据本地的物候特点确定最佳监测时间，其原则是：监测时间应选择监测区域内的水鸟种类和数量均保持相对稳定的时期；监测应在较短时间内完成，以减少重复记录。迁徙情况监测主要在春、秋鸟类迁徙季节进行。

（3）鱼类。捕捞法通常应在每个季度调查监测一次，一般以每年5月、8月、11月和翌年2月代表春季、夏季、秋季和冬季。也可以通过与水产部门、渔民及相关管理人员沟通，获得相应资料。

（4）两栖类、爬行类及兽类。两栖类、爬行类的临测主要在春季进行，记录两类动物的种类、数量（成体、幼体）、栖息地状况等信息。兽类监测主要在冬季，与冬季鸟类监测同时进行。在繁殖季节对鸟类进行数量监测时，也应兼顾对兽类的监测。

（五）生态监测的方法

1. 水质监测的指标与方法

水质监测主要包括常规水质指标和理化特性指标，分析频率为每月一次。

（1）水质样品的采集及保存。水样的采集及保存参照国家标准《水质样品的保存和管理技术规定》（HJ 493—2009）和《陆地生态系统水环境观测规范》（2007）执行。采集的样品放入样品瓶，写好标签纸贴好，注明采样地点、日期、编号及采样人等，同时做好采样记录。

（2）监测项目及分析方法。分析方法参照国家和行业标准分析方法《水质分析方法》（SL78—1994）、《水和废水监测分析方法》（2002）和《陆地生态系统水环境观测规范》（2007）制定的水样理化性质指标分析标准与方法进行。各监测项目的分析在水样采集后保存有效期内完成，以保证水质数据分析结果的准确度。水质常规理化指标参考分析方法见表6-3。

表 6-3 水质指标的检测方法

分析项目	分析方法	参考标准
pH 值	玻璃电极法	GB 6920—1986
电导率	电导率仪法	SL 78—1994
透明度	黑白板法	SL 97—1994
地下水位	水位计法	SL 58—2014
温度	温度计法	GB/T 13195—1991
溶解氧	电化学探头法	GB/T 6920—1989
矿化度	重量法	SL/T 79—1994
氧化还原电位	玻璃电极法	SL 94—1994
化学需氧量	重铬酸钾法	GB/T 11914—1989
总氮	连续流动—盐酸萘乙二胺分光光度法	HJ 667—2013
铵态氮、硝态氮	纳氏比色法、酚二磺酸光度法	HJ 665—2013
叶绿素 a	分光光度法	HJ 897—2017
K^+、Na^+、Ca^{2+}、Mg^{2+}	电感耦合等离子发射光谱法	DZ/T 0064.12—1993
总磷	钼酸铵分光光度	HJ 670—2013
磷酸盐	钼酸铵分光光度	HJ 670—2013
总有机碳	燃烧氧化—非分散红外线吸收法	GB/T 13193—1991
硫酸盐	硫酸钡重量法	GB/T 11899—1989
氯化物	硝酸银滴定法	GE/T 11896—1989
BOD	稀释与接种法	HJ 505—2009
浊度	浊度仪	GB/T 13200—1991
悬浮物	重量法	GB/T 11901—1989
CO_3^{2-}、HCO_3^-	滴定法	DZ/T 0064.49—1993
Cl^-、SO_4^{2-}、NO_3^-、NO_2^-	离子色谱法	DZ/T 0064.51—1993
Na^+、K^+、Ca_2^+、Mg^{2+} Cu^{2+}、Zn^{2+}、Pb^{4+}、Cd^{2+}	原子吸收分光光度法	GB 11907—1989

注：水样过滤采用水样抽滤装置过滤。

2. 生物指标的调查和监测方法

1）植物类型、面积与分布调查

植被类型的野外调查，主要利用 GPS 定位，辅以罗盘仪和测绳的实际测量。将野外调查的结果输入电脑后，与同期航片判读所得的图形叠加，得到植被类型图，并进一步调查校正。具体操作步骤如下：①首先确定调查区域的边界，在其外围选取多个定位点，用 GPS 定位，将各点的地理坐标输入计算机。②确定植被类型的边界，以GPS 的绘图功能将其边界图形输入计算机。③将航片输入计算机，并加以矢量化，在矢量化前一般用 ERDAS 软件进行校正（具体操作可参考软件应用等方面的书籍或软件指南）。根据不同植被在图片上的不同颜色、斑块特征及形状，对校正后的矢量图进行判读，并应用 ArcView 软件进行图层区分。④以判读后航片图为基础，输入野外实际调查得出的植被类型边界轮廓，再结合野外补查进行校正、成图，并计算每种植被类型的面积。

2）植物群落特征指标监测

植物群落特征的监测指标包括植物种类组成、种群高度、种群盖度、种群宽度、第一性生产力生物量和物种物候期。

（1）植物种类组成。选取监测位点，即监测样地内随机抽取 5 个 1 m×1 m 样方，然后要准确鉴定并详细记录样方内所有植物的中文名和拉丁名，逐项填写《湿地植物群落样方调查表》（表 6-4）。对于不能当场鉴定的，应采集样方标本（或做好标记，以备在花果期进行鉴定）。然后按表中所列各项逐一测量记录。植物种鉴定可参考《中国植物志》（2004）、《中国高等植物图鉴》（1983）等。

表 6-4 湿地植物群落样方调查表

样 地 号： 　　调查日期： 年 月 日 　　调查人：
群落名称： 　　样地面积：
湿地名称： 　　湿地面积：
湿地地点 　省 　市（县）　北 　纬： 　　东 经：
地貌部位： 　　积水状况： 　　土 壤：
湿地环境、干扰状况： 　　海 拔： m

植物种名	拉丁学名	盖度（%）	高度（cm）		多度	层	层	密度
			平均	最高				

（2）种群高度。植物的生长高度，一般用实测或目测方法进行，以 cm 或 m 表示。植株高度的测量应以自然状态的高度为准，不要伸直。

（3）种群盖度。种群盖度指群落中某种植物遮盖地面的百分比。它反映植物（个体、种群、群落）在湿地上的生存空间，也反映湿地植物直接利用及影响环境的程度。植物种群的盖度一般有两种：投影盖度和基面积盖度。投影盖度可分为总盖度、层盖度和种盖度。种盖度是指某种植物植冠在一定地面所形成的覆盖面积占地表面积的比例；总盖度是全部植物植冠在一定地面所形成的覆盖面积占地表面积的比例；基面积盖度一般是对乔木种群而言，以胸高断面积的比表示。

（4）种群密度。种群密度是单位面积上某植物种的个体数目，通常用计数方法测定。按株数测定密度，有时会遇到困难，尤其不易分清根茎禾草的地上部分是属于一株还是多株。此时，可以把能数出来的独立植株作为一个单位，而密丛禾草则以丛为计算单位。丛和株并非等值，所以必须同它们的盖度结合起来才能获得较正确的判断。特殊的计数单位都应在样方调查表中加以注明。

（5）湿地植物群落第一性生产力生物量的测定。生物量由地上生物量（绿色生物量、立枯生物量、凋落物量）和地下生物量构成。各类生物量测定方法如下。

①绿色生物量与立枯生物量测定：在大多数植物萌发后 10~15 d 开始第一次测定，此后每隔一个月测定一次，样方面积为 1 m²，每期重复 5 个样方。将样方内物种分类记录株数，各自的密度按种分别装入袋子，按样方编号，带回实验室处理。样品带回室内后剔除前年的枯草，然后将绿色部分和立枯部分分开，分别称其鲜重后再装入纸袋，置于鼓风干燥箱内 80℃烘干至恒重，记录鲜重和干重（表 6-5）。

表 6-5　湿地植物群落地上生物量登记表

样地号：　　　　　　　样方面积：　　　　　　　调查日期：　　　　　　　调查者：
植物群落名称：　　　　群落总盖度：　　　　　　凋落物量（干重）：

种号	植物名	层	平均高（cm）		盖度（%）	密度（株）	物候期	鲜重（g）			干重（g）		
			生殖苗	叶层				绿色	立枯	合计	绿色	立枯	合计
1													
2、3…													

②凋落物的收集与测定：在第一次测定地上生物量的剪草样方中，用手将当年的凋落物捡起。在以后各期的样方内，仅收集前几次至今脱落的凋落物。将收集到的凋落物按样方分别装入袋内，编号带回实验室，清理泥沙和污物后置于鼓风干燥箱内烘干后称重，得出凋落物重。

③地下生物量的测定：地下生物量的测定与地上生物量同步，样方 50 cm × 50 cm，重复 5 次，取样深 50 cm，每 10 cm 为一层（表 6-6）。

表 6-6　湿地高等维管束植物群落地下生物量登记表

样方号：　　　　　　　样方面积：　　　　　　　调查日期：　　　　　　　调查人：

样方号	1				2、3…				均　值			
土层（cm）	鲜重（g）		干重（g）		鲜重（g）		干重（g）		鲜重（g）		干重（g）	
	活	死	活	死	活	死	活	死	活	死	活	死
0~10												
10~20												
20~30												
30~40												
40~50												
全剖面												

（6）物种物候期。物候期（物候相）是植物群落在不同季节（或不同年份）其外貌按一定顺序变化的过程，亦是湿地植物群落特征的一种表现。物种按季节性发生变化，这种季节性外貌就是物种的不同的物候学阶段，即物候期。每个物种的不同物候期，通常用不同符号表示："–"表示营养期（到开花前期）；表示花蕾期；"O"表示开花期；"C"表示花谢；"+"表示结果期（未成熟）；"#"表示种子成熟期；"∞"表示结实后营养期。

3）优势植物矿质元素含量与能值

优势植物矿质元素和能值含量测定是在作物收获期采样的，采样时要在采样区内选择足量有代表性的植株，为防止灰尘对测定植株的污染，先对备选植株进行去尘处理，用纯净水冲洗、刷擦，等植株晾干后再进行采样。采得的样品要尽快进行器官分割，防止养分转移。进行微量元素测定的样品，还要用 0.1%~0.3% 的去污剂溶液洗涤，操作必须迅速，不能浸泡，最后用蒸馏水冲洗。洗净擦净的植株样品要尽快放入鼓风干燥箱内烘干，先在 105℃ 的温度下进行 15~30 min 的杀青，然后降温至 65℃ 烘干；种子样品直接在 65℃ 烘干。烘干的样品按分析要求，经过粉碎过筛制成待测样品。进行微量元素测定的样品为防止金属器械的污染，用玛瑙研钵或不锈钢研具粉碎，并过尼龙筛。在样品制备过程中，所有的选定样品必须全部粉碎过筛，不能有任何残留。例如，南荻等植物的茎秆样品，取样量较大，茎秆又分茎、叶等不同部位，即便轧碎后也难于准确取样。为此，应尽可能使用粉碎机将所取茎秆样品全部粉碎，混合均匀后用分样器或采用四分法采集适量的分析样品进行测试。

4）物候观测

物候观测采用固定样地样方法，各物候期记录起止日期。不同的植物因其生物学特征不同，其物候期有很大差别。记录植物物候期时，可按不同植物类型加以区别（如多年生植物区别于 1~2 年生植物，乔木、灌木、草本三者间加以区别，禾本科区别于非禾本科植物等），分别予以观测记录。草本植物物候观测在固定样地内进行，原则上每周观测一次，并做好以下物候期的记录。

①萌动（芽）期：草本植物有地面芽越冬和地下芽越冬两种不同情况。当地面芽变绿色或地下芽出土时，为芽的萌动期。

②展叶期：10% 的叶展开时为开始展叶期，50% 的叶子展开时为展叶盛期。

③分蘖期：禾本科植物主茎基部（根颈处）开始萌出新的分枝时为分蘖期，10% 的植株出现分蘖为分蘖初期，50% 的植株出现分蘖为分蘖盛期。

④拔节期：禾本科植物基部第一节间开始伸长的时期为拔节期，10% 的植株出现拔节为拔节初期，50% 的植株出现拔节为拔节盛期。

⑤抽穗期：禾本科植物生殖枝出现的时期为抽穗期，10% 的植株出现抽穗为抽穗初期，50% 的植株出现抽穗为抽穗盛期。

⑥花序或花蕾出现期：非禾本科植物花序或花蕾开始出现的时期。

⑦开花期：10% 花瓣完全展开时为开花始期，50% 展开时为开花盛期。

⑧果实或种子成熟：果实或种子有 10% 变色为成熟开始期，50% 成熟时为全熟期。

⑨果实（或种子）脱落期：果实（或种子）开始脱落的时期。

⑩种子散布期：种子开始散布的时期。

⑪黄枯期：草本植物黄枯期以下部基生叶为准。下部基生叶有 10% 黄枯为开始黄枯期；达到 50% 黄枯时为普遍黄枯期；完全黄枯时为全部黄枯期。

5）土壤微生物生物量碳监测

在土壤监测长期采样地采集土壤监测样品。采集到的新鲜土壤样品立即去除植物残体、根系和可见的土壤动物等，然后迅速过筛（2~3 mm），或放在地温条件下（2~4℃）保存。如果土太湿无法过筛，进行晾干时，必须经常翻动土壤，避免局部风干导致微生物死亡。过筛的土壤样品调节土壤含水量至 40% 左右，在室温下于密闭装置中预培养 1 周，密闭容器中要放入两个 50 mL 的烧杯，分别加入水和 NaOH 稀溶液，以保持其湿度和吸收释放的 CO_2。预培养后的土壤应立即分析，若需要放置一段时间，在地温条件下（2~4℃）最多不要超过 10 d。

该测试所需仪器与工具包括培养箱、真空干燥器、真空泵、震荡机、冰柜、消煮炉、无乙醇氯仿、硫酸钾、重铬酸钾、邻菲罗啉指示剂、硫酸亚铁。测试操作步骤如下。

①熏蒸：称取相当于 20 g 干土重的湿土 3 份，放入 100 mL 烧杯中，放入同一干燥器，干燥器底部放少量的水以保持湿度，同时分别放入一个装有 50 mL NaOH 溶液和一个装有 50 mL 的无乙醇氯仿的烧杯，密封干燥器，用真空泵抽气至氯仿沸腾并保持至少 2 min。关闭干燥器阀门，在 25℃黑暗环境下放置 24 h。打开阀门，检查是否有空气流动的声音，若无声音则需要重新处理。当干燥器不漏气时，取出装有溶液的烧杯。用真空泵反复抽气，每次都要打开干燥器，以加快氯仿的去除，直至土壤无氯仿气味为止。

②浸提：熏蒸结束后，将土壤全部转移到 250 mL 的三角瓶，加入 40 mL 0.5 mol/L K_2SO_4 溶液，在振荡机上振荡 30 min（25℃，185 rev/min）过滤。熏蒸开始的同时，称取等量土壤 3 份，用 K_2SO_4 溶液浸提，同时做空白对照。浸提液应尽快测定，长时间保存需在 -15℃环境下。

③测定：吸取浸提液 10 mL 放入玻璃消煮管中，加入重铬酸钾标准溶液 5 mL、浓 H_2SO_4 5 mL，加入少量的抗爆物质，在 170~180℃磷酸浴上煮沸 10 min，冷却后用去离子水全部转移至 150 mL 三角瓶中，总体积为 10 mL 左右。加入 2 滴邻菲罗啉指示剂，用硫酸亚铁溶液滴定剩余的 $K_2Cr_2O_7$。土壤含水量测定方法参考《土壤水分测定方法》（NY/T 52—1987）。

有机碳（OC）的计算：

$$\omega(C) = \frac{E_C}{E_{EC}}$$

式中：$\omega(C)$——有机碳质量分数，mg/kg；

E_C——熏蒸土样有机碳量与未熏蒸土样有机碳量之差，mg/kg；

E_{EC}——氯仿熏蒸杀死的微生物体中的碳被浸提出来的比例，一般取 0.38。

6）浮游生物、底栖动物及微生物监测

该项监测所需采样设备包括采水器（颠倒采水器，卡盖式采水器）、拖网（规格见表 6-7）、采泥器（抓斗式采泥器、弹簧采泥器和大洋 –50 型采泥器）。抓斗式采泥器由两个可活动的瓢瓣构成，两瓣的张口面积为 0.1 m^2。两颗瓣顶部由一条铁链连接，当铁链被挂到钢丝绳末端的挂钩上时，两颗瓣成开放状态。采泥器一经触及底泥，挂钩即下垂与铁链脱钩。当采泥器上提时，通过挂钩对横梁的拉力，连接两颗瓣的钢丝绳拉紧，使两颗瓣闭合，将沉积物取出。弹簧采泥器主要靠弹簧作用使左右颚插入沉积物内取样。两瓣的张口面积为 0.1 m^2。操作时，把采泥器放在木制框架上，将负载板插入导管中，在负载板的下孔中插入铁销，上孔中插入一长铁杆，另外铁杆下方基架台放一块三角铁。然后，用铁杆将负载板撬起，左右挂分别钩住两颗瓣限动臂上的眼环，使弹簧被压缩受力。这时再把左右颚瓣臂向上推，使之与释放杆上的制动栓卡在一起，两颗瓣即成开放状态。当采泥器平稳地降至底泥时，由两个启动板的触底带动释放将导管周围的环托起，挂钩即脱落，在弹簧的作用下颚瓣插入底质内。此时，制动栓互相脱离。当钢丝绳上提时，两瓣闭台将沉积物取入。大洋–50 型采泥器结构基本与抓斗式采泥器相同，取样面积为 0.05 m^2。适于无动力设备的小船取样。

表 6-7　网具名称及规格

网具名称	网长（cm）	网口内径（cm）	网口面积（m^2）	孔宽近似值（mm）	适用对象
浅水 I 型浮游生物网	145	50	0.2	0.505~0.507	大型浮游生物
浅水 II 型浮游生物网	145	31.6	0.08	0.160~0.169	中、小型浮游生物
浅水 III 型浮游生物网	140	37	0.1	0.077	浮游植物

不同类型的生物样品采用不同的样品采集方法。

（1）浮游生物样品的采集。①浮游植物一般只调查水样，水样采集应按以下步骤进行：用颠倒采水器、卡盖式采水器或浅水 III 型浮游生物网，其使用方法及操作步骤与水质监测项目采样相同。采样层次视调查需要、计划规定和湿地水域实际水深而定。水样采集务必与水质项目的采水同步进行，所需水样量一般为 1 L。采样后，应及时在水样中加入 6~8 mL 碘液固定。②浮游动物使用拖网采样，样品采集应按以下步骤进行：分别用浅水 I、II 型浮游生物网自底至表垂直拖曳采集浮游生物；每次下网前应检查网具有否破损，发现破损应及时修补或更换网衣；检查网底管和流量计是否处于正常状态，并把流量计指针拨至零。放网入水，当网口贴近水面时，需调整计数器指针于零的位置；网具到达水底后可立即起网。把网升至适当高度，用冲水设备自上而下反复冲洗网衣外表面（切勿使冲洗水进入网口），使黏附于网上的标本集中于网底管内；将网收于船上，开启网底管活门，把标本装入标本瓶，再关闭网底管活门，用洗耳球吸水冲洗筛绢套，如此反复多次，直至残留标本全部收入标本瓶中。按样品体积的 5%，加入甲醛溶液进行固定。

浮游生物（包括浮游动物和浮游植物）计数时，须将标本置入计数框内，在显微镜下进行计数。常用计数框容量有 0.1 mL 和 1 mL 两种。计数前要将样品充分摇匀，然后用滴管在水样中部吸液移入计数框内。移入之前要将盖玻片斜盖在计数框上，样品按准确定量注入，在计数框中一边进样，另一边出气，这样可避免气泡产生。注满后把盖玻片移正。计数片子制成后，稍候几分钟，让浮游生物沉至框底，然后计数。不易下沉到框底的生物，则要另行计数，并加到总数之内。

进行藻类和原生动物的计数时，吸取 0.1 mL 样品注入 0.1 mL 计数框。在 10×40 倍或 8×40 倍显微镜下计数，藻类计数 100 个视野，原生动物全片计数。轮虫则取 1 mL 注入 1 mL 计数框内，在 10×8 倍显微镜下全片计数。以上各类均计数 2 片取其平均值。如 2 片计数结果个数相差 15% 以上，则进行第 3 片计数，取其中个数相近的两片平均值。把计数所得结果按下式换算成每升水中浮游植物的数量：

$$N = \frac{A}{A_c} \times \frac{V_W}{V} \times n$$

式中：N——1L 水中浮游植物的数量，个 /L；

$\quad A$——计数框面积，mm^2；

$\quad A_c$——计数面积，即视野面积 × 视野数或长条计数时长条长度 ×

$\qquad$ 参与计数的长条宽度 × 镜检的长条数，mm^2；

$\quad V_W$——1L 水样经沉淀浓缩后的样品体积，mL；

$\quad V$——计数框体积，mL；

$\quad n$——计数所得的浮游植物的个体数或细胞数，个。

按上述方法进行采样、浓缩、计数。A 为 400 mm^2，V_W 为 30 mL，V 为 0.1 mL，故 V_W/V=300。每升内某计数类群浮游动物个体数 N 可按下式计算：

$$N = \frac{n \times V_1}{V_2 \times V_3}$$

式中：n——计数所得个体数；

$\quad V_1$——浓缩样体积，mL；

$\quad V_2$——计数体积，mL；

$\quad V_3$——采样量，L。

每升原水样中浮游动物总数等于各类群个体数之和。

（2）底栖动物样品的采集。底栖动物样品使用采泥器进行采样，样品采集按以下步骤进行：将采泥器挂在挂钩上，拉紧钢丝绳，两颚瓣自动张开。将采泥器慢速放至水面，缓慢下降，入水后再快速下降。开始用慢速，离底后改用快中速，接近水面时，再用慢速，将采泥器放在预先准备好的白铁盘中。打开采泥器两颚瓣上方的活门，使土壤样落入盘中。将采到的沉积物样品移入漩涡分离器中，打开分流器的阀门进水，利用水流通过漩涡发生器搅动样品，浮选出密度小的生物，密度大的生物连同余渣沉底。从出水口溢出的水体和生物留到筛子上，将截留在筛网内的动物按形态大小及软硬程度分别拣入盛水的器皿中，然后按照类别或软硬分别装瓶，并注意勿使小动物遗漏。采泥标本全部采用 5% 的甲醛溶液固定保存。寡毛类在固定前先麻醉，将标本置于玻皿中，加少量水，加 75% 乙醇 1~2 滴，然后每隔 5~10 min 再加 1~2 滴直至个体完全麻醉，然后加 7% 甲醛溶液固定 24 h，再移入 75% 的乙醇溶液中保存；单纯的定量分析，可直接投入 7% 甲醛溶液固定；软体动物中的大型蚌固定前先在 50℃ 左右的热水中将其闷死，然后向内脏中注射 7% 甲醛溶液并投入该溶液中固定 24 h，再移入 75% 乙醇中保存；对小型螺蚌可直接投入 7% 甲醛溶液保存；水生昆虫一般直接投入 7% 甲醛溶液固定 24 h，再移入 75% 乙醇中保存。固定液体积应为动物样品体积的 10 倍以上。

底栖动物一般鉴定到科，在鉴定的基础上进行数量统计。用采泥器取样采的底栖动物，应该算出每平方米面积内个体的数量。生物重量测定通常采取湿重法，用天平分别称出属、种的重量，每个个体的重量和平均重量。

（3）微生物样品的采集。微生物样品的采集按以下步骤进行：采样容器通常采用以耐用玻璃制成的，带螺旋帽或磨口玻塞的 500 mL 广口瓶，也可用适当大小、广口的聚乙烯塑料瓶或聚丙烯耐热塑料瓶。要求在灭菌和样品存放期间，该材料不应产生和释放出抑制细菌生存能力或促进繁殖的化学物质。螺旋帽必须配以氯丁橡胶衬垫。采样瓶的洗涤一般可用加入洗涤剂的热水洗刷采样瓶，用清水冲洗干净，最后用蒸馏水冲洗 1~2 次。新的采样瓶必须彻底清洗，先用水和洗涤剂清洁尘埃和包装物质，再用铬酸和硫酸洗涤液洗涤，然后用稀硝酸溶液冲洗，以除去重金属或铬酸盐的残留物，最后用自来水冲洗干净，再用蒸馏水淋洗。对于聚乙烯容器，可先用约 1 mol/L 盐酸溶液清洗，再依次用稀硝酸溶液浸泡，蒸馏水冲洗干净。将洗涤干净的采样瓶盖好瓶塞（盖），用牛皮纸等防潮纸将瓶塞、瓶顶和瓶颈处包裹好，置干燥箱 160~170℃ 干热灭菌 2 h，或用高压蒸汽灭菌器，121℃经 15 min 灭菌。不能使用加热灭菌的塑料瓶则应浸泡在 0.5% 的过氧乙酸溶液中 10 min 或用环氧乙烷气体进行低温灭菌。聚丙烯耐热塑料瓶，可用 121℃高压蒸汽灭菌 15 min。采集加氯处理的水样时，余氯的存在会影响待测水样在采集时所指示的真正细菌含量，因此需经去氯处理。可在洗涤干净的样品瓶内，于灭菌前按 500 mL 采样瓶加入 0.3 mL 10%Na_2SO_3 溶液。然后盖好瓶盖（塞），采取上述的灭菌方法进行灭菌。当被测水样含有高浓度重金属时，则须在采样瓶内，于灭菌前加入螯合剂以减小金属毒性，采样点位置较远，需长距离运输的这类水样更为重要。可按 500 mL 采样瓶加入 1 mL 15% 的乙二胺四乙酸二钠（EDTA-Na_2）溶液。采集的水样，应迅速运往实验室进行细菌学检验。一般从取样到检验不宜超过 2 h，否则应使用 10℃以下的冷藏设备保存样品，但仍不得超过 6 h。实验室接到送检样品后，应将样品立即放入冰箱，并在 2 h 内进行检验。如果因路途遥远，送检时间超过 6 h 者，则应考虑现场检验或采用延迟培养法。

各类微生物的培养基配方如下。

①细菌总数：培养异养细菌采用牛肉膏蛋白胨培养基，稀释度为 104~108，37℃培养 24 h，重复数为 3，平板法计数。

②真菌：酵母菌采用马铃薯培养基，霉菌采用查氏培养基，稀释度分别为 103~106、102~105，25℃培养 5~7 d，重复数均为 3，平板法计数。

③放线菌：采用高氏淀粉培养基，稀释度为 101~104，25℃培养 7 d，重复数均为 3，平板法计数。

④聚磷菌：采用培养基为无水乙酸钠 5.0 g，KH_2PO_4 0.25 g，$MgSO_4 \cdot 7H_2O$ 0.5 g，$CaCl_2$ 0.2 g，（NH_4）$_2SO_4$ 2.0 g，微量元素 1 mL，蒸馏水 1 L，在 28℃，培养 2~3 d，重复数

3，平板法计数。

⑤亚硝化菌：采用改良斯蒂芬逊（Stephenson）培养基，多管发酵法培养基，稀释度为102~107，每个稀释度接种3管，培养温度为28℃，培养 10~14 d，MPN 法计数。

⑥反硝化菌：采用柠檬酸钠硝酸钾培养基，多管发酵法培养基，稀释度为103~109，重复数3，28℃培养14 d 后观察，MPN 法计数。

⑦硝化菌：采用如下的培养基，$NaNO_2$ 1.0 g，Na_2CO_3 1.0 g，NaH_2PO_4 0.25 g，$CaCO_3$ 1.0 g，K_2HPO_4 0.75 g，$MnSO_4 \cdot 4H_2O$ 0.01 g，$MgSO_4 \cdot 7H_2O$ 0.03 g，蒸馏水 1 L，pH7.2，在 121℃灭菌 30 min。稀释度为102~109，每个稀释度接种 3 管，培养温度为28℃，培养 10~14 d，MPN 法计数。

⑧氨化菌：采用的培养基配方为蛋白胨 10 g，$MgSO_4$ 0.5 g，K_2HPO_4 1 g，NaCl 0.5 g，$FeSO_4$ 0.001 g，微量元素液 1.0 mL（微量元素液：硼酸 0.5 g，钼酸钠 0.5 g 溶于 100 mL 蒸馏水中），蒸馏水 1 L，用 10% 碳酸钠调 pH 7.2~7.4，121℃灭菌 20 min。稀释度为102~109，每个稀释度接种 3 管，培养温度为28℃，培养 7~15 d，MPN 法计数。

微生物的培养及计数方法主要包括平板法和 MPN 法。①平板法：以无菌操作方法用 1 mL 灭菌吸管吸取充分混匀的水样或适宜浓度的稀释水样 1 mL，注入灭菌平皿中，倾注约 15 mL 已融化并冷却到 45℃左右的培养基，并立即旋摇平皿，使水样与培养基充分混匀。待琼脂冷却凝固后，翻转平皿，使底面向上，置于恒温箱内培养。培养之后，立即进行平皿菌落计数。计数必须暂缓进行，平皿需存放于 5~10℃ 冰箱内。在平皿菌落计数时，可用菌落计数器或放大镜检查，以防遗漏，在记下各平皿的菌落数后，应求出同稀释度的平均菌落数。在求同稀释度的平均数时，如果其中一个平皿有较大片状菌落生长时，则不宜采用，而应以无片状菌落生长的平皿作为该稀释度的菌数。若片状菌落不到平皿的 1/2，而其余 1/2 中菌落分布又很均匀，则可将此半皿计数后乘以 2 代表全皿菌落数，然后再求该稀释度的平均菌落数。对那些看来相似，距离相近但却不相触的菌落，只要它们之间的距离不小于最小菌落的直径，便应全部予以计数。那些紧密接触而外观（如形态或颜色）相异的菌落，也应该全部予以计数。微生物总数以每个平皿菌落的总数或平均数乘以稀释倍数而得出。② MPN 法：以无菌操作方法用 1 mL 灭菌吸管吸取充分混匀的水样或适宜浓度的稀释水样 1 mL 注入标有不同浓度梯度的试管中，使水样与培养基充分混匀，放入恒温箱培养。计数时，根据各种菌种的检查方法依次鉴定是否为阳性，以出现阳性结果的数目从 MPN 表中查得相应的 MPN 指数，从而计算各菌种的 MPN 值。

7）高等水生植物监测

该项监测所需采样设备为水草夹，规格见表 6-8。样品采集时，挺水植物、浮叶根生植物及沉水植物适用水草夹采样，样品采集按以下要求进行：将水草夹的铁夹完全打开，投入水中，到达水底后可关闭铁夹，匀速上拉；将水草夹收入船板之上，打开铁夹，去除枯死的枝叶及杂质，放入编号袋中。当浮叶根生植物中有个体较小的植物（如紫萍、满江红等）时，应用带柄手抄网进行采集，采集时，慢慢地将带柄手抄网斜插入自由漂浮植物群丛的下方，等待水面恢复平静之后，慢慢提起，待水滤完，去除枯死的枝、叶及杂质，将样品装入采集袋，编号。网具每次使用后要清理，可将网翻过来，用没有水生植物的湖水进行清洗。将每个样方内的全部植物鉴定到种，测量植物株高和称取株重，并记录。某植物单位面积数量为所有样方内的植株数量除以样方数目，再乘以植被面积即为该植物的植株总数量；某植物单位面积数量乘以株重即为该植物单位面积生物量。

表 6-8　水草夹规格

型　号	网口面积（m²）	外形尺寸（cm）（合拢时）	外形尺寸（cm）（展开时）	适用对象	适用范围（m）
CCYQ-2	0.2	70 × 45 × 65	90 × 45 × 50	挺水、浮叶、沉水植物	0.5~20

8）鱼类、鸟类、两栖类、爬行类及兽类指标监测

①鱼类采用专门的捕捞工具进行捕捞，全部鱼类鉴定到种，统计数量，并测定每尾鱼的体重和体长。②鸟类采用直接计数法，监测以步行为主，在比较开阔、生境均匀的大范围区域可借助汽车、船只进行调查，有条件的地方还可以开展航测；计数可以借助单筒或双筒望远镜进行，如果群体数量极大，或群体处于飞行、取食、行走等运动状态时，可以 5、10、20、50、100 等为计数单元来估计群体的数量；春秋候鸟迁徙情况的监测以种类调查为主，记录鸟类迁入的时间、高峰期、居留期、停歇时间、迁离时间以及主要停歇地。在群体密度很高或是难于进行直接技术的地区可以采用样方法，即通过随机取样来估计水鸟种群的数量。样方大小一般不小于 20 m × 20 m；同一监测区域的样方数量应不低于 8 个，记录方法同直接计数法。③两栖类、爬行类可采用野外调查、走访和利用近期的野生动物调查资料相结合的方法，记录到种和亚种；数量状况可用常见、可见、罕见 3 个等级进行估测。野外调查也可采用样方法。通过计数在设定的样方中所见到的动物实体，然后通过频度分析来推算动物种群数量的调查方法。其中样方尽可能设置为方形、圆形等规则几何图形，样方面积不小于 100 m × 100 m。④兽类：种群密度监测调查的基本方法是在种群分布范围内抽取若干小区组成随机样本，在每一小区内计数动物，然后以各小区的动物平均计数值作为种群密度估计量。大中型兽类调查多采用目击实体、足迹、粪便和其他痕迹等传统调查方法；小型兽类调查则多采用笼捕法、夹捕法和陷阱法；翼手类多采用网捕法。

3. 土壤指标监测方法

（1）土壤样品的采集。土壤样品根据《土壤环境监测技术规范》（HJ/T 166—2004）采集样品并保存。根据土壤监测指标的不同，采用不同的监测频率和土壤分层方法。土壤采样时，采样点的分布要尽量均匀，从总体上控制整个采样区，避免在堆过肥料的地点、田埂、沟边及特殊地形部位采样。每个采样点的取土深度及采样量应

一致，土样上层与下层的比例要相同。采样器应垂直于地面，入土至规定的深度。用取土铲取样应先铲出一个断面，再平行于断面下铲取土。混合土样以取 1 kg 左右为宜，如果采集的样品数量太多，可用四分法将多余的土壤弃去。采集水稻土或湖沼土等烂泥土样时，四分法难以应用，可将所采集的样品放入塑料盆中，用塑料棍将各样点的烂泥搅拌均匀后再取出所需数量的样品。采集的样品放入样品袋，用铅笔写好标签，内外各具一张，注明采样地点、日期、采样深度、土壤名称、编号及采样人等，同时做好采样记录。

（2）土壤样品的预处理。根据《土壤环境监测技术规范》（HJ/T 166—2004），样品需要经过风干、磨细、过筛、混匀等预处理。①风干：将采回来的土壤样均匀平铺入通风橱中，土层厚度不超过 1 cm。用不锈钢镊子将大的石块、砾石、植物根系等挑出。通风橱放置于干燥通风且人为干扰较少处。风干过程中需戴上聚乙烯手套定期翻晾土样，在风干过程中随时去除石块、植物残体等。②过筛：将风干后的土样通过全自动土样研磨机或研钵将土样磨碎，用 2 mm 孔径网筛过筛，将过筛后土样混匀后按四分法分成两份：一份用作物理分析，另一份用作化学分析；其中化学指标分析的土样需进步磨碎，过 1 mm 孔径网筛用于 pH 值和速效养分的测定。此外，利用四分法选取 1/4 土样用玛瑙研钵全部磨碎过 0.149 mm 孔径网筛用于全量养分的测定。③保存：一般样品用塑料瓶保存半年或 1 年，以备查核。样品瓶上标签须注明样号、采样地点、泥类名称、试验区号、深度、采样日期、筛孔等（表 6-9）。

表 6-9　土壤样品保存记录格式

序号	台站代码	序号	台站代码	序号	台站代码
1	采样地代码	8	植被类型	15	采集日期
2	采样地名称	9	样品名称	16	存储量
3	采样分区编码	10	样品代码	17	保存温度
4	采样分区特征	11	样品说明	18	保存容器
5	土壤类型	12	采样深度（cm）	19	采集人
6	母质	13	采样方法	20	负责人
7	剖面描述	14	前处理描述		

（3）检测方法。土壤指标检测方法及引用标准见表 6-10。

表 6-10　土壤指标的检测方法

分析项目	分析方法名称	分析方法引用标准
碱解氮	碱解——扩散法	LY/T 1228—2015
有效磷	碳酸氢钠浸提（1∶20）——钼锑抗比色法（中性、石灰性土）	LY/T 1232—2015
pH	水（去 CO_2）浸提（1∶2.5）——电位法	LY/T 1237—1999
缓效钾	稀硝酸浸提（1∶10）——原子吸收分光光度法	LY/T 1234—2015
全氮	燃烧——非分散红外线吸收法	HJ 501—2009
全钾	氢氧化钠碱熔——原子吸收分光光度计	NY/T 88—1988
全磷	氢氧化钠碱熔——钼锑抗比色分光光度法	NY/T 87—1988

（续）

分析项目	分析方法名称	分析方法引用标准
速效钾	乙酸铵交换（1∶10）——原子吸收分光光度法	LY/T 1234—2015
有机质	硫酸、重铬酸钾氧化（油浴）——滴定法	LY/T 1237—1999
交换性钙	EDTA—乙酸铵交换——等离子光谱法测定（中、酸性土）	LY/T 1245—1999
交换性钾	EDTA—乙酸铵交换——等离子光谱法测定（中、酸性土）	LY/T 1246—1999
交换性镁	EDTA—乙酸铵交换——等离子光谱法测定（中、酸性土）	LY/T 1245—1999
交换性钠	EDTA—乙酸铵交换——等离子光谱法测定（中、酸性土）	LY/T 1246—1999
容重	环刀法	NY/T 1121.4—2006
阳离子交换量	EDTA—乙酸铵交换、蒸馏——盐酸滴定法	LY/T 1253—1999
交换性盐基总量	加和法（交换性钙镁钾钠四项的加和）	
SiO_2	碳酸钠熔融——重量法	GB 7876—1987
Fe_2O_3	碳酸钠熔融——等离子光谱法	LY/T 1253—1999
MnO	碳酸钠熔融——等离子光谱法	LY/T 1253—1999
TiO_2	碳酸钠熔融——等离子光谱法	LY/T 1253—1999
Al_2O_3	碳酸钠熔融——等离子光谱法	LY/T 1253—1999
CaO	碳酸钠熔融——等离子光谱法	LY/T 1253—1999
MgO	碳酸钠熔融——等离子光谱法	LY/T 1253—1999
K_2O	碳酸钠熔融——等离子光谱法	LY/T 1253—1999
Na_2O	混合酸消煮——等离子光谱法	LY/T 1253—1999
P_2O_5	碳酸钠熔融——等离子光谱法	LY/T 1253—1999
土壤烧失量	灼烧减重法	LY/T 1253—1999
S	燃烧——非分散红外线吸收法	LY/T 1255—1999
B	碳酸钠熔融——等离子光谱法	土壤理化分析与剖面描述
Mo	碳酸钠熔融——等离子光谱法	土壤理化分析与剖面描述
Mn	碳酸钠熔融——等离子光谱法	土壤理化分析与剖面描述
Zn	碳酸钠熔融——等离子光谱法	土壤理化分析与剖面描述
Cu	碳酸钠熔融——等离子光谱法	土壤理化分析与剖面描述
Fe	混合酸消煮——原子吸收光谱法	土壤理化分析与剖面描述
Cd	混合酸消煮——等离子光谱法	土壤理化分析与剖面描述
Pb	混合酸消煮——等离子光谱法	土壤理化分析与剖面描述
Cr	混合酸消煮——等离子光谱法	土壤理化分析与剖面描述
Ni	混合酸消煮——等离子光谱法	土壤理化分析与剖面描述
Hg	混合酸消煮——氢化物发生原子荧光法	土壤理化分析与剖面描述
As	混合酸消煮——氢化物发生原子荧光法	土壤理化分析与剖面描述
Se	混合酸消煮——氢化物发生原子荧光法	土壤理化分析与剖面描述
硝态氮	氯化钾浸提（1∶2.5）——分光光度法	土壤理化分析与剖面描述
铵态氮	氯化钾浸提（1∶2.5）——分光光度法	土壤理化分析与剖面描述
有效锌	DTPA 浸提（1∶2）——等离子光谱法	LY/T 1261—1999
有效铜	DTPA 浸提（1∶2）——等离子光谱法	LY/T 1260—1999
有效硫	氯化钙溶液浸提（1∶5）——等离子体光谱法	
有效硼	沸水浸提（1∶2）——等离子光谱法	LY/T 1258—1999
机械组成	激光粒度仪	

4.气象指标观测方法

（1）气象观测场配置。气象观测场参照《地在面气象场规范化建设图册》（2015）进行建设（表6-11），大小为 25 m×25 m；场地保持平整，草高不超过20 cm，观测场外四周2 m范围内保持与观测场内下垫面一致，观测场设置独立避雷针，观测场四周有高度1.2 m的稀疏围栏。

表6-11　气象观测场内仪器的布置

仪　　器	要求和允许误差	基准部位
百叶箱通风干湿表	高度1.5 m ± 5 cm	感应部分中心
干湿球温度表	高度1.5 m ± 5 cm	感应部分中心
最高温度表	高度1.53 m ± 5 cm	感应部分中心
最低温度表	高度1.52 m ± 5 cm	感应部分中心
温度计	高度1.5 m ± 5 cm	感应部分中心
雨量器	高度70 cm ± 3 cm	口缘
虹吸雨量计	仪器自身高度	
遥测雨量计	仪器自身高度	
小型蒸发器	高度70 cm ± 3 cm	口缘
E-601型蒸发器	高度30 cm ± 1 cm	口缘
地面温度表和地面最高、最低温度表	感应部分和表身埋入土中1/2	感应部分中心
日照计（传感器）	高度以便于操作为准，纬度以本站为准 允许误差：± 0.5°，方位正北 ±5°	底座南北线
风速器（传感器）	安置在观测场高10~12 m处	风杯中心
风向器（传感器）	方位正南（北）±5°	方位指南（北）杆
水银气压表（定槽）	高度以便于操作为准	水银槽盒中线
水银气压表（动槽）	高度以便于操作为准	象牙针尖
气压计	高度以便于操作为准	

（2）气象观测要素。观测系统按照国家气象台站网络的监测项目和规范来设置，包括人工观测和自动观测两套指标。人工观测为每天8：00、14：00和20：00开始观测3次；自动观测采样维萨拉自动气象站系统，每5 min记录一组数据。①人工观测：气象要素包括天气状况、气压、风向、风速、定时温度、相对湿度、定时地表温度，3次/d（8：00、14：00、20：00）。最高温度、最低温度、水面蒸发、最高地表温度、最低地表温度，1次/d（20：00）；降雨总量：降雨时测，2次/d（8：00、20：00）；初雪、终雪、雪深、有降雪测，1次/d（20：00）；初霜、终霜，1次/年；日照时数，1次/d（日落）。②自动观测：气象要素包括气压、风向、风速、定时温度、最高温度、最低温度、相对湿度、降雨总量、降雨强度、定时地表温度、最高地表温度、最低地表温度、土壤温度（观测深度5 cm、10 cm、15 cm、20 cm、40 cm、60 cm、100 cm）。辐射参数：总辐射、光合有效辐射、反射辐射、净辐射紫外辐射（UV）、日照时数。

二、湿地生态系统评价技术与方法

（一）水质评价

1. 水污染指数法的评价原理

水污染指数法是一种计算简单、灵敏、快捷的水质评价方法，该方法的基本评价原理是利用单因子评价法的悲观评价原则来确定水体的综合水质类别。该方法可由WPI值直观地反映出主要的污染指标并判定出水质类别，也可对水质进行定量和定性分析，而且评价结果能反映出水质的时空性。根据水质类别和WPI值，利用内插法计算出各参评因子的WPI值，最后取最大的WPI值作为断面的WPI值（表6-12）。

表 6-12　水质类别与 WPI 值的对应表

水质类别	I 类	II 类	III 类	IV 类	V 类	劣 V 类
WPI 值范围	WPI ≤ 20	20< WPI ≤ 40	40< WPI ≤ 60	60< WPI ≤ 80	80<WPI ≤ 100	WPI>100

（1）当未超过 V 类水标准极限值时，对于一般指标的 WPI 值可按如下公式进行计算。

$$\text{WPI}(i) = \text{WPI}_l(i) + \frac{\text{WPI}_h(i) - \text{WPI}_l(i)}{C_h(i) - C_l(i)} \times [C(i) - C_l(i)]$$

式中：$C_l(i) < C(i) \leqslant C_h(i)$。

当 DO ≥ 7.5 mg/L 时，则取评分值 20 分；当 2 mg/L ≤ DO<7.5 mg/L 时，则按如下公式计算溶解氧的 WPI 值：

$$\text{WPI}(i) = \text{WPI}_l(i) + \frac{\text{WPI}_h(i) - \text{WPI}_l(i)}{C_l(i) - C_h(i)} \times [C_l(i) - C(i)]$$

（2）当超过 V 类水标准极限值时，对于一般指标的 WPI 值可按如下公式进行计算：

$$\text{WPI}(i) = 100 + \frac{C(i) - C_5(i)}{C_5(i)} \times 40$$

当 DO<2 mg/L 时，则根据公式计算溶解氧的 WPI 值：

$$\text{WPI}(\text{DO}) = 100 + \frac{2 - C(\text{DO})}{2} \times 40$$

（3）断面 WPI 值的确定。根据以下公式计算断面的 WPI 值。

$$\text{WPI} = \max[\text{WPI}(i)]$$

式中：$C(i)$——第 i 项指标的实测值；

$C_l(i)$——第 i 项指标所处类别标准的下限值；

$C_h(i)$——第 i 项指标所处类别标准的上限值；

$C_5(i)$——第 i 项指标在水质标准中 V 类水的标准浓度限值；

$\text{WPI}_l(i)$——第 i 项指标所处类别标准的下限值所对应的指数值；

$\text{WPI}_h(i)$——第 i 项指标所处类别标准的上限值所对应的指数值；

$\text{WPI}(i)$——第 i 项指标所对应的指数值。

此外，当《地表水环境质量标准》（GB 3838—2002）中两个水质等级的标准值相同时，则按低分数值区间插值计算。

2. 评价指标与评价标准的选取

评价选取溶解氧（DO）、化学需氧量（COD_{Cr}）、铵态氮（NH_4—N）、高锰酸钾指数（COD_{Mn}）、总磷（TP）、5 日生化需氧量（BOD_5）、总氮（TN）7 项水质指标作为评价因子，将《地表水环境质量标准》（GB 3838—2002）作为评价的评价标准，采用水污染指数评价法对恢复湿地入口、中间和出口 3 个监测断面的水质进行综合评价，确定各水质指标的 WPI 值及水质等级。

（二）土壤质量评价

1. 土壤质量评价的概念

土壤质量评价是指综合不同的土壤功能，包括保持生产力、维持环境质量和保证动物健康的属性，对这些属性进行时间尺度或空间尺度上的衡量。目前，并没有统一的土壤质量评价标准，由于不同的评价者目的不一样，侧重考察的土壤功能也不一样，决定了评价指标的差异。土壤质量评价也可以看作一种工具，用来评估管理对土壤的变化，连接与土地管理措施有关的现有资源（王博文等，2006）。

土壤质量评价本身并不能防止土壤环境的退化或者增加生产力，但是可以通过对土壤性质的研究，了解土壤质量的变化和管理措施对土壤质量的影响，从而为土壤质量的改善及可持续利用提供方法和依据。许多农场为让更多的人意识到环境和生产力的问题，已经通过建立质量标准和最好的管理措施条例来提高农田的环境质量。

2. 土壤质量评价的指标

土壤质量的好坏取决于土地利用方式、生态系统类型、地理位置、土壤类型等，土壤质量评价应由土壤质量指标来确定。选择土壤质量指标是因为它们与具体的土壤性质和土壤质量有着密切的关系。例如，有机质是一种广泛应用的指标，因为它提供了肥力、土壤结构、土壤稳定性、营养保持力等诸多性质的信息。相似地，植物指标诸如根的深度可以提供关于土壤密度和紧密度的信息。

（1）土壤质量评价指标的选取。土壤质量指标的选取应遵循一定的原则。土壤质量指标应当与生态系统过程有关联，结合考虑土壤性质和过程，易于被多数用户所接受，对管理和气候的变化敏感。综合考虑可以总结为以下几方面。①主导性原则：影响土壤质量的因素众多，应从这些因素中选取主要的、有代表性的物理、生物和化学性质，可以正确反映土壤的基本功能，避免使指标体系复杂化。②敏感性原则：选取的指标对土壤利用方式、气候和管理的变化有比较敏感的反映。③实用性原则：选取的指标应该容易定量测定，并为多数用户理解，不管是在田间还是实验室测定，具有较高的再现性和适宜的精度水平。④独立性原则：要求所选的指标间不能出现因果关系，避免重复评价。另外，土壤质量指标的选取与评价的目的有着直接的关系，不同的评价目的决定着不同的土壤功能，从而对应不同的评价指标。

Huffman 等（2000）从加拿大一定区域的农业生产和环境质量的关系出发，根据往年的农业普查数据和气候资料，选取了 6 个方面的指标，评价土壤恢复的趋势和风侵蚀、盐化的趋势。①土壤退化风险：包括水侵蚀、风侵蚀、盐化程度、耕作侵蚀、土壤结实度和有机质。②农田资源管理：包括土壤恢复和用地管理、输入管理。③水污染风险：包括氮、磷、农药。④温室气体平衡：包括 CH_4、CO_2、N_2O。⑤生物多样性变化：包括种类和环境。⑥输入利用效率：包括灌溉、化学物质和能量。

（2）土壤质量评价指标。土壤质量指标一般包括土壤物理、化学和生物性质 3 个方面的指标，反映了内在的土壤作用特征和可见的植物特征，可以用来监控引起土壤发生变化的管理措施。目前用于土壤质量评价的重金属指标较少，多数为物理指标和营养元素指标。①土壤物理指标：评价土壤质量的基本物理指标包括土壤质地和结构、土层和根系深度、土壤容重和渗透率、土壤含水量、团聚稳定性等。②土壤化学指标：评价土壤质量的基本化学指标包括有机碳、全氮、有效磷、交换性钾、pH 值、阳离子交换量（CEC）、电导率、Zn、Mo 等。③土壤生物指标：土壤生物学性质可以敏感地反映出土壤质量健康的变化，是土壤质量评价重要的指标，包括土壤上生长的植物、土壤动物和土壤微生物。

（3）土壤质量指标的评价方法。相关研究人员从影响土壤质量的可持续生产、环境质量、人和动物健康 3 种主要功能出发，提出了由六大因素构成的质量模型：

$$SQ = f（SQE1，SQE2，SQE3，SQE4，SQE5，SQE6）$$

式中：SQE1——食物的生产；

　　　SQE2——侵蚀度；

　　　SQE3——地下水质量；

　　　SQE4——地表水质量；

　　　SQE5——空气质量；

　　　SQE6——食物质量。

基于生态修复和环境保护的考虑，土壤质量评价体系应根据植物生长、生物分解和与大气、地下水之间的物质交换 3 种重要的功能，选取 pH 值、有效磷、有效钾、黏土含量作为生产力指标，有机碳、Pb、Cd、Cu、Ni、Zn 作为生物分解指标，植物中 Cd 含量作为人类活动下的可持续利用指标，潜在 P 流失量作为物质交换指标。通过对这些指标的分级来解释农业土壤的质量状态，为不同的土壤提供相对的比较。

（三）湿地生物多样性评价

1. 湿地生物多样性评价指标遴选原则

湿地生物多样性评价指标体系的构建是一个繁琐、复杂的过程，需要在科学性与可操作性之间找到平衡点，同时需要大量、长期的监测数据来支撑。参考和综合各方因素，湿地生物多样性评价指标的构建应遵循的原则有以下几条。①科学性原则：指标的选取应建立在对湿地所有生物物种充分认识、深入研究的基础上，选取的指标应能够反映湿地生物多样性的基本特征、现状及变化规律。②代表性原则：在指标的选取过程中，应选取最能直接反映湿地生物多样性本质特征的指标，筛除与主要特征关系不密切的从属指标，使指标体系具有较高的代表性。③简明性原则：评价指标并非越多越好，随着评价指标数量的增加，数据采集、加工和处理的工作量也成倍增长；指标过多还会造成指标含义的重叠，信息的冗余，给综合评价带来不便。因此，应甄选能够直接反映和影响生物多样性的首要因素，使生物多样性指标体系简单明了。④可操作性原则：指标的选取与划分要清晰明确，不仅可使专业技术人员能够快速掌握，还可使湿地规划者与管理者也能够熟练运用该指标体系进行评价。⑤实用性原则：指标选取是应考虑数据获取的难易、来源的可靠、易于计算等因素，使构建的指标体系具有较强的实用性（万本太等，2007）。

2. 湿地生物多样性评价体系的建立

根据湿地生物多样性评价指标的遴选原则及湿地生物多样性评价体系应具备的特征，选取生物多样性的内在价值和影响生物多样性的外部因素两个层面，共9个评价指标，构建湿地生物多样性的评价体系（张明祥等，2007）。

（1）生物多样性的内在价值指标。①物种多度（Sa）：物种的数量是反映一个地区物种多样性程度最直观、最便捷的指标。湿地是生物多样性最具丰富的生态系统之一，由于湿地生态系统中低等生物的数量巨大、种类繁多，一部分物种还没有被人类所认识，还有同物异名等问题的存在，因此，对湿地生态系统中所有生物的类群进行全面统计是十分困难的。据研究报道，生态系统中的各生物种类通过食物链联系起来，生态系统中的高等级生物与低等级生物的数量关系呈一定的比例关系，而且，人们已经较好地掌握了高等维管植物和高等动物物种及其种群，同时，高等生物也是在实际操作中最容易获得数据的种群。由于鸟类是湿地中主要的顶级消费者，与其他湿地脊椎动物相比，获取准确数据相对容易和准确。因此，本评价体系把高等植物和鸟类作为湿地生物多样性的评价指标。②物种相对丰度（Sra）：物种相对丰度是指评价区域类的物种数占所在生物地理区或行政省内物种总数的比例。本指标体系选用高等植物作为物种相对丰度的评价指标。③稀有物种（Rs）：指评价区域类高等维管植物和高等动物的稀有程度，Rs=R、动物 +Rs。具体评价指标的赋分标准见表6-13。

表 6-13　不同等级的湿地稀有物种的赋值标准

动物稀有等级	赋分	植物稀有等级	赋分
CIETS 附录物种	60	国家 I 级保护植物	40
国家 I 级保护动物	50	国家 II 级保护植物	30
国家 II 级保护动物	40	国家 III 级保护植物	20
区域重点保护动物	30	区域重点保护植物	10
国家"三有"保护动物 *	20		

注：* 国家"三有"保护动物，即国家保护的有重要生态、科学、社会价值的陆生野生动物。

④群系多度（Fa）：植物群系是一定数量的相同建群种和共建群的联合，其数量的多少在一定程度上反映了植物群系层面的多样性。⑤保护地类型（Par）：保护地类型根据国际重要湿地、国家级湿地自然保护区、国家重要湿地、省级湿地自然保护区、国际湿地公园的不同类型分别进行赋分。⑥湿地类型数量（Wt）：根据《湿地公约》和我国湿地资源的现状，将我国湿地分为湖泊湿地、沼泽湿地、河流湿地、滨海湿地和

人工湿地 5 大类型。湿地类型越多，湿地的生境就越丰富，对应的湿地生物多样性也就越高。评价区域内仅有湖泊湿地、沼泽湿地、河流湿地、滨海湿地中的一种类型，分值为 30，每增加一种类型加 20 分；人工湿地分值为 10，具体计算方法如下：

$$W_t = 30i + 20j + 10k$$

式中：i，$k = \{0, 1\}$；

$j = \{0, 1, 2, 3\}$，如果 $i = 0$，则 $j = 0$。

（2）生物多样性的外部因素指标。①外来物种入侵（Ias）：指评价区域内外来入侵生物种的数目与该区域内高等动植物数目的比值。外来物种的侵入对湿地生态系统的结构、功能及生态环境产生严重的干扰与危害。②植被破坏程度（Vde）：指评价区域内受破坏植被的面积与评价区面积的百分比。③保护意识与管理水平（PM）：指评价湿地区域内人们的环境保护意识以及相关管理部门或机构的管理水平，具体赋分标准见表 6-14。

表 6-14 评价区湿地保护意识与管理水平赋分标准

动物稀有等级	赋分	动物稀有等级	赋分
CIETS 附录物种	60	区域重点保护动物	30
国家 I 级保护动物	50	国家"三有"动物	20
国家 II 级保护动物	40		

3. 湿地生物多样性评价方法

（1）分析方法。为保证以上湿地生物多样性的 9 个评价指标能称为一个系统，可采用层次分析法构建湿地生物多样性的评价体系，体系分为目标层、准则层和指标层（表 6-15）。

（2）权重设置。通过专家咨询、打分法来确定各指标层的权重，并根据各指标的评价因子进行赋值，各项指标具体权重值见表 6-15。

表 6-15 湿地生物多样性评价指标体系

目标层	准则层	准则层权重	指标层	指标层权重
湿地生物多样评价	内在价值	0.79	物种多度	0.15
			物种相对丰度	0.11
			稀有物种	0.11
			群系多度	0.14
			湿地类型	0.16
			保护地类型	0.12
	外部因素	0.21	外来入侵种	0.05
			植被迫害程度	0.09
			保护意识与管理水平	0.07

（3）指标量化标准。湿地生物多样性评价指标体系中的各指标采用具体分值进行赋分，具体标准见表 6-16。

表 6-16 湿地生物多样性各指标赋分标准

指标层	量化指标	100 分	80 分	60 分	40 分	20 分
物种多度	维管植物数量	≥500	（400，499）	（250，399）	（100，250）	<100
	鸟类数量	≥200	（150，199）	（100，149）	（50，99）	<50
物种相对丰度	维管植物比例	≥40%	（30%，40%）	（20%，30%）	（10%，20%）	<10%
稀有物种	物种等级					
群系多度	群系数量	≥25	（20，25）	（15，20）	（7，15）	<7
湿地类型	湿地类型数目					
保护地类型	湿地重要级别	国际重要湿地	国家级自然保护区	国家重要湿地	省级自然保护区	国家级湿地公园
外来物种入侵	外来入侵物种比例	≤0.5%	（0.5%，1%）	（1%，3%）	（3%，8%）	>8%
植被破坏程度	区域内植被破坏比例	<5%	（5%，10%）	（10%，15%）	（10%，20%）	≥20%
保护意识与管理水平	湿地保护、管理水平					

注：物种多度的得分为"维管植物数量"和"鸟类"两者得分的平均值。

（4）评价方法。湿地生物多样性指标（WBI）评价的计算方法为所有指标分值乘以其权重之和，具体方法如下：

$$WBI = \sum_{n=1}^{9} B_i \times W_i$$

式中：WBI——湿地生物多样性指标评价结果；

B_i——第 i 中指标具体分值；

W_i——第 i 种指标对应的权重。

（5）评价等级划分。根据评价方法计算结果，将湿地生物多样性等级划分为 7 级：生物多样性极丰富（91~100 分），生物多样性丰富（81~90 分），生物多样性较丰富（66~80 分），生物多样性一般（46~65 分），生物多样性较贫乏（30~45 分），生物多样性贫乏（21~30 分），生物多样性极贫乏（21 分以下）。

（四）湿地退化面积评价

湿地面积退化以退化率来表示，即减少的面积占原始面积的百分比，计算公式为：

$$e = \frac{S - S'}{S} \times 100\%$$

式中：e——湿地退化率；

S——湿地原始面积；

S'——湿地现有面积。

（五）植被现状与趋势评价

植被现状与趋势的评价主要涉及植被面积变化趋势、植被利用和破坏情况、植物种类数量变化趋势、有无外来物种分布等方面。

（六）湿地生态综合评价

湿地生态综合评价采用综合指数法，选取多样性、代表性、稀有性、自然性、适宜性和生存威胁6项标准作为一级标准，并各自分解成多层次的下一级指标，构成湿地生态综合评价的指标体系（表6-17）。由多位相关学科领域的专家直接对指标的权重进行评分，然后统计平均值和均方差综合各位专家的意见，再将统计结果反馈给各位专家进行咨询，最后确定各指标的权重（吕宪国，2004）。

表 6-17　湿地生态综合评价指标

一级指标	二级指标	三级指标	一级指标	二级指标	三级指标
代表性	—	—	稀有性	物种濒危程度	—
				物种地区分布情况	—
多样性	物种多样性	—		生境稀有性	—
	生境多样性	—			
自然性	—	—	生存威胁	稳定性	物种生活力
					种群稳定性
适宜性	面积适应性	—			生态系统稳定性
	植被覆盖度	—		人类威胁	直接威胁
	水质条件	—			间接威胁
	水体盐度	—			

湿地生态综合评价以100分为满分，对每个子体系中最低一级的评价指标进行分级化处理并赋值标准，然后可以根据湿地生态的实际监测和调查结果对照赋值标准逐项打分，将各级评价指标所得分数累加，即得到湿地生态评价总分。根据总分的高低，将湿地生态划分为5个级别（表6-18）。对应表中分值确定湿地生态的级别与生态水平。

表 6-18　湿地生态综合水平级别

序号	分值	级别	生态水平
1	85~100	I	很好
2	70~85	II	较好
3	50~70	III	一般
4	35~50	IV	较差
5	0~35	V	很差

三、湿地生态系统管理

（一）湿地生态系统管理的概念

湿地作为水陆相互作用形成的特殊生态系统，具有多重功能和效益。单独片面地强调某一种功能，只会忽略和降低其他功能的作用。湿地生态系统管理应根据湿地的生态位，发挥湿地在区域或生态系统中的生物多样性保育、水文涵养、调蓄供水、水质净化和物质能量循环中的作用，最大限度地发挥其所有功能。为避免将较高资源效益和环境资本用于低价值的产品生产，必须对湿地生态系统开展有效的管理和综合评估（徐慧博等，2018）。

湿地生态系统管理是根据湿地生态系统的特征和对外部干扰的响应进行调控，最终实现系统最优的过程。湿地生态系统管理是为了达到预定保护和利用目的而组织和利用各种资源的过程。在统一规划的基础上，运用技术、经济、法律、行政、教育等手段，限制自然和人为损害湿地质量的活动，达到既满足人类经济发展对湿地资源的需求，又不超过湿地生态系统的功能阈值的目的。湿地保护和湿地管理的对象是维护湿地生态系统平衡，因此，必须遵循生态学原则，了解湿地生态平衡机制，以生态学经济原理为指导。否则，湿地生态系统保护和管理工作就失去了理论基础，湿地环境就不能从根本上得到有效保护，人与自然的关系就不能和谐，经济与社会不能可持续发展。

（二）湿地生态系统管理的生态学原理

湿地生态系统内各组分之间有着相互联系、相互制约、相互依存的复杂关系。改变其中的某一部分，必然会对系统内部的其他组成部分产生影响，破坏系统完整性。这些影响有些是直接的，有些是间接的；有些是立即显露出来的，有些则需要等待很长一段时间才会显露。在湿地保护和管理过程中，必须充分了解湿地生态系统各要素间的关系，根据湿地各要素之间的物质、能量和信息联系，有目的地调控各要素间的物质转化，保持生态系统安全稳定。

1. 相生相克原理

在湿地生态系统中，每一种生物都占据一定的生态位，具有特定的功能。各生物种之间相互依赖、彼此制约、协同进化。被捕食者为捕食者所控制，并为其提供食物。同时，捕食者又受制于被捕食者，彼此相生相克，使整个生态系统成为协调的整体。当生态系统引进其他生态系统的物种时，往往会由于该系统缺乏能控制它的物种，或该物种生存竞争能力过强，使该物种种群爆发起来，从而造成灾害。沿海滩涂引种大米草后，由于大米草生命力极强，植物高大，养分摄取量大，很快就形成优势群落，致使原生物种竞争不过大米草而从生境中消失。许多昆虫在原生境是无害的，但它们一旦入侵或被无意引入到一个新的生态系统中，就往往会成为害虫。从一个大系统中清除某一物种，也会对该系统造成影响。

2. 能流、物流原理

在湿地生态系统中，能量在不断地流动，物质在不停地循环。但是，在自然湿地生态系统中，能量只能通过一次。当它沿食物链转移时，每经过一个级位或层次，就有一大部分转化为热而逸散到外界，无法再回收利用。因此，为了充分利用能量，必须设计出能量利用率高的系统。例如，在湿地生态系统中设计出农业资源多级利用系统，以提高能量的利用效率。

物质与能量不同，它在湿地生态系统反复地进行循环，其中有些还会通过食物链在生物体内发生富集。如果这些物质是有毒物质，最终将会对人类造成直接或间接危害。因此，必须控制进入环境中的有毒物质的量以及寻求和发现它们进入环境的地点、渠道以及迁移、转化规律，以便加以有效地控制。

3. 负载限额原理

任何生态系统的生物生产力都有一定的限度，它是由物种自身的特点及可供它利用的资源和能量决定的。每一个生态系统对任何外来干扰都有一定的忍耐极限，当外来干扰超过此极限时，就会使湿地生态系统失去维持平衡稳定的能力，引起质量上的衰退，系统的结构和功能就会受到损失、破坏以至瓦解。因此，人类对湿地环境资源的开发利用，必须维持自然资源的再生功能和环境质量的恢复能力，不允许超过湿地生态系统的承载能力或容许极限。在进行湿地管理时，应根据限额原理，对湿地系统中各因素的功能限度——环境容量，进行慎重分析，采取相应管理对策。湿地牧业的放牧强度不应超过湿地草场的承载量。捕鱼狩猎、采集药材不应超过能使该种资源永续利用的产量；保护某一物种时，必须要使其保有足够它生存、繁殖的空间；排放各种污染物时，必须使排污量不超过湿地环境的自净能力。

4. 协调稳定原理

湿地生态系统稳定性的机制主要是由其结构和功能的协调、物质输入输出的平衡决定的。在湿地发生演化过程中，随着物种的多样性增大，连结各物种的食物链增多，系统的稳定性亦相应增加。所以，对于某一湿地来说，该湿地的物种资源种类越多，抵抗外来干扰的能力便越强。因此，稳定的湿地生态系统都是结构复杂的系统。生物资源具有再生的特点，要使生物资源得到再生，一方面要保持一定水平的生物生产力，另一方面要使湿地环境中的物种储备有支有收，保持需要和供给的平衡。除此之外，环境条件的质量和适宜的群体结构，也是生态系统协调稳定的条件。充分利用生物群体的自我稀疏与生物之间的制约关系，保持不同种属的相对数量平衡，适时采收利用，以保证生态系统各部分的协调和稳定。我们再开发利用湿地资源时，应特别注意保持生态系统中各物种的合理结构，以维持自然机制的正常运行，确保系统稳定，防止因过度利用导致资源枯竭、系统瓦解。

5. 时空有宜原理

由于不同地区的湿地所处的自然条件、人类活动方式与强度、经济发展水平的差异存在着明显的区域性差异，每一块湿地都有其特定的自然和社会经济条件组合，构成独特的地域湿地生态系统。同时，湿地生态系统也随时间发生变化，任何湿地都处于一定的发展阶段中，在保护和管理湿地过程中，都必须根据当地的社会经济条件，研究湿地资源的功能和时空分布特征，采取相应的管理对策。当湿地某动物物种的种群数量过大时，则应根据密度过大将会发生自然稀疏原理有计划地猎取一部分，使该物种与所需资源相协调，保持物种的生活力；反之，当某物种种群很小或正处于生育期时，就不应该狩猎，促进其种群的繁衍，防止物种灭绝。另外，湿地是上下游相互联系的整体，上游的破坏会对下游产生负面影响，上游的水分状况会影响下游的湿地健康。湿地的管理要具有宏观的整体观念和长时间序列的时间观念。在特定区域，特定时期的湿地生态系统采取行动时，必须遵循因时因地制宜的原则。

6. 限制因子原理

在众多生态因子中，任何接近或超过某种生物的耐受极限的因子都会成为限制因子。确定对湿地环境和保护生物有限制作用的因子，集中力量加以解决，就可能有效地改变湿地环境及其资源受威胁的状况。要保护湿地中的白鹤，就要分析温度、水位、食物、天敌和人类活动干扰等因子对白鹤生活的影响。如果确定冬季食物是白鹤种群的限制因子，就可以在冬季湖滩上补充投放饲料，以提高白鹤的食物供应量，保证白鹤的正常越冬。在进行湿地保护时，也要从所有影响湿地生态功能的因子中找出限制因子，例如，水源短缺是制约许多湿地效益的一个重要限制因子，那么就要投入相当的财力、人力、物力去开源节流，补充必要的水分。

7. 生态位原理

生态位是指生物所占据的多维生态因子空间以及生物所起的生态作用。每一种生物都有其理想的生态位和现实生态位。理想生态位与现实生态位之差称为生态位势。生态位势的存在，驱动着湿地的扩张，物种、能量、物质、信息的流动，影响着湿地生态环境的变化。为了获取更高的经济效益，人类在不断地开拓和占领一切可利用的空余地、劳力、资金、技术、物质等。湿地生态系统是开放式的生态系统，对外界环境的变化比较敏感，需要及时开拓新的生态位，否则，系统将衰落退化，生态环境将难以得到更好的改善。

（三）湿地生态系统管理的经济学原理

湿地作为全球三大生态系统之一，随着全球经济的快速发展，湿地生态系统遭到破坏，湿地退化严重。近 30 年来，我国湿地自然保护区湿地面积总体呈下降趋势，湿地退化面积 8152.47 km^2（宋园园等，2013），占我国湿地总净退化面积的 9%。人们已经认识到湿地退化对人类生存的威胁，在发展经济的同时开始重视对湿地资源的保护及持续利用的研究。国内外众多学者从不同视角、不同学科开展了大量湿地资源保护的技术性研究。此外，湿地生态系统环境效应评估，湿地保护政策及湿地生态补偿机制研究等成为目前湿地研究的热点。但随着社会、经济的发展以及人口的急剧增加，湿地不合理开发利用现象日益严重，湿地退化、环境容量下降、生物多样性减少甚至消失，环境污染加剧等环境问题越来越突出等，湿地生态安全处于严重的威胁之中。湿地退化的主要是由人类社会经济活动引起的，湿地资源保护的目的，同样是为了可持续利用（王昌海等，2012）。如何利用经济学原理分析湿地资源保护的动机、评价其保护的成本效益，是湿地生态经济学研究的一个方向，从生态经济角度分析生态保护有助于进一步了解湿地资源恢复过程中的主要问题，为湿地管理和决策制定提供理论参考。

湿地资源的存在不是孤立的，而是具有自然和社会两个方面属性，它既涉及生态系统中生物多样性之间的关系，也涉及人与自然的关系。可见，研究生态系统所依据的经济学理论也是多样的，主要有外部性理论、公共物品理论、成本收益分析法以及边际分析法等。

1. 湿地资源保护的经济学本质

湿地资源是人类生产和生活的物质基础。它除了具有自然属性，更为重要的是还具有经济属性，主要包括湿地资源的权属、外部性。如忽略湿地资源的经济属性，将会导致严重的生态事件，鄱阳湖因禁渔制度失灵所面临的生态威胁，黄河流域管理体制的缺失导致黄河断流形势越来越严峻。湿地资源同其他公共自然资源一样都具有其经济属性，主要包括：

（1）湿地资源产权的多样性。湿地资源组成的多样性决定了湿地资源产权的多样性。湿地资源的土地资源，可分为公共湿地土地资源和个人使用的湿地土地资源。由于湿地水资源和生物资源的流动性和不固定性，个人和集体都能使用，具有明显的公共产权特征。根据我国自然资源管理相关法律的规定，湿地资源的所有权属于国家，湿地使用者只有使用权和处置权，但湿地陆地部分具有土地概念，它的所有权既可以属于国家，也可以属于农民集体，使用者可拥有所有权和使用权。

（2）湿地资源利用的低成本高收益性。由于湿地独特的资源特性，能为人们带来较高的经济效益，如湿地水域渔业养殖、观光旅游等。

（3）湿地资源具有较强的外部不经济性。湿地资源的外部不经济性，主要表现在市场失灵和"搭便车"行为。由于湿地资源的外部性不经济，社会成员对湿地资源的消费没有负担个人应该承担的成本。因此，湿地资源的外部不经济性客观上需要政府的干预或制定规则，实质就是将外部效应的边际成本进行定价，规制个人或者个人成本，从而调整个人的生产或者消费数量。

2. 湿地资源供给与需求分析

湿地资源是发展经济的物质基础，开发利用湿地资源会产生经济效益，同时可提高人类的生存能力和福利水平。湿地生态服务功能是湿地的自然属性，湿地的存在，必然会产生生态服务价值。但随着社会经济的快速发展及人口的增长，湿地生态服务功能呈退化趋势，虽然采取各种保护措施，总体来看湿地资源生态服务功能依然在退化，导致湿地生态服务功能供给不足。

外部效应是经济行为主体的个体经济行为的外在影响，表现为个人成本与社会成本、个人收益与社会收益的不一致性。经济学认为，由于外部性的存在会导致资源配置的效率低下。通常情况下，正外部性会导致湿地资源保护中社会收益大于个人收益，而负外部性会导致个人收益大于社会收益。

湿地资源具有非排他性，很多时候会造成个人的索取行为，每个人都想无偿利用湿地资源以获取一定的收益，但由此行为造成的污染或者其他生态破坏行为的成本由其他人来承担，造成个人成本小于社会成本，社会成员对湿地资源的竞争性利用甚至过度使用。

（四）湿地生态系统可持续管理策略

在资源有限的前提下，人类生存环境的保护和经济发展之间存在短期矛盾。但从长期效益看，环境与发展之间不一定是矛盾的。环境改善可以有助于经济发展，经济发展则为环境保护提供资金和技术。人类必须在经济发展和环境保护之间做出选择。其环境状况随着经济发展，经历先破坏再治理的过程，不仅以后的环境治理成本巨大，而且很难恢复到发展前的水平。因此，我国必须接受发达国家环境保护的经验教训，坚持发展与环境保护并重的方针，走可持续发展之路。

1. 湿地资源最优配置

物质利益和人口快速增长对资源的巨大需求决定人类不能把物质生产的负面效应降低到零。为了生存，人们必须有饭吃，必须生产；而要改善生活，就必须增加生产，加速发展。在一定技术条件下，一定的生产会带来一定的污染，增加生产就会增加污染。因此，在物质利用和污染之间，人们必须进行选择。不同的资源配置方案，会产生不同的成本效益。在对若干种资源配置方案进行选择时，如果某一资源配置方案使资源使用的净效益最大，这种配置就满足了最优配置标准，达到生产力最高而污染最小的目的。

如果根据不同价格下消费者愿意购买的某一湿地产品和湿地环境服务的数量，做出需求曲线，可以看出，价格越高，消费者愿意购买的数量越少，那么，价格与产品数量的乘积就是消费者愿意支付的货币量，也就是湿地产品的效益价值。对不同数量的需求曲线进行积分，就获得了湿地产品的总效益。

湿地资源或服务的利用也有成本。资源和环境一般具有不同用途和服务。有时这些用途和服务是不能兼顾的，由此产生了机会成本。当生产量提高时，机会成本也随之提高，构成了供给曲线。不同产量下供给曲线的积分称为总成本，即供给曲线下的面积。湿地资源最优配置的目的是寻找最有效的资源配置方式，即总效益扣除总成本后净效益最大。湿地中的资源许多是可再生资源，如渔业资源、湿地植物资源等。可再生是否意味着取之不尽，用之不竭呢，如果就这么理解就过于简单了。在实践过程中，可再生资源如果管理不善，采用不可持续的方式管理也会导致资源枯竭，就像一个只放水出去但不补充水源的池子，池子再大水也会流光。

2. 湿地管理的规划和控制

管理是对既定管理目标进行规划和控制的过程。湿地管理首先必须详细研究被管湿地的性状、价值、影响因素和物质条件，制定管理方案和规划，然后运用物质、资金、技术、法律、教育等手段，引导和控制管理对象朝既定管理目标发展。因此，可持续的湿地管理包括以下几个方面。

（1）湿地管理的规划。规划是湿地管理的主要职能之一。湿地规划应该成为现代国民经济和社会发展规划的有机组成部分，与工农业发展、能源开发利用、环境建设等各部分密切联系在一起。湿地规划是管理人员对未来进行预测和选择行动方案的过程，其基本任务是通过计划的编制，建立明确的管理目标，提出解决问题的措施，防止湿地的退化和功能的丧失，使湿地的资源和环境得以永续利用。

湿地管理规划的编制应遵循湿地管理生态学原理，它包括生态平衡原理、相生相克原理、能流物流原理、负载限额原理等。湿地管理规划的主要内容有以下方面。

①湿地资源环境的调查、编目和评价：对各级政府湿地主管部门来讲，主要通过

专业队伍周密细致调查评估和编目，摸清规划对象的现状以及与外部自然环境、经济环境的关系，了解湿地利用与管理历史，以便为确定管理目标提供依据。其内容包括环境特征、土地利用现状、水资源、生物资源、污染源、湿地资源环境破坏现状与潜在威胁、湿地效益评估、湿地环境质量评估、湿地保护投资，措施现状与生态经济评估、湿地管理现状等。

②目标导向预测：目标导向预测即预测湿地资源、环境的发展趋势和保护管理的可能成就。具体包括：预测能耗、水耗增加、土地利用改变、资源开发的规模和速度、供求矛盾及对湿地的影响等；预测生物资源的种类、数量变化；预测湿地水文、生物地球化学循环的变化趋势；预测污染类型和量的增长对湿地的影响；预测开发活动对湿地资源环境的影响和破坏，湿地退化和生态失调；预测湿地资源、环境破坏和污染所造成的经济损失，保护资源的贬值和人体健康的损害等。在上述目标预测的基础上，进行目标决策，确定适宜的湿地资源和环境保护利用目标。

③拟订方案：根据规模目标、预测结果和现实条件，拟订实现目标的不同备选方案。根据管理目标和湿地受威胁状况，进行比较分析，测算出主要威胁因子的削减目标，然后再分上下游、不同部门、不同企业的控制目标。与此同时，制订防止湿地退化和丧失的工程规划和科学技术研究规划。根据湿地资源环境管理中存在的问题，结合湿地科学的发展，列出湿地科学的攻关项目，以及实施湿地管理所需的人力、物力和财力，并制定相应的政策。系统分析、择优决策，根据经济、社会和环境协调发展和环境保护与经济建设同步发展的原则，近期与远期全面考虑，全局与局部兼顾，经济效益与保护环境并重，选择最优方案，以保证经济发展与湿地保护工作的全面发展。

（2）湿地管理的控制。湿地管理的源头控制除湿地管理评价和规划之外，主要是湿地保护和管理的法律法规的制定与湿地项目的严格审批。法律法规建设在湿地保护和开发项目管理中具有特殊重要意义。湿地处于水陆交错地带，决定了湿地管理是跨地区、跨部门、跨行业的管理，容易造成管理界线不清，责任不明的问题。随着可利用资源的稀缺化，湿地引起众多政府机构和开发商的关注。湿地问题渗透到政府、企业和地方利益的方方面面。我国政府虽然十分重视湿地的保护，先后制定了许多有关环境保护的法律法规，把湿地保护和合理利用列入优先项目，并提出了"绿水青山就是金山银山"的理论，但面对湿地这种复杂的新生保护对象，现有的法律法规不可能完全覆盖出现的问题，有些涉及湿地的法律条文之间还有相互矛盾之处。目前湿地保护中确实存在着无法可依，执法不严的问题。制定有关部门湿地保护的法律法规不仅是非常紧迫，对从源头上控制湿地破坏和退化，改善保护现状也有重要意义。

湿地资源环境的类型、价值、特征等问题都是湿地保护和开发审批的依据。好的湿地保护和开发项目对湿地资源环境起到很好的促进作用，而没经过科学论证和严格审批的湿地开发项目会对湿地和环境产生严重的生态和经济后果。理想的湿地项目审批应以经过深入研究和论证的项目标准为基础，逐条签证，如有不符合要求，又无法弥补和替代，就必须坚决制止项目的上马。

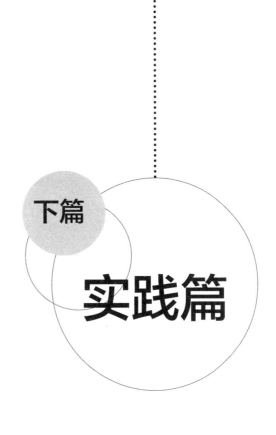

下篇

实践篇

本篇包括第七章至第十一章，以洞庭湖流域湿地为例，分析所存在的问题及面临的困难，并通过案例研究，介绍湖泊湿地、河流湿地、沼泽湿地和人工湿地的生态修复模式，以期为正在和将要进行的湿地生态修复实践提供参考。

第七章

洞庭湖流域湿地
退化现状与生态修复模式

一、洞庭湖流域湿地分布概况

洞庭湖流域的湿地面积在湖南省分布达 $99.43 \times 10^4 \, \text{hm}^2$，占流域总面积的 3.78%（湖南省林业厅，2011）。该流域湿地包括 4 种类型：沼泽湿地（草本沼泽、森林沼泽）、河流湿地（永久性河流、季节性河流、洪泛平原湿地）、湖泊湿地（永久性淡水湖）和人工湿地（库塘、运河、水产养殖场），其中以河流湿地和湖泊湿地为主，分别占流域湿地总面积的 38.65% 和 37.57%。从 4 种湿地类型在洞庭湖流域各水系的分布来看，洞庭湖区主要以湖泊湿地为主，占比达 68.87%，在"四水"（湘、资、沅、澧）流域则以河流湿地（54.61%~84.10%）和人工湿地为主（11.72%~43.51%），沼泽湿地在整个洞庭湖流域分布较少，仅占流域湿地总面积的 3.01%，主要分布于湘江和沅江上游以及环洞庭湖区（图 7-1）（邓正苗等，2018）。

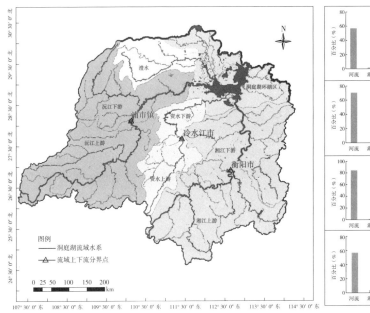
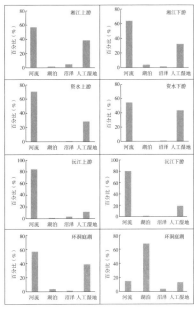

图 7-1 4 种湿地类型在洞庭湖流域的分布

注：流域边界数据来源于国家科技基础条件平台——国家地球系统科学数据共享平台（http：//www.geodata.cn）

据调查统计，洞庭湖流域物种丰富，湿地植物有 489 种，分属于 95 科 278 属，其中国家 Ⅰ 级和 Ⅱ 级重点保护野生植物分别为 4 种和 8 种。湿地动物 639 种，分属 112 科 318 属，其中国家 Ⅰ 级和 Ⅱ 级重点保护野生动物 10 种和 44 种。洞庭湖作为目前长江中下游地区仅存的两个自然通江湖泊之一，在调节长江洪水径流、保护物种基因或生物多样性方面发挥着极其重要的作用。同时，洞庭湖湿地是东北亚水鸟迁徙路线上的重要停歇、繁殖和越冬地，有湿地鸟类 286 种，隶属于 17 目 56 科，其中有 120 种列入 "中日保护候鸟及栖息环境协定" 和 "中澳候鸟保护双边协议"（湖南省林业厅，2011）。因此，对洞庭湖流域的湿地进行保护具有重要的生态意义和国际意义。

二、洞庭湖流域湿地生态环境背景

（一）水资源概况

1. 年内动态

多年数据统计数据表明，洞庭湖流域降水量年内分配极不均匀，整体呈抛物线型分配模式。降水量主要集中在 4~7 月，该 4 个月平均降水量总和为 735.6 mm，占全年平均降水量的 51.7%，而其他几个月降水量相对较小。最大月降水量出现在 6 月，为 212.9 mm，占全年平均降水量的 15.0%，最小月出现在 12 月，平均为 39.9 mm，仅占全年降水量的 2.8%。

2. 年际变化

洞庭湖流域降水量年际变化显著，变异系数为 11.6%。1986~2008 年整体呈先增加后降低的趋势。具体为：1986~1997 年降水量呈螺旋式上升趋势，而 1997~2008 年间，除 2002 年降水量相对较高外（1898 mm），整体呈不断下降的趋势。年平均降水量的最小值出现在 1986 年，降水量为 1152 mm，为平均年降水量最大值（2002 年）的 60.7%。

3. 空间分布

洞庭湖流域降水量空间分布也不均匀，总体呈现出东部偏多，西部偏少的降水格局。从地区分布来看，多年平均降水量以益阳市和郴州市最高，降水量均高于 1550 mm，其次为长沙市、株洲市、娄底市和永州市，降水量介于 1450~1500 mm 间，而以吉首、张家界、邵阳等区域较低，其中吉首多年平均降水量最低，为 1366.3 mm。

4. 地表水资源

洞庭湖各流域地表水资源量在不同年代间存在明显差异。其中以 2002 年地表水资源量最高，而以 2011 年地表水资源量最低。其中，2011 年地表水资源量仅为 2002 年的 39.7%~52.9%（湘江流域 43.9%，资江流域 42.9%，沅江流域 44.0%，澧水流域 52.9%，纯湖区 39.7%）。各流域间地表水资源量也存在明显差异。其中以湘江流域地表水资源最为丰富，其次为沅江，再次为资江，最低为纯湖区。其中纯湖区地表水资源量仅为湘江流域地表水资源的 8.9%~18.3%，沅江流域的 19.0%~24.3% 和资江流域的 37.1%~53.8%。

5. 地下水资源

洞庭湖各流域地下水资源量在不同年代间存在明显差异，且与地表水变化趋势类似。其中以 2002 年地下水资源量最高，而以 2011 年地下水资源量最低。此外，各流域间地下水资源量也存在明显差异。其中以湘江流域地下水资源最为丰富，其次为沅江，再次为资江。最低地下水资源量在不同年份间存在差异。其中，2005、2006、2012 年以澧水流域地下水资源量最低，而其他年份则以纯湖区地下水资源量最低。

6. 水资源质量

《2017 年湖南省水资源公报》数据显示，洞庭湖流域各主要河流间水资源质量存在显著差异。其中湘江以Ⅱ类、Ⅲ类水为主，所占比例达 97.9%，水质较差的河段主要为郴江郴州段、侧水河双峰段、浏阳河、沩水和捞刀河的下游河段。主要污染项目为铵态氮和总磷。资江以Ⅱ类、Ⅲ类水为主，水质较好。沅江水质符合或优于Ⅲ类标准的比例为 99.3%，水质较差的河段为万榕江吉首城区段，主要污染项目为氨氮。澧水水质和湖区河流水质较好，均以Ⅱ类、Ⅲ类水为主，尤其是澧水，其Ⅱ类水所占比例高达 96.8%。洞庭湖湖泊水质总体为轻度污染，主要污染项目为总磷，营养状态为中 – 富营养（湖南省水资源公报，2017。）

7. 水资源利用

（1）水资源利用总量。洞庭湖各流域水资源利用总量年际间无明显变化，但不同流域间存在明显差异。其中，以湘江流域水资源利用量最高，多年水资源利用量平均值为 $167.9 \times 10^8 \, m^3$。资江、沅江及纯湖区水资源利用总量基本相同，多年平均值分别为 $41.0 \times 10^8 \, m^3$、$38.3 \times 10^8 \, m^3$ 和 $39.5 \times 10^8 \, m^3$。澧水流域水资源利用总量最低（$15.7 \times 10^8 \, m^3$），仅为湘江流域的 9.3%，资江流域的 38.2%，沅江流域的 40.9% 和纯湖区的 39.7%。

（2）工业用水。洞庭湖各流域工业用水年际间均呈不同的增加趋势。与 2000 年相比，2012 年湘江流域工业用水增加幅度为 86.1%，资江为 73.2%，沅江流域为 100.2%，澧水为 54.1%，纯湖区为 83.4%。同时，不同流域间工业用水量也存在明显差异，其中湘江流域工业用水量最高，多年平均值达 $44.0 \times 10^8 \, m^3$，资江及纯湖区工业用水量基本相同，多年平均值分别为 $9.1 \times 10^8 \, m^3$ 和 $9.7 \times 10^8 \, m^3$。而澧水流域工业用水量最小，多年平均值为 $3.7 \times 10^8 \, m^3$，仅占湘江流域的 8.5%，资江流域的 40.9%，沅江流域的 52.4% 和纯湖区的 38.7%。

（3）农业用水。洞庭湖各流域农业用水量具有不同的变化趋势。其中，湘江流域、资江流域、沅江流域及澧水流域均呈不断减少的趋势。与 2000 年相比，2012 年湘江流域农业用水减少幅度为 17.1%，资江流域为 21.7%，沅江为 8.8%，澧水为 24.8%。而纯湖区 2000~2005 年度起伏较大，呈先增加后减小再增加的趋势，随后进入一个相对稳定的阶段。此外，不同流域间农业用水量也存在明显差异。其中，湘江流域农业用水量最高，多年平均值达 $102.2 \times 10^8 \, m^3$，资江、沅江及纯湖区农业用水量基本相同，多年平均值分别为 $26.2 \times 10^8 \, m^3$、$25.5 \times 10^8 \, m^3$ 和 $25.8 \times 10^8 \, m^3$。而澧水流域农业用水量最小，多年平均值为 $10.1 \times 10^8 \, m^3$，仅为湘江流域的 9.9%，资江流域的 38.6%，沅江流域的 39.7% 和纯湖区的 39.2%。

（二）生物资源概况

1. 湿地植物资源概况

洞庭湖流域地理环境独特，每年大量的入湖泥沙淤积，形成了以敞水带、季节性淹水带、滞水低地带 3 种景观结构为主的我国最大湖泊湿地景观，共有面积约 85.78×10^4 hm^2。湿地生态条件的区域差异性和生态过程的多变性，为洞庭湖发育多样的湿地植物资源提供了良好的自然条件。该流域主要植被类型包括水生植被、草甸、沼泽植被和常绿阔叶林植被。

洞庭湖湿地植物资源丰富，据调查洞庭湖湿地共有植物 265 种，隶属于 66 科 182 属。其中草本植物占的比例高达 97.4%，木本植物匮乏，仅 7 种。一年生植物共有 77 种，占物种总数的 32.8%，两年生及多年生植物占的比例为 67.2%。种子植物共计 59 科 174 属 256 种（李峰等，2010）。

洞庭湖湿地植物以种子植物为主，有 59 科 174 属 256 种，分别占洞庭湖湿地植被科、属、种的 89%、96%、97%；蕨类植物为其次，共有 7 科 8 属 9 种，其中浮萍科有 2 属 2 种，木贼科有 1 属 2 种，其他如凤尾蕨科、海金沙科、金星蕨科、满江红科、槐叶苹科均为 1 属 1 种。在湿地植物群落构成中，禾本科、伞形科、蓼科、菊科、莎草科、十字花科、胡麻科、眼子菜科、小二仙草科、龙胆科、金鱼藻科、水鳖科、唇形科等在洞庭湖湿地广泛分布的科占有重要的地位。在这些科中，禾本科的荻草、芦苇、南荻，菊科的蒌蒿、泥胡菜（*Hemistepta lyrata*），伞形科的水芹、野胡萝卜（*Daucus carota*），莎草科薹草属，蓼科的酸模属和蓼属，十字花科的葶苈属，眼子菜科的眼子菜属，小二仙科的狐尾藻属，龙胆科的莕菜属，唇形科的风轮菜属等属或种均是湿地植被中植物群落的建群种或优势种。

从科的数量级别分析，洞庭湖湿地植物所含种数大于 20 的科有 2 个，分别为禾本科和菊科，物种数分别为 34 和 28；物种数介于 11~20 的科共有 6 个，分别为伞形科、蓼科、唇形科、莎草科、十字花科、蔷薇科，物种数分别为 12、19、14、20、13 和 11；物种数介于 2~10 的科共有 26 科，占 39.4%，单种科共计 32 科，占 48.5%。

从属的数量级别来看，洞庭湖湿地植物的分布以单种属为主，属的分化明显。湿地植物物种数大于 10 的属仅有 1 个，即为蓼属，含 15 个物种；物种数 6~10 个的属仅薹草属，含 10 个物种；物种数 2~5 个的属为 35 个，占总属数的 19.2%，所含的物种总数为 95，典型的属如蒿属、委陵菜属及莎草属等；单种属较多，共有 145 个，占总属的 79.7%，所含物种数占湿地总物种数的 54.7%。洞庭湖湿地植物由于人为因素影响较大，破坏较为严重，代表该区系的古老残存种类和特有种类不多，但仍保存了一些比较古老的植物种类和中国特有成分，如毛茛科、睡莲科。古生代或中生代遗留下来的残存物种有莲属。

2. 动物资源概况

（1）鱼类资源。历史上，洞庭湖记录到 117 种鱼类，隶属于 12 目 23 科，其中鲤科 65 种，鳅科、鲌科各 10 种，银鱼科、鲿科各 4 种。主要的经济鱼类有鲤鱼、鲫鱼、鲇鱼（*Silurus* spp.）、黄颡鱼、青鱼、草鱼、鲢鱼（*Hypophthalmichthys molitrix*）、鳙鱼（*Aristichthys nobilis*）、蒙古红鲌（*Erythroculter mongolicus*）、翘嘴红鲌（*Erythroculter ilishaeformis*）、大眼鳜（*Siniperca kneri*）、鳊鱼（*Parabramis pekinensis*）等，它们分别属于 3 种生态型：江河半洄游性鱼类、江海洄游性鱼类和湖泊定居性鱼类。其他还有属于国家 I 级保护水生野生动物的中华鲟、白鲟和国家 II 级保护野生动物胭脂鱼。

近期比较详细的鱼类调查是世界自然基金会于 1999~2001 年组织的两个冬春时段调查，并记录整理编制了《洞庭湖鱼类名录》，共记录到鱼类 68 种，分属 9 目 15 科，约占全省已知鱼类种数的 41.3%，约占洞庭湖流域鱼类种数的 62.5%。其中鲱形目 3 科 5 种，鲤形目 2 科 52 种，鲇形目 2 科 7 种，鳗鲡目 1 科 1 种，鲟形目 1 科 1 种，鳢形目 1 科 1 种，合鳃鳝目 1 科 1 种，鲈形目 3 科 4 种，刺鳅目 1 科 2 种。

洞庭湖鱼类资源的种类分布情况为：以鲤科鱼类为主，其 43 种，其次为鲿科 5 种，鳅科 3 种，其他鱼类 12 科 17 种。洞庭湖鱼类成分都包括在长江鱼类区系之中，其成分有：①中国平原复合体：主要有花鱼骨（*Hemibarbus maculatus*）、麦穗鱼（*Pseudorasbora parva*）、华鳈（*Sarcocheilichthys sinensis*）、铜鱼、吻鮈（*Rhinogobio typus*）、棒花鱼（*Abbottina rivularis*）、青鱼、草鱼、鳡鱼（*Elopicthys bambusa*）、鳤鱼（*Ochetobius elongatus*）、马口鱼（*Opsariichthys bidens*）、宽鳍鱲鱼（*Zacco platyus*）、赤眼鳟（*Squaliobarbus curriculus*）、银鲴（*Xenocypris argentea*）、大鳍刺鳑鲏（*Acanthorhodeus macropterus*）、鳊鱼、翘嘴鲌（*Culter alburnus*）、餐条（*Hemiculter leucisculus*）、鲢鱼、鳙鱼、鳜鱼等 46 种。②中国—印度平原复合体：主要有黄颡鱼、乌鳢（*Ophiocephalus argus*）、黄鳝（*Monopterus albus*）、栉虾虎（*Ctenogobius giurinus*）、刺鳅（*Mastacembelus mastacembelus*）等 12 种。③上三世纪复合体：主要有鲤鱼、鲫鱼、鲇鱼、泥鳅（*Misgurus anguillicaudatus*）5 种。④海水复合体：主要有鲚鱼、刀鲚（*Coilia ectenes*）、鳗鲡、长江艮鱼（*Hemisalanx brachyrosbralis*）等 6 种。⑤山区复合体：仅记录到湘华鲮（*Sinilabeo decorus*）、中华倒刺鲃（*Spinibarbus hollandi*）两种。

洞庭湖鱼类生活类群大致有 3 种类型：①湖泊定居性类群：如鲤鱼、鲫鱼、鲂鱼（*Megalobrama terminalis*）、翘嘴鲌、乌鳢等。②江湖半洄游性类群：如青鱼、草鱼、鲢鱼、鳙鱼、鳡鱼、鳤鱼、鳊鱼等。③咸淡水洄游性类群：如鲚鱼、刀鲚、银鱼等。

此后，彭平波等（2008）由世界自然基金会（WWF）资助，于 2002 年 9 月至 2008 年 6 月在洞庭湖设定 15 个监测点进行了较长时间的监测，其中 2007 年 1 月至 2008 年 4 月未监测。此次调查共鉴定鱼类 109 种，分属 8 目 19 科，以鲤科鱼类为主，计有 59 种：鲌科鱼类 11 种，鳅科鱼类 8 种，鲿科鱼类 6 种，银鱼科鱼类 4 种，其余各科鱼类 21 种。

通过与以往资料的比较，白鲟、鲥鱼、刀鲚、鳡鱼（*Luciobrama macrocephalus*）、湘华鲮、青鳉（*Oryzias sinensis*）、刺鲃（*Spinibarbus caldwelli*）、中华倒刺鲃、白甲鱼（*Onychostoma sima*）、稀有白甲鱼（*Onychostoma rarus*）、中华纹胸鮡（*Glyptothorax sinense*）、中华间爬岩鳅（*Hemimyzon sinensi*）、红唇薄鳅（*Leptobotia rubrilabris*）、叉尾斗鱼（*Macropodus opercularis*）、暗色东方鲀（*Takifugu xanthopterus*）等 32 种在此次调查中未发现，可能这些物种已经灭绝或处于濒临灭绝的边缘。

（2）大型水生哺乳动物。在水生大型哺乳动物中，有列为国家Ⅰ级重点保护的水生哺乳动物白鳍豚，Ⅱ级保护的长江江豚等。

白鳍豚，也称白暨豚、白鳍，是一种淡水鲸类白鳍豚科动物，仅产于中国长江中下流域，具长吻，身体呈纺锤形，全身皮肤裸露无毛，喜欢群居，性情温顺谨慎，视听器官严重退化，声纳系统特别灵敏。白鳍豚是恒温动物，用肺呼吸，被誉为"水中的大熊猫"。白鳍豚不仅被列为国家Ⅰ级重点保护野生动物，1996 年被世界自然保护联盟（现名国际自然保护联盟，IUCN）列为最濒危的 12 种动物之一。还被列入《国际自然保护联盟濒危物种红色名录》《濒危野生动植物种国际贸易公约》以及《美国国家濒危物种法》列为保护物种。至 20 世纪后期，由于种种原因使其种群数量急剧减少，从 1982 年的 400 头，至 1990 年的 200 头，至 1998 年只有 60 头，到 2002 年估计已不足 50 头。在 2006 年 11~12 月维持 6 周的野外调查失败后，这一物种被认为很可能已经灭绝，就算是还有任何个体仍然生存，其数量也很难维持并延续物种族群。但在 2007 年 8 月 29 日，安徽铜陵市有白鳍豚目击报告。

江豚为鲸目鼠海豚科江豚属物种。该属分布于西太平洋、印度洋、日本海和我国沿海等热带至暖温带水域。在我国江豚共有 3 个亚种，多分布于沿海地区，有些可以进入河流。体型较小，头部钝圆，额部隆起稍向前凸起；吻部短而阔，上下颌近等长，吻较短阔。牙齿短小，左右侧扁呈铲形；眼睛较小，很不明显；身体的中部最粗，横剖面近似圆形；背脊上没有背鳍，鳍肢较大，具有 5 指；尾鳍较大，呈水平状；两尾叶水平宽约为体长的 1/4；背的后关部对尾鳍有较明显的隆起鳍，在应该有背鳍的地方生有宽 3~4 cm 的皮肤隆起，并且具有很多角质鳞。

长江江豚是独特和唯一的淡水亚种，仅生存于长江中下游、洞庭湖和鄱阳湖等内陆水域，列为国家Ⅱ级重点保护野生动物，生活习性和食物与白鳍豚相似，在 2000 年 IUCN 濒危物种红皮书中被列为濒危级（EN C2b）。在物种保护上具有特别重要的意义。由于高强度的人类活动（渔业、航运业、污染和水利工程建设等）和极端气候事件的影响，长江江豚种群数量正在以每年 7% 左右的速度减少。通过对长江流域具代表性的干流区和湖泊区历年来的长江江豚数量进行统计，1991 年为 2700 头，2006 年为 1800 头，至 2011 年仅存 1100 头，如再不采取有力措施，长江江豚将重蹈白鳍豚灭绝的覆辙。在洞庭湖区，其主要分布区域为岳阳至城陵矶湖区、岳阳至鲶鱼口湖区、鲶鱼口至屈原镇湘江江段和横岭湖保护区水域。涨水的时候长江江豚则在洞庭湖与长江之间进行活动，由于洞庭湖在冬季水位下降仅剩下一条狭长的河道，长江江豚都集中于从岳阳城陵矶到鹿角、横岭湖大约 40~60 km 的狭小航道范围内。

（3）大型陆生哺乳动物。大型陆生哺乳动物现今存在的是一群野化的麋鹿种群。麋鹿属中国特有种，列为国家Ⅰ级重点保护野生动物、IUCN 极危种，分类上隶属哺乳纲偶蹄目鹿科麋鹿属。因它的尾似马而非马，蹄似牛而非牛，角似鹿而非鹿，颈似骆驼而非骆驼，俗称"四不像"。麋鹿为典型的湿地动物，历史上曾广泛分布于我国东部沼泽平原地区，野生种群在清代末绝迹，而最后的人工圈养种群也因水灾和八国联军入侵，于1900年在北京南海子皇家猎苑全部散失，其中一部分被掳至欧洲养殖。我国自1985年首次实施麋鹿重引入项目，其目的就是要恢复自然生长的麋鹿种群，让麋鹿重返大自然，并已建立北京麋鹿苑博物馆和江苏大丰、湖北石首两个国家级麋鹿自然保护区。

湖北石首麋鹿自然保护区位于湖北石首天鹅洲长江故道，紧临长江荆江段，于1993年和1994年分两次从北京麋鹿苑共引入64只麋鹿到此地，实施麋鹿回归自然项目。1998年长江发生特大洪水，该保护区部分麋鹿从保护区围栏外逸、散失，其中有26头麋鹿渡过长江到达长江南岸的三合垸和洞庭湖区，从此一直在长江南岸的芦苇沼泽地自由生活，成为真正自然野化的麋鹿种群。1998年后，洞庭湖区陆续有监测到麋鹿的报道，至2006年，东洞庭湖国家级自然保护区开始对洞庭湖区麋鹿做系统监测。2006~2007年，洞庭湖区已监测到麋鹿3个小种群27只（红旗湖11只，横岭湖9只，注滋河口7只）；2008年3月下旬，再次监测到麋鹿3个种群48头。据保护区科研人员的监测与调查数据分析，洞庭湖区大约有50多头麋鹿在此栖息。至2012年年底，麋鹿种群数量已发展为60多头。同时，在洞庭湖栖息的麋鹿生存状况却令人堪忧，尤其是一些不法分子对麋鹿的捕猎，以及社区老百姓对麋鹿的哄赶、惊扰，对湖区栖息的麋鹿造成了极大的威胁。

（4）底栖动物。2011年由世界自然基金会资助，开展了对东、南、西洞庭湖各选取的4个取样样地连续6个月的调查。结果发现，洞庭湖底栖动物种类达44种。其中，水生昆虫12种，寡毛类9种，软体动物20种，其他3种。从样方出现频率的高低看，软体动物＞寡毛类＞水生昆虫＞其他种类。从种类看，苏氏尾鳃蚓（*Branchiara sowerbyi*）出现率最高，达30.77%，为第一优势种，其次为腹足类的铜锈环棱螺（*Bellamga aeruginosa*）和方格短沟蜷（*Semisulcospira cancellata*），均为20%，河蚬（*Corbicula fluminea*）也达19.23%，水生昆虫的红裸须摇蚊（*Propsilocerus akamusi*）为15.38%。从个体数看，苏氏尾鳃蚓仍为第一，单位面积个体数达14.52个/m²，其次为红裸须摇蚊（10.71个/m²），铜锈环棱螺和方格短沟蜷分别为9.72个/m²和8.86个/m²。而从生物量看，由于软体动物的个体相对较大，生物量占了绝大部分，其中，铜锈环棱螺、圆顶珠蚌（*Unio douglasiae*）和河蚬分别为16.2985、15.5367和14.3326 g/m²。

（5）鸟类。据历年（截至2018年）环洞庭湖越冬水鸟同步调查表明：洞庭湖湿地有鸟类18目64科352种，其中水鸟140种，林鸟212种，以候鸟为主（冬候鸟、夏候鸟、旅鸟）。分布区覆盖整个洞庭湖区，水鸟主要分布在洞庭湖及周边湿地；林鸟主要分布在丘岗山地、农田、芦苇湿地等。洞庭湖湿地鸟类优势物种包括：豆雁、小白额雁、罗纹鸭（*Anas falcata*）、绿翅鸭（*Anas crecca*）、反嘴鹬、黑腹滨鹬（*Calidris alpina*）、鹤鹬（*Tringa erythropus*）、普通鸬鹚等。旗舰物种小白额雁全球数量的70%以上在洞庭湖越冬。国家Ⅰ级保护7种，分别为：黑鹳、东方白鹳（*Ciconia boyciana*)、白尾海雕（*Haliaeetus albicilla*）、中华秋沙鸭（*Mergus squamatus*）、白鹤、白头鹤、大鸨（*Otis tarda*）。国家Ⅱ级保护鸟类49种：小天鹅（*Cygnus columbianus*）、白额雁（*Anser albifrons*）、白琵鹭、白尾鹞（*Circus cyaneus*）、白枕鹤（*Grus vipio*）、黄嘴白鹭（*Egretta eulophotes*）、苍鹰（*Accipiter gentilis*）等。根据全球珍稀濒危鸟类（IUCN）红色名录（2018），洞庭湖区全球珍稀濒危鸟类有27种，包括极危物种4种：白鹤、青头潜鸭（*Aythya baeri*）、勺嘴鹬（*Eurynorhynchus pygmeus*）、黄胸鹀（*Emberiza aureola*）；濒危物种5种：东方白鹳、中华秋沙鸭、红胸黑雁（*Branta ruficollis*）、黑脸琵鹭（*Platalea minor*）、小青脚鹬（*Tringa guttifer*）；易危物种10种：小白额雁、鸿雁（*Anser cygnoides*）、白头鹤、白枕鹤、黄嘴白鹭（*Egretta eulophotes*）、乌雕（*Clanga clanga*）、花田鸡（*Coturnicops exquisitus*）、大鸨（*Otis tarda*）、大杓鹬（*Numenius madagascariensis*）、白喉林鹟（*Cyornis brunneatus*）；近危物种8种：罗纹鸭、黑尾塍鹬（*Limosa limosa*）、白腰杓鹬（*Numenius arquata*）、斑嘴鹈鹕（*Pelecanus philippensis*）、卷羽鹈鹕（*Pelecanus crispus*）、日本鹌鹑（*Coturnix japonica*）、斑胁田鸡（*Porzana paykullii*）、小太平鸟（*Bombycilla japonica*）。洞庭湖湖区是迁徙候鸟的重要迁徙停歇地和越冬地，是东亚—澳大利西亚、中亚—印度两条全球鸟类迁徙路线及我国鸟类中部迁徙路线的交汇，使洞庭湖鸟类多样性保护具有世界意义。

根据《湿地公约》规定，如果某个湿地的某种鸟类的种群达到该鸟类全球数量的1%，那么，该湿地就达到了国际重要湿地的标准。东洞庭湖小白额雁的数量达到16923只，超过目前全球估计的数量，豆雁数量达到25821只，占全球数量的43%以上，白额雁（*Anser albifrons*）的数量达到12575只，接近全球数量的10%。

3. 土壤资源概况

洞庭湖所处的区域位于中亚热带北部，其地带性土壤为红壤。由于洞庭湖湿地土壤主要受"三口"（松滋口、太平口、藕池口，1958年堵调弦口）、"四水"泥沙淤积以及水文、水生生物和人类生产活动的综合作用而形成的一种非地带性土壤，其土壤母质主要为湖相沉积物和河相沉积物，土壤类型主要为潮土和水稻土。

在洞庭湖湿地形成的过程中，由于"三口""四水"的来沙量大，湖盆内泥沙淤积严重。1876年在"三口"没有完全形成前，洞庭湖天然湖泊面积为6000 km²。1876年及以后松滋、藕池相继溃口成河以后，泥沙大量涌入洞庭湖湿地区域，湖盆迅速淤高，洲滩大量出露，加上洲滩围垦，湖泊面积快速萎缩。至1938年，湖面面积只存4700 km²。1949年存4350 km²。当前仅存2692 km²。据1952年实测1∶2.5万地形图与20世纪70年代所测地形图比较，20多年来，官垸河河道平均淤高0.77 m，最大淤高5~7 m。官垱河道平均淤高2.23 m，最大淤高9.5 m；黄土包河平均淤高约1 m，最大淤高为7.6 m。七里湖平均淤高4.12 m，最大淤高12 m；目平湖北部湖底平均淤高2 m，最大淤高5.4 m。1974~1995年，洞庭湖全湖平均淤积厚度0.55 m；其中，东洞庭湖0.67 m，南洞庭湖0.49 m，西洞庭湖0.36 m；最大淤积厚度出现在藕池河东支入东洞庭湖口两侧的新洲、舵杆洲，达8~9 m。几个主要的泥沙淤积湖区分别为：①东洞庭湖：藕池河东支入湖口两侧的新洲、舵杆洲，下飘尾洲至君山一带，东洞庭湖入湖口处的柴下洲、上飘尾。②南洞庭湖：东南湖北边白沙洲，万子湖北部的黄土包一带，铁尺湖、团林湖及横岭湖的北部洲滩。③目平湖：松澧洪道入口处，半边湖北部的大连废障。

泥沙的大量淤积在湿地区域形成潮土，泥沙的来源和沉积的方式对土壤的形成有着显著的影响。洞庭湖年平均沉积泥沙 1.5×10^8 t，其中 81.9% 的来自于长江南岸"三口"分流水系，沉积物分布在七里湖→目平湖→南洞庭湖→东洞庭湖联线之内，面积辽阔，是洞庭湖近代泥沙沉积的主体，因其沉积物主要来自川中盆地和金沙江流域，带有紫色，形成紫潮泥；18.1% 的来自于"四水"，主要分布在三角洲部位，面积较小，形成受"四水"淤积为主的湿地，形成湖潮土和湖潮泥。潮土集中分布于洞庭湖、"四水"及其主要支流两岸的河谷平原、阶地及环湖低丘等处，土壤肥沃。水稻土是洞庭湖区主要的耕种土壤，是由各种地带性土壤和隐域性土壤在水耕熟化和旱作熟化交替进行过程中形成的，主要分布于洞庭湖平原、河谷平原和溪谷平原，其次是岗间谷地、丘间谷地、山间谷地。根据水稻土分布的地形位置、土壤水分状况、发育过程及相应的土体构型，分为淹育型水稻土、潴育型水稻土、漂白型水稻土和潜育型水稻土。洲滩湿地围垦以后，通过人工开挖堆积也可成为水稻土。不可否认，人类对湿地系统的围垦、耕作管理等将极大改变湿地土壤的物理化学性质。

（三）生态服务功能定位

洞庭湖作为长江出三峡进入中下游平原后的第一个通江湖泊，其生态服务功能主要体现在调蓄洪水，维系长江防洪安全；其次，作为湖南省最主要的商品粮基地和淡水鱼区，洞庭湖区也保障着湖南省乃至国家的粮食生产安全。同时，洞庭湖区也是候鸟的中转站、长江流域四大家鱼最重要产卵场之一和珍稀濒危水生动物的保护地。

三、洞庭湖流域湿地退化原因及现状

（一）湖泊湿地退化原因及现状

洞庭湖湿地是整个洞庭湖流域自然湖泊湿地的典型代表，从 20 世纪 80 年代以来，国内外学者对洞庭湖流域湿地的生态环境演变以及生态服务功能评价等方面进行了较为全面的研究，出版了一系列专著，对洞庭湖流域湿地泥沙淤积、水文过程、植被和水环境质量演变等方面做了较为系统的工作（王克林等，1998；李有志等，2011；谢永宏等，2007，2008，2014；袁正科，2008）。当前洞庭湖流域湖泊湿地的退化原因及现状主要体现在以下几个方面。

1. 人类围垦和泥沙淤积导致湖泊面积萎缩、洪水调蓄能力下降

1825~2002 年，洞庭湖湖泊面积由 6000 km² 缩小至 2691 km²，萎缩了 3309 km²。

萎缩速度最快的是 1949~1958 年，10 年间缩小了 1209 km²。1978 年以后，洞庭湖停止了大面积围垦，面积相对稳定，至 2002 年洞庭湖面积仅缩减了 49 km²（袁正科，2008）。三峡工程运行后，长江"三口"入湖泥沙大幅减少，减缓了洞庭湖的泥沙淤积速率，对洞庭湖的保护有一定的积极作用。

2. 过度捕捞和人类高强度干扰导致生物多样性减少、珍稀物种濒危

洞庭湖区主要经济鱼类低龄化、小型化现象严重，中华鲟、长江江豚等珍贵鱼类几乎绝迹。近年来，虽然越冬候鸟的数量明显上升，但明星物种和旗舰物种下降显著，20 世纪 50 年代常见的天鹅、白枕鹤、白头鹤等珍贵鸟类如今在越冬群落中很难见到。许多动物的濒危和灭绝既受自然环境变化和灾变的影响，也与物种本身生物学特性和人类活动有关，尤其与人类捕杀、生境丧失有关（杨道德等，2005）。

3. 水产养殖、农业面源污染导致的水环境质量下降、沉水植物退化严重

黄代中等（2013）在近 20 年水质与富营养化状态变化研究中发现，洞庭湖区为中度营养化状况，且呈现恶化趋势，特别是东洞庭湖，已由中度营养过渡为轻度富营养。潘畅等（2018）根据地表水环境质量标准进行单因子数据分析及评价，总氮、总磷两项营养指标的污染比较严重，使得全湖水质类别为Ⅳ类或者Ⅴ类，甚至为劣Ⅴ类。由于多年使用化肥进行养鱼，使得华容东湖、益阳大通湖和岳阳南湖已很难见到大面积沉水植物（简永兴等，2002）。

（二）河流湿地退化现状及成因

对洞庭湖流域的河流湿地而言，由于长期以来的水资源开发利用和沿岸工矿企业的无序排放，对洞庭湖河流湿地的生态环境也带来了不利影响。

1. 水利工程建设改变了河流连续特征，阻断了生物迁徙廊道

据《湖南省第一次水利普查公报》（2013）显示：湖南省共建有水库 14121 座，总库容 530.72 × 10⁸ m³。水利工程建设在带来巨大的防洪和发电效益的同时，也同时阻断了鱼类的洄游和上下游物质交换通道，对鱼类的多样性带来不利影响。

2. 工矿企业废水的无序排放导致河流重金属污染严重、生态安全风险较大

湖南省铅、锌、铜等矿产储量位居全国前列，是著名的有色金属之乡。大量重金属冶炼企业分布在湘江沿岸，长期以来企业废水的无序排放，导致湘江水质严重污染。排入湘江的重金属总量曾占到全省排放总量的 70%，全国的 18.7%，对湘江流域的水生态环境带来极大破坏，威胁到流域 4000 万人口的饮用水安全（许友泽等，2016）。许友泽等（2016）对湘江流域的底泥重金属污染情况调查结果显示：湘江流域 Cd 的潜在生态风险最高，其次是 Pb 和 Mn，干流的潜在生态风险高于支流的生态风险，达到极强危害水平的采样断面占 72%，主要集中于永州、衡阳、株洲、湘潭、长沙和郴州。由于重金属污染在流域范围内具有可迁移性，可随食物进入人体，生态安全风险高，同时湘江流域的重金属污染对下游湿地也带来了输入性污染。虽然湖南省通过湘江"一号重点工程"关停了大多数沿江重污染企业，堵住

$$10^8 m^3$$

了源头，但重金属污染的去除依然形势严峻，其生态恢复依然任重而道远。

3. 人类不合理开发导致流域上游水土流失严重，水库、河床淤积明显

湖南"四水"流域中上游是湖南省水土流失的重点分布区，水土流失面积达 3.23×10^4 km²，其中，湘江的流失面积最大，澧水的流失面积最小但程度最为严重（李景保等，2000）。

（三）沼泽湿地退化现状及成因

洞庭湖流域分布的沼泽湿地主要有两类：第 1 类是分布于湖泊洲滩和下游河滨地带的草本沼泽湿地；第 2 类是分布于流域上游的高山草甸和森林沼泽湿地。前期中南林业科技大学、北京林业大学、中国科学院洞庭湖湿地生态系统观测研究站等单位对洞庭湖洲滩沼泽湿地进行了大量的研究，可将洞庭湖洲滩沼泽湿地的退化现状和成因总结为以下几个方面。

1. 洲滩淹水时间的减少导致植被扩张迅速、湿地正向演替趋势明显

1995~2011 年，洞庭湖洲滩沼泽湿地的芦苇和林地面积显著增加，植被带整体下移了 0.88 m。尤其是三峡工程建成以后，由于 22~26 m 和 30 m 的高程段淹水时间减少，洞庭湖洲滩沼泽植被带下移速度有加快趋势（Xie et al.，2015）。此外，Zou 等（2017）研究表明，洞庭湖洲滩湿地苔草带的淹水时间缩短和退水时间提前会导致越冬候鸟的食物质量下降，从而威胁到洞庭湖湿地的生物多样性保育功能。

2. 外来物种，尤其是杨树的入侵导致沼泽湿地旱化趋势明显

侯志勇等（2011）调查表明，洞庭湖湿地共有外来物种 43 种，其中分布于洲滩草甸沼泽的有杨树（*Populus* spp.）、野胡萝卜、裸柱菊（*Soliva anthemifolia*）、野老灌草（*Geranium carolinianum*）、日本看麦娘（*Alopecurus japonicus*）、婆婆纳（*Veronica didyma*）、红瓜（*Coccinia grandis*）、薏苡（*Coix locryma-jobi*）等 15 种。尤其是杨树的入侵增加了林下光照率（与芦苇地相比增加了 1.5 倍）、降低了土壤含水量（0.7 倍）等，导致林下阳性植物与中性植物的比例增加，湿生植物（含水生）、中生植物与阴生植物的比例下降，湿地环境旱化趋势明显（Li et al.，2014）。

3. 杨树和芦苇的引种导致景观破碎度显著增加、鸟类和鱼类生境质量下降

袁正科等（2006）通过调查发现，1983~2004 年，杨树斑块的大量引进，南荻、芦苇斑块的扩大，导致了珍稀鸭类栖息地和定居型鱼类产卵场地的缩小；引淤、排水沟的开挖，导致冬季浅水沼泽的干涸，破坏了天鹅等珍稀候鸟的栖息场所。同时，由于斑块类型的改变也使湿地景观生态系统中的食物链缩短或者被打断，给一些特有生物和濒危生物的生存带来威胁，为物种的绝灭创造了条件。

然而，当前对于洞庭湖流域的高山沼泽的调查和研究相对较少。一是洞庭湖流域属于亚热带区域，水热条件不适于大面积高山沼泽分布；二是高山沼泽湿地一般分布偏远，较难被发现。例如，湖南炎陵桃源洞高山草甸沼泽湿地和城步十万古田高山森林沼泽湿地都是近几年才被发现。但是高山沼泽湿地一般生态价值极高且生态系统较脆弱，未来应加大洞庭湖流域仅有的几处高山湿地的保护力度。

四、洞庭湖流域湿地生态修复模式

综合前期的湿地修复项目和案例来看，湿地生态修复过程一般遵循以下流程（图7-2）：①针对目标湿地生态系统进行生态现状评价，全面调查湿地生态系统的水文、水环境、生物资源等要素，通过统计学方法找出关键环境胁迫因子。②根据目标湿地的历史状态确定生态修复目标。③制定满足当地社会经济发展和生态环境需求的生态修复规划，在此过程中筛选确定采用的生态修复技术。④生态修复工程实施阶段，严把工程质量，确保生态修复工程达到规划设计标准。⑤生态修复后的适应性管理及模式推广，监测修复效果，形成负反馈机制（林俊强等，2018）。

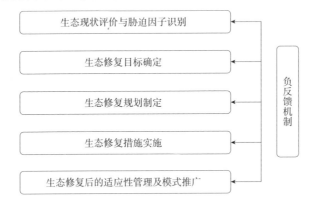

图 7-2　湿地生态修复的一般模式（引自林俊强等，2018）

第八章

自然湖泊湿地
生态修复模式

一、以湿地生物多样性保育为目标的生态修复模式
——以东洞庭湖大、小西湖为例

（一）项目背景

大、小西湖处于东洞庭湖西北角，为东洞庭湖保护区的核心区之一，也是洞庭湖最为重要的鸟类栖息地，该区鸟类常年占整个东洞庭湖冬候鸟总数的1/2以上。由于洞庭湖地理位置的特殊性，大、小西湖一直处于退化阶段，表现为较快泥沙沉积、湖泊水域萎缩明显。尤其2003年三峡水库运行后，洞庭湖水位急剧下降，水量减少，湖泊退化和萎缩明显。为保护大、小西湖候鸟栖息地，2008年东洞庭湖自然保护区开展了建闸抬升水位等措施，这些措施有效改变了水文环境，对候鸟栖息起到了必要的保护作用。当前，影响候鸟栖息的因素主要有3个方面：一是湖心区景观相对单一，导致生境类型单一化；二是沉水植物消失，导致候鸟食物类型相对单一化；三是在干旱年份，容易导致大、小西湖缺水，导致了生境的进一步恶化。基于此，营造多样的湖心景观、恢复沉水植物、构建补水系统是大、小西湖候鸟栖息地修复的关键。

2008年之前，东洞庭湖大、小西湖长满了沉水植物，且种类相对丰富；2008年后沉水植被植物，一方面由于水量少、水位快速下降；另一方面大、小西湖周边进水口以及洞庭湖"三口""四水"来水的水体营养浓度含量高，同时由于大、小西湖所处地理位置特殊，水交换困难，导致大、小西湖水质恶化，富营养化现象明显，沉水植物逐渐退化，但有些区域尚能看到苲草，这一现象不断持续。至2011年后，大、小西湖沉水植物全部消失。沉水植物消失后对生态保护产生了显著的负面影响，主要表现为：①沉水植物为水体生态系统的稳定器，全部消失后水域生态系统的自调节功能大幅下降，生态系统特征易受周边环境影响而出现功能退化。②沉水植物是许多越冬候鸟的食物来源，特别是鹤类的主要越冬食物。因此，沉水植物的消失直接导致冬候鸟越冬食物的短缺，使得近几年来以沉水植物为主要食物来源的冬候鸟不管是从种类还是从

数量都急剧锐减。③沉水植物的消失可使生态系统中食物链变短，食物网简化，各主要生物群落的生物多样性显著减少，如纤毛虫类、腹足类、底栖动物、藻类及附着螺类，将抑制这种食性候鸟的取食。④沉水植物的消失将导致鱼类资源严重衰竭，鱼类种群结构简单化、小型化，草食性、杂食性鱼类失去饵料，草丛产卵型鱼类资源剧减。

可见，沉水植物恢复成功与否已成为大、小西湖生物多样性保护的瓶颈。

（二）生态修复目标

（1）解决旱季缺水问题。通过水系改造和水道疏通解决大、小西湖旱季缺水问题，充分考虑大、小西湖在极端环境下的缺水问题及周边的可能水源，通过河道疏通、修建闸坝等措施，理顺进出水口，且充分考虑以水系改造不对沉水植物生长发育、洲滩发育产生太大负面影响为基本前提，解决大、小西湖旱季缺水问题。同时，通过合理的控水措施，将水质差的水源控制在大、小西湖之外，尤其不对沉水植物恢复区产生负面影响。

（2）合理功能分区，保护鱼类和候鸟。通过控水和围隔建设，将大、小西湖分隔为鱼类保护区和沉水植物恢复区两部分，最终达到同时保护鱼类资源和恢复沉水植物的双重目的。

（3）营造多样栖境。通过地形地貌改造、植被恢复等措施，构建带状植被分布格局，营造大、小西湖多样的栖息环境。通过开沟、建设矮小围堤、恢复植被等措施，即通过部分地形地貌的改造改变局域水文情势，构建带状植被分布格局，营造大、小西湖多样的候鸟栖息环境，同时也营造出多种沉水植物恢复的必要水生环境。

（4）开展中试实验和应用示范。根据科学实验的结果，采取有效措施在小西湖周边地区进行沉水植物群落恢复的中试实验，使小西湖莐草群落快速建群并有效恢复。在科学实验和成功中试的基础上，考虑大西湖的具体水文、底泥环境等基本特征，将技术措施和方案进一步推广到大西湖。最终，在大、小西湖全面恢复莐草、苦草、罗氏轮叶黑藻、金鱼藻、穗状狐尾藻等至少 5 种沉水植物。

（三）生态修复思路

针对东洞庭湖沉水植物急剧退化且大部分区域已消失、候鸟栖息地生境恶化等现状，项目通过合理功能分区、优化水系路线，开展以沉水植物恢复为重点的带状植被重构工作，达到候鸟栖息生境改造的目的，初步创建了"合理分区—水系优化—植被恢复—生境改造"的综合技术体系。所采用的生态技术包括水位调控技术、水生植物培育技术、沉水植物种苗定植技术、鱼种群密度控制技术、底泥改造技术等，采用调查、实验分析等手段，确定限制植被恢复的主要因子，提出恢复方案并进行示范推广，最终总结出大、小西湖沉水植物恢复的技术规程。具体包括：①对大、小西湖进行合理的功能分区规划（鱼类保护区和候鸟栖息区），满足大、小西湖同时保护鱼类资源和冬候鸟的生境条件。②优化水系流动路线，构建合理的水位梯度，形成 4 级水位梯度湿地系统（壕沟 1 级水位梯度、小西湖 2 级水位梯度、大西湖其他植被恢复区 3 级水位梯度、大西湖 4 级水位梯度），在物理条件上将大、小西湖由现有的封闭水位管理调整，为流动性的动态水位管理创造条件。③构建湿地带状植被格局，即芦苇带、薹草带和沉水植物带，建成好几个带的科研监测长廊的同时，为候鸟提供多样的栖息环境。④恢复多样的沉水植物群落，为冬候鸟提供必要的食物和栖息环境。

（四）生态修复方案

基于上述生态修复思路，本项目先后采取功能分区、本底调查、基础设施建设、科学实验开展、种苗培育、中试实验和应用示范、植被恢复实施、实验区和恢复区管理等措施，以达到项目设定的修复目标，具体的生态修复实施方案如下。

1. 功能分区

将大、小西湖逐渐构建成补水通道、鱼类保护区和沉水植物恢复区3个功能区。

2. 本底调查

调查水体理化性质、底泥理化性质、鱼类组成等环境因子的基本特征，同时结合水文土壤等环境因子的测定，通过相关统计分析，初步分析确定沉水植物消亡的可能原因。

3. 基础设施建设

（1）补水系统设施改造。考虑到在较干旱年份，大、小西湖会缺水，甚至干旱，因此补水系统的建设是必要的。同时考虑当前大、小西湖进水水质（如来自华容河的水质极差，在正常年份应避免该河流的水进入大、小西湖），为营造沉水植物较好生长环境，通过进水河道疏通、修建闸坝、理顺进出水口等措施，建设改造好3个关键的水闸（包括改造拦坝河控水闸，在采桑湖边进水口新建1座进水闸，在大西湖出水口新建1座水闸），利用水道自然地形地貌特点，完成水的拦截和开放自如的补水，控制大、小西湖水位的水系结构，完成大、小西湖水系改造（图8-1）。

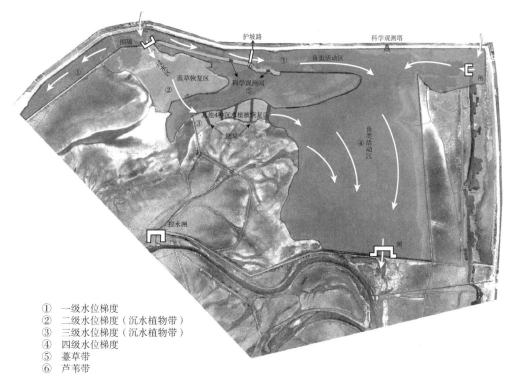

① 一级水位梯度
② 二级水位梯度（沉水植物带）
③ 三级水位梯度（沉水植物带）
④ 四级水位梯度
⑤ 薹草带
⑥ 芦苇带

图 8-1　大、小西湖整体改造及实验功能分区图

（2）地形地貌改造（含矮堤建设和加固）。考虑到大、小西湖湖心地形地貌构造相对简单，沿水域周围水文情势易变，不利于沉水植物的生长和恢复等特点，因此进行地形地貌改造营造出多样的生境。在大西湖末端进行矮堤建设，形成4个梯级湿地系统，配合有效的保水措施，营造适合多种沉水植物生存的水体环境。考虑到当前大西湖出水口有100 m左右的堤坝容易溃败，将采用填入大量砂石进行加宽加固，确保大西湖水情在枯水季节得到有效控制。在小西湖2个闸之间以及大西湖的鱼类活动区进行鱼类活动通道疏通，并对小西湖的湖盆进行平整便于水生植物生长和开展实验。

（3）监测研究长廊和生态防浪护坡路建设。考虑到历史上大、小西湖就具有典型的植被带状分布格局（依高程从上到下分布着芦苇带、薹草带和沉水植物带），这些带状分布的植被对于候鸟的栖息具有重要意义，同时也是监测和研究鸟类种群动态与生境关系的典型区域，重建3类植被（芦苇、薹草和沉水植物）科研观测长廊，并建设好1个科研观测塔、2个科研观测屋，对于进一步优化鸟类栖息环境、强化候鸟生态研究具有重要的现实和理论意义。同时，建设好由大堤进入大、小西湖的生态防浪护坡路（150 m）对于保障科研监测人员的人身安全、免受血吸虫感染具有重要意义。

（4）实验围隔系统建设。将根据科学实验需要在小西湖建设实验围隔，主要采用的建设方式如下：外围采用镀锌管和尼龙渔网（网径为1.5~2 cm），镀锌管间距为4 m，高度为2~2.5 m/根；内围采用竹杆和尼龙渔网（网径为3 cm），镀锌管间距为4 m，高度为2~2.5 m/根。

4. 科学实验

通过大湖围隔和湿地站水泥池系统开展鱼类密度、沉水植物种植密度、沉水植物栽种时间等对恢复效果影响，以及底泥营养和透明度影响等实验确定影响沉水植物生态恢复的关键环境因子，具体如下（图8-2）。

（1）鱼类密度对恢复效果影响实验。在建设好的大型围隔中，分别设置低密度、中密度、高密度鲤鱼投放量，设置3次重复，在良好生长一段时间后监测和分析鲤鱼密度对菹草群落恢复效果的影响。

（2）沉水植物芽或种苗种植密度对恢复效果影响实验。在建设好的大型围隔中，分别设置低密度、中密度、高密度沉水植物芽或种苗种植密度，设置3次重复，监测和分析菹草沉水植物芽或种苗种植密度对群落恢复效果的影响。

（3）栽种时间对恢复效果影响实验。在建设好的大型围隔中，分别在每年11月、12月、翌年3月栽种菹草种苗，分别在3月、4月和5月栽种其他4种沉水植物种苗，监测植物生长状况，分析不同栽种时间对沉水植物恢复效果的影响。

（4）底泥营养实验。分别以外源淤泥和大、小西湖淤泥为培养基质栽培沉水植物，同时通过对相应基质土壤理化性质的测定和相关统计分析，确定底泥对沉水植物生长发育的影响因子。

（5）透明度实验。通过清水和浑水构建不同透明度对沉水植物生长的对比实验，测定不同沉水植物的光补偿点。

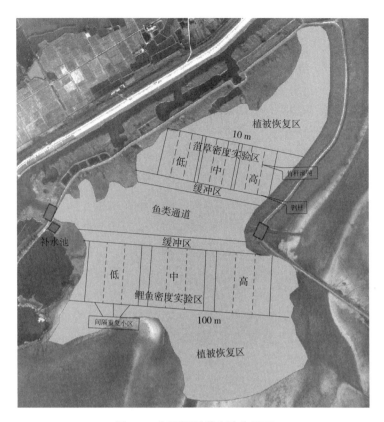

图 8-2　小西湖科学实验分区图

5. 种苗培育

利用洞庭湖湿地站水泥池实验系统和现有的池塘系统，同时利用洞庭湖湿地站现有实验室改造成 2 个植物种苗培育的温室系统，在冬季大量培育其他 4 种沉水植物种苗，构建沉水植物生态恢复所需的植物资源库，为大、小西湖湿地恢复提供尽可能多的种苗，以便及时提供更多种苗并降低种苗购买成本。同时，鉴于大、小西湖水体环境变化大，为保证成活，将种苗培育成大苗后再进行种植，以便在多变的环境条件下（如洪水周期的变化）帮助种群尽快恢复，并按期完成生活史。

6. 中试实验和应用示范

根据科学实验的结果，采取有效措施在大西湖围隔实验区的中试实验场开展中试，中试成功后将在大西湖进行沉水植物群落恢复推广，使大、小西湖沉水植物群落快速建群并有效恢复。为确保大西湖沉水植物群落得到有效恢复，建设双向围隔将大西湖隔离为鱼类保护区和沉水植物恢复区。在合理分区的基础上进行沉水植物种植，最终使大西湖沉水植物得到有效恢复。

7. 植被恢复

通过地形地貌和水系结构调整，在大、小西湖典型区域恢复包含沿高程分布的芦苇带、薹草带和沉水植物带 3 类，在大、小西湖构建洞庭湖典型带状植被格局。

（1）芦苇带。在大、小西湖临壕沟较高区域，通过进一步抬高地势，创造适合芦苇生长发育的水文条件，恢复重建宽 3 m，长 850 m 的芦苇带，以便对大、小西湖候鸟进行更好的科研监测。

（2）薹草带。在现在薹草发育的基础上，适当进行微地形地貌调整，同时通过移栽、补种等方式，使薹草带在现有基础上得到更快更好的发展。

（3）沉水植物带。针对当前大、小西湖沉水植物全部消失这一基本情况，通过大、小西湖壕沟—小西湖—大西湖为水系调整方向，通过地形地貌改造和水力条件调整，构建4级水位梯度的湿地系统，且充分考虑沉水植物的自我净化功能，在小西湖恢复菹草植物群落，在大西湖靠小西湖的湖汊恢复其中4种沉水植物，构建种类组成多样的沉水植物带。

8. 实验区和生态恢复区管理

科学实验结束后将小西湖中地围隔撤除（除阻挡鱼类进入的围隔外），通过合理的管理和栽培措施让该区沉水植物得到自然恢复。在大、小西湖随时监控植被生长状况，进行必要的人工补种、水位管理等措施，使沉水植物得到良好生长。

（五）生态修复效果

项目实施一年多来，在经历了水质恶化和2017年大洪水的双重考验下，多年未见的沉水植物重现"水下森林"景观，沉水植物已恢复总面积达50 hm²以上。已恢复的沉水植物包括菹草、罗氏轮叶黑藻和金鱼藻3个物种。植被恢复区湖水清澈见底，与未恢复区形成了鲜明对比，水质净化效果极其显著。监测表明，植被恢复区栖息的冬候鸟种类和数量得到了极大提升，已记录到珍稀濒危保护鸟类6种，如在该区域很少发现的小天鹅，2018年3月初一次性就发现了58只在此栖息。同时，该区域已消失的芦苇已成活建群并恢复成植被带。自此，已在大、小西湖基本构建好沉水植物—薹草—芦苇植被带（图8-3），生态系统完整性得到有效修复，生态系统功能正逐渐得到增强。

恢复后的芦苇带

恢复后的菹草群落

恢复后的薹草群落

来此栖息的小天鹅种群

图 8-3 沉水植物群落恢复后效果图

二、以湿地生境修复为目标的生态修复模式
——以华容东湖国家湿地公园为例

（一）项目背景

湖南华容东湖国家湿地公园是 2013 年经国家批准建设的。湿地公园以华容东西湖为主的东湖湿地处于洞庭湖生态经济区，是古洞庭湖的一部分，也是洞庭湖区域候鸟的非常重要的栖息地。范围包括"五湖一库"即东湖、罗帐湖、北汊湖、中西湖、下西湖以及北汊水库，规划总面积 5700.7 hm²。园内有湖泊湿地、沼泽湿地、人工湿地 3 类 5 型，湿地面积共计 4976.1 hm²，占公园面积的 87.3%。天然形成的五大湖离华容县中心距离较远，基本没有受到过严重的污染。

公园的核心——东湖，处于新生大垸内，位于插旗镇西部，禹山镇东部，总面积 23.2 km²，是县域内最大的调蓄、养殖两用湖。湖底高程 25.5 m，临湖溃堤长 138.5 km（其中插旗镇 9.8 km，禹山镇 9.5 km），堤顶高程 30.0~30.5 m 不等，面宽 3.0~4.0 m，调蓄水量 4640×10⁴ m³。特征水位：下限水位 27 m，上限水位 29 m，保证水位 29.4 m。浪高可达 2 m。东湖面积 2900 hm²（不含北湖），后开垦了部分湖田，并创建了国营东湖渔场。

近十几年来，由于湿地公园周边人口的增长与经济的快速发展，以及人们对湿地认识上的偏差，长期以来忽视或者淡化了湿地保护工作，对湿地生态环境造成了强烈的冲击，致使湿地受到不同程度的破坏，湿地生态趋于恶化。

（1）人为活动导致自然湖泊湿地面积减少，湿地动植物生存环境受到破坏。湿地面积日渐缩减，围垦等人为活动导致湿地植被不断遭到破坏，湿地面积逐渐减少。湖泊湿地的围湖养殖、圈块种植也使许多湿地受到干扰，加上渔业等水产养殖中过度投放饲料、化肥、农药和鱼药等。另外，周边农户生活污水和农田废水未经净化直接流入湖泊，均造成湖泊水质的严重下降，湿地动植物生存环境受到破坏，越来越多的生物物种，特别是珍稀生物失去生存空间而濒危，物种多样性减少而使生态系统趋向简化，有的种类难以恢复，给湿地鸟类的栖息带来不良影响。

（2）科研监测技术落后，公众湿地保护意识有待提高。湿地管理和科研起步较晚，对湿地的系统研究相对滞后和薄弱。监测技术和手段落后，没有建立对湿地生态系统的动态监测网络体系。同时，公众对湿地价值、功能及其在经济社会可持续发展中的重要性仍缺乏足够的认识。加之人口压力大和土地资源缺乏、湿地被不合理开发或破坏，湿地作为一种独特生态系统的价值和功能被忽视或弱化。

（3）湿地保护体系缺失，湿地管理水平有待提高。华容县紧靠东洞庭湖保护区，长江在该县境内穿过，但该县尚无国家级、省级、市级自然保护区（小区），也没有以政府名义行文确定的县级保护小区、湿地公园。

保护管理湿地资源存在许多制度上和经济扶持上的空白，也没有完善的保护机构和有力的保护措施，滥垦湿地，随意改变湿地用途进行不合理养殖种植野生动植物的

事件时有发生，对湿地资源造成了一定程度的破坏。

（4）溃堤长年失修，湿地防洪调蓄功能减弱。近年来，湖床逐年抬高，东湖水量调蓄能力日渐降低；且溃堤长年失修，现已日趋单薄，已不能担负围湖保水的重任。

（5）湿地保护与经济发展矛盾比较突出。湿地公园沿岸周边的社区经济不发达，一部分人为了谋求经济利益，存在破坏公园内动植物资源的行为。社区工业、农业等生产项目以及村镇建设也对东湖湿地公园存在潜在影响。

基于此，本项目实施点选择在东湖禹山镇桃花岭溃堤外至边岸矮围之间的低洼低值田和浅荒水面。该区域位于东湖的北侧，是东湖与北汉湖以沟渠相通、受风浪侵害最严重的区域，浪高可达 2 m，溃堤长 1485 m、海拔 30 m，原有溃堤受损严重；溃堤外中部有 8 个围垦种植了莲的池塘，其中 4 个池的莲生长茂盛，其余 4 个则较为稀疏；莲池外旁有边岸防浪矮堤，矮堤上种有少量芦苇，边岸防浪矮堤 28 m；最高蓄水面 29.43 m，湖底 27 m。结合桃花岭溃堤生态整治工程，对溃堤外区域稍加改造即可恢复和重建湖泊湿地，费用低，并能很快恢复水禽栖息地。同时，该区域代表性强、示范效应好，保护好水禽栖息地可吸引更多数量与种类的水禽到此栖息，可进一步丰富东湖的生物多样性。该区域农户较少，污染少，水质良好，易于管理。项目建成后，湖泊水岸线自然优美，尤其与周围的农田和森林紧密相邻，风景非常优美。通过吸引游人前来观光旅游，可使其从中感受到保护湿地重要性。

（二）生态修复目标

在《湖南省湿地保护条例》和《湖南省建设湿地公园发展规划》框架下，本生态修复项目在协调湖南华容东湖国家湿地公园建设时，充分利用现有低洼低质田和荒浅水面，在禹山镇东湖桃花岭溃堤外实施华容东湖水禽栖息地恢复重建示范项目，修复和重建湖泊湿地生态系统，发挥湿地的各项功能，包括通过湿地景观再造和周边湖泊、农田景观改造，建设湿地风光与湖泊、农业生产融为一体的湿地与农耕景观游览区，为东湖国家湿地公园桃花岭添加新景观；在湿地景观区利用多样化的湿地景观开展环境教育，展示以水生植物、动物为主的湿地生物多样性等。具体目标包括：①完成约 3 hm² 自然湿地修复与重建，开展退耕还湿示范，展示湿地的景观、生物多样性保育、娱乐和教育等综合功能。②实现 3 hm² 湿地湖泊、农耕景观和森林景观的融合，形成湖泊湿地与农业观光区的同时，也形成地方湿地湖泊和农业观光"三产"（农业生产、农产品加工、农业相关服务）改革的示范区，成为东湖国家湿地公园景观的重要组分。③在项目实施区内通过三重防护（即防浪网、边岸防护矮堤和回水弯）保护桃花岭溃堤，在边岸防护矮堤种植水生植物，达到长期保护防浪矮堤的目的；在边岸防浪矮堤与溃堤之间的 8 个池，种植挺水植物、沉水植物和浮叶根生植物；根据不同池区特点通过植物培植营造景观，从而达到在休闲娱乐的过程中开展科普教育的目的。

（三）生态修复思路

针对东湖湿地破坏严重，湿地生态功能退化等问题，项目通过合理功能分区、边岸防浪矮堤修复、湿地功能重建等措施，初步创建了"合理分区—矮堤修复—生境营造"

的综合技术体系。所采用的生态技术包括防浪消浪技术、水生植物培育技术、底泥改造技术等，采用了调查、实验分析等手段，确定限制湿地功能重建的主要因子，提出恢复方案并进行示范推广，最终总结出华容东湖湿地生境修复的技术规程。具体包括：①对华容东湖进行合理的功能分区规划（防浪消浪区、矮堤恢复区和植被恢复区），针对不同功能区制订修复方案。②沟通水系，保持各区水系的连通性和可交换性。③构建湿地带状植被格局，即沉水—浮叶根生—挺水植被带。④恢复湿地结构，为湿地生物提供适宜生境。

（四）生态修复方案

基于上述生态修复思路，本项目先后采取功能区规划、植物配置等措施来恢复湿地结构，从而实现项目区水禽栖息地的修复。具体的生态修复实施方案如下。

1. 功能区规划

华容县禹山镇东湖桃花岭水禽栖息地恢复重建示范项目的总面积为 3.33 hm²，主要由 3 个功能区组成：三重防浪系统、边岸防浪矮堤修复区和水生植被恢复区（图8-4）。主要建设内容如下：

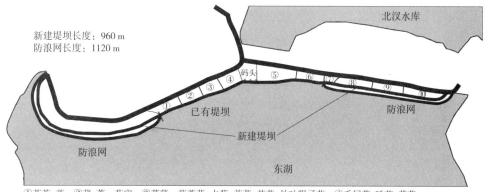

新建堤坝长度：960 m
防浪网长度：1120 m

①芦苇+莲；②菰+菱、芡实；③菖蒲、萍蓬草+水葱+荇菜–苦草+竹叶眼子菜；④千屈菜+睡莲+苦草；
⑤美人蕉、旱伞草+睡莲、芡实+罗氏轮叶黑藻、苦草；⑥蔗草、香蒲+菱+罗氏轮叶黑藻–金鱼藻；
⑦⑧⑨⑩香蒲+狐尾藻、苦草、罗氏轮叶黑藻、金鱼藻

图8-4 生态修复区总体功能布局图

（1）建设三重防浪系统。由于东湖风大浪高，可达 2.5 m 以上，新修复的溃堤和防浪矮堤均易遭水浪冲刷而受损，甚至刚建成的大堤也面临被冲毁的危险，可导致种植的各类水草、湿生和水生植物等被毁。因此，采取以下三项措施做为重点防浪措施。①第一项防浪措施：建立钢柱防浪网。即在距新建的边岸防浪矮堤外 8~10 m 水面用3.5 m 长的 8 号槽钢作柱子，槽钢打入湖底 1 m，两槽钢间距 2.5~3 m，每隔一钢柱打一斜撑，防浪网用勾花护栏网，底部网距湖底 50 cm 以上，可使鱼自由进出（图8-5、图8-6）。②第二项防浪措施：在无边岸防浪矮堤处建立边岸防浪矮堤，该边岸防浪矮堤主要起保护溃堤和水草种植区。③第三项防浪措施：在靠近原有的边岸防浪矮堤两端建立回水湾，将大浪带来的水通过回水湾返回湖中心，以保护溃堤和水草种植区。

（2）边岸防浪矮堤修复区。在溃堤外，中间原有边岸防浪矮堤保存尚好，但两端直通大湖，存在巨大安全隐患。因此，一是对中间原有矮堤进行修缮，达 28.3 m 以上

的高程；二是在两端与原有边岸防浪矮堤接上，补充建设边岸防浪矮堤，并在矮堤上种植湿生植物护堤，堤下打一排木桩，达到长期保护溃堤和种植的水生植物的目的。

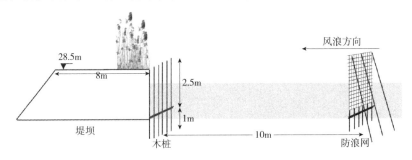

图 8-5　三重防浪系统示意图

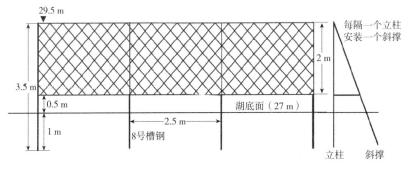

图 8-6　防浪网示意图

（3）水生植被恢复区。在溃堤与边岸防浪矮堤之间建立生态恢复湿地区，种植不同的挺水植物、沉叶植物、浮叶根生植物，优化湿地结构和美化湿地景观，对游客及周边群众可起到起宣传教育作用。

2. 植物配置

（1）植物配置原则。①契合目标，因地制宜：项目目标为水禽栖息地恢复重建，栖息地恢复重建包括两个方面：一是食源补给，二是栖息避难。水禽以水生植物（沉水植物、浮叶根生植物、挺水植物、湿生植物）、鱼类、底栖动物为食，水生植物也是鱼类和底栖动物的食物或产卵避难场所。因此，水生植物既是水禽的主要食物也是构建水禽食源链的关键环节。同时，挺水植物和湿生植物群落能为水禽提供休憩和避难场所。由此可见，水禽栖息地恢复关键还在于水生植被的恢复，只有恢复好水生植被才能吸引和稳定更多的水禽在此休憩觅食。项目区为东湖国家湿地公园的窗口展示区及码头所在地，受关注度和游客量很高，因此，在进行生态恢复的过程中应因地制宜结合湿地景观营造，将水禽栖息地恢复重建区营建成一个集生态恢复、科普宣教及生态旅游为一体的生态景观长廊。②优先选用原生植物：在植物配置中优先选用原生植物。原生植物通过长期对当地自然环境的适应，其在生理、结构、外部形态等方面都会对环境条件产生趋同适应，原生植物也是最能适应当地气候条件的物种，因此，选用原生植物完全能适应当地环境条件，可快速建群达到恢复重建的目的。优先选用原生植物还能减少外来植物的使用降低外来植物入侵的生态风险。③合理搭配：不同植物其生育周期不一致、为满足水禽对食物和栖息环境的要求，在进行栖息地水生植物配置的时候必须充分考虑该区域水禽的种类、数量、食性及栖息习性等。水禽喜欢采食的水生植物种类和能提供安全庇护的挺水或湿生植物种类由此成为恢复重建目标。

同时根据湿地植被带状分布特点和不同生态型植物对水文环境的适应特点，在合适区域配置湿生植物、挺水植物、浮叶根生植物和沉水植物为是湿地生态景观服务。

（2）植物配置方案。根据以上植物配置原则构建自然带状植被格局，即沿水至岸边分别配置沉水—浮叶根生—挺水植物（图8-7，表8-1）。具体如下：池1，现存植被类型为莲，因地制宜，充分利用现有莲的特征并加以环境改造（防浪堤配置芦苇）营造一个春可赏叶（小荷才露尖尖角，早有蜻蜓立上头）；夏可赏花品茗，体验夏日荷风；秋可品莲；冬可挖藕赏芦的体验式湿地景观。池2，池边浅水区域斑块配置菰，形成自然状菰群落，敞开水面配置菱＋芡实，构建挺水、浮叶根生植物自然湿地植物景观。池3，池边浅水区域斑块片植菖蒲，近菖蒲配置菱，池中曲线点缀配置水葱，敞水区配置荇菜—苦草＋竹叶眼子菜构建洞庭湖常见自然湿地景观。池4，池边片植千屈菜，浅水区控制性配置睡莲，敞水区配置苦草，通过沉水植物的净化作用营造一个"一池清水映碧莲"的景观。池5，池边片植香蒲、风车草，浅水区点缀配置睡莲，敞水区控制性配置芡实，沉水植物配置罗氏轮叶黑藻＋苦草，池4和池5分别位于码头两侧，根据对称造景方式营造景观。池6，池边及浅水区域片植蘸草，点缀丛植香蒲，敞水区配置菱＋罗氏轮叶黑藻—金鱼藻构建自然湿地植被景观。池7~10，池两边条带状配置香蒲，中间水道配置沉水植物，如穗状狐尾藻、苦草、罗氏轮叶黑藻、金鱼藻等，模拟自然河道植物组成构建湿地景观。所配置水生植物共19种，其中沉水植物5种，挺水植物9种，浮叶根生植物4种，湿生植物1种。

表 8-1　生态修复区植物配置

植物种类	密度（株/m²）	规格（cm）	生态型
莲	5	10~50	挺水植物
芦苇	15	10~50	挺水植物
南荻	15	10~50	挺水植物
菰	15	10~50	挺水植物
菱	15	5~20	浮叶根生植物
芡实	1	10~50	浮叶根生植物
菖蒲	10	30~50	挺水植物
水葱	5	30~80	挺水植物
荇菜	15	5~15	浮叶根生植物
苦草	20	5~15	沉水植物
竹叶眼子菜	20	15~50	沉水植物
千屈菜	15	15~50	湿生植物
睡莲	2	20~40	浮叶根生植物
风车草	3	30~100	挺水植物
罗氏轮叶黑藻	20	10~20	沉水植物
蘸草	15	30~50	挺水植物

（续）

植物种类	密度（株/m²）	规格（cm）	生态型
香蒲	10	50~100	挺水植物
金鱼藻	20	10~20	沉水植物
穗状狐尾藻	20	10~20	沉水植物

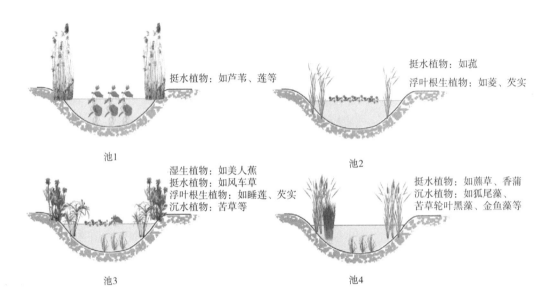

图 8-7　生态修复区部分植物配置模式图

（五）生态恢复效果

　　实施生态修复工程后，项目区生态环境明显改观，整体水质达地表Ⅲ类标准以上，湿地景色优美，生物多样性提升明显，为华容县当地居民提供了旅游休闲和科普教育的良好场所（图 8-8、图 8-9）。同时，在华容东湖国家湿地公园验收时，获专家组一致好评，评级为优秀，该建设模式已在全国范围广泛推广。

图 8-8　湿地生态恢复前景观图

图 8-9　生态修复区水禽栖息地恢复效果

第九章

河流沟渠湿地
生态修复模式

一、以污染物治理为目标的河流湿地生态修复模式
——以湖南捞刀河重金属污染治理项目为例

（一）项目背景

据《全国土壤污染状况调查公报》（2014）显示，我国耕地土壤点位超标率19.4%，其中轻微、轻度、中度和重度污染点位比例分别为13.7%、2.8%、1.8%和1.1%。其中，以镉、铅、砷、铬等为代表的重金属污染问题尤为突出。污水灌溉被认为是土壤重金属污染和稻米等农作物重金属超标的重要原因之一。根据原农业部对全国污灌区的调查，在约 $140 \times 10^4 \ hm^2$ 的污水灌区中，遭受重金属污染的土地面积占污水灌区面积的64.8%。但由于地表水污染范围比较广或水资源匮乏等原因，使用污染水源进行灌溉是不得已而为之。因此，采用适当技术措施对灌溉水源进行净化处理，有效降低灌溉水的重金属浓度，是修复重金属污染耕地和实现粮食安全生产的必要环节。由于工矿企业污染，湖南捞刀河流域灌渠底泥镉含量13.8~49.3 mg/kg，土壤全镉含量1.60 mg/kg，早、晚稻米镉含量分别为0.65 mg/kg和1.45 mg/kg，镉污染严重。

（二）生态修复目标

本湿地生态修复项目位于长沙县北山镇荣合桥社区。由于社区长期缺乏有效管理，致使周边河道淤塞和边岸水体流失严重；受上游工矿企业影响，河水重金属离子浓度较高。因此，本项目设定如下生态修复目标。

（1）通过河道水系改造实现水系连通，满足湿地水量需求。

（2）通过岸坡整治减少水土流失。

（3）通过人工湿地建设达到污染物去除。

（4）制定养护管理措施维持系统稳定运行。

（三）生态修复思路

针对当前镉污染灌溉水处理占地面积大、成本高、稳定性差、易造成二次污染等技术难点，本项目借助河道自然蜿蜒地形，从空间上构建水体—河滨湿地植被缓冲带格局（图9-1）；通过合理配置重金属富集植物，如水蓼、水葱、粉美人蕉（*Canna glauca*）、香蒲、芦苇，在保证农田灌溉水重金属污染去除的同时，打造优美的河滨湿地景观带（图9-2）；通过河道清淤，修建潜坝调控湿地水位，在保证湿地植被生长的水位需求的同时兼顾河道排沙功能，有效防止河道淤积（图9-3）。通过本系统的运行，达到不占用农田、镉污染去除效率高、运行成本低、容易操作和管理，满足在耕地重金属污染修复中对灌溉水源进行净化处理的需求。

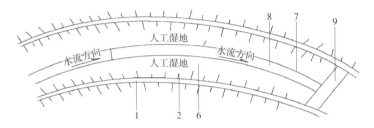

图 9-1 净化处理镉污染灌溉水的河滨带人工湿地的平面布置图

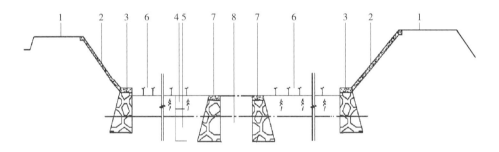

图 9-2 净化处理镉污染灌溉水的河滨带人工湿地的剖面示意图

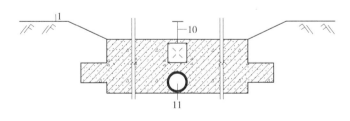

图 9-3 潜坝剖面图

图 9-2~ 图 9-3 中：1. 大堤，2. 护坡，3. 第一挡墙，4. 土壤层，5. 填充材料层，6. 湿地植物组合（水蓼、水葱、香蒲和芦苇等湿地植物），7. 第二挡墙，8. 河槽，9. 潜坝，10. 提升平板钢闸，11. 排沙孔

（1）地点选择。选择荣合桥下游一段水流比较平缓的河段，长度约 85 m，淤滩面积约 600 m²。湿地末端为灌溉水源的取水口。

（2）河槽加固。按枯水期的水面宽度，沿河槽左右两侧轮廓线，纵坡 1/400 用麻条石及 M7.5 浆砌石构筑第二挡墙，防止洪水对人工湿地的冲刷。

（3）岸坡整治。左岸土方筑大堤防洪水漫溢，长 85 m、断面 1 m×1.5 m、左岸按 1∶0.7 整坡；右岸采用麻条石筑砌第一挡墙，长 85 m、断面 2.5 m×0.305 m，采用连锁生态砖护坡。

（4）河道清淤。对淤滩进行基底改造，将 0~60 cm 表层淤泥移出。

（5）湿地床填充。湿地床自下而上依次分层填入生石灰石、人造沸石、炉渣和河沙，填充材料层总厚度为 40 cm，上层 20 cm 土壤层填入清洁稻田土壤。

（6）新建潜坝。潜坝采取钢筋砼现浇坝体。坝长 9 m，其中右岸长 6 m，坝高为 1.4 m、潜坝顶宽 2 m、下游溢流面坡比 1∶0.7，潜坝中间安装 D600 预制排沙孔，潜坝中间安装提升平板钢闸，调控水位，左岸长 3 m、坝高 0.7 m、坝顶宽 2 m，顺接下游河道。

（7）植物配置。栽种对镉吸收和积累能力比较强的湿地植物，种类为粉美人蕉、芦苇、香蒲、水葱和水蓼。由水及岸成带栽植，栽植顺序为：水蓼→水葱→粉美人蕉→香蒲→芦苇。

（8）人工湿地养护管理。湿地水位控制在 10~30 cm，在植物生长末期对植物进行收割。每周提升闸门冲沙一次，减轻河道淤积。

（四）生态修复效果

利用本模式所建立的河滨人工湿地运行了 2 年后，在 2016 年 1~12 月对人工湿地的进水和出水水质进行了采样和分析，发现对水体中镉的去除效果明显，平均去除率为 26.83%，在水体镉浓度较高的 8 月后，去除率达到 46.23%，能够有效地减少通过灌溉水输入到稻田的镉总量（表 9-1）。

表 9-1　2016 年 1~12 月长沙县北山镇荣合桥河滨人工湿地对灌溉中镉的净化处理效果

处理指标	1 月	2 月	3 月	4 月	5 月	6 月	7 月	8 月	9 月	10 月	11 月	12 月
进水镉浓度（μg/L）	0.20	0.21	0.18	0.03	0.11	0.13	0.06	1.23	0.05	0.20	0.36	0.42
出水镉浓度（μg/L）	0.19	0.18	0.17	0.02	0.07	0.08	0.04	0.66	0.04	0.14	0.31	0.33
去除率（%）	5.00	12.66	5.14	48.33	36.28	37.31	27.81	46.23	30.32	29.34	13.90	22.43

二、以水资源循环利用为目标的沟渠湿地生态修复模式——以长沙县金井茶场为例

（一）项目背景

金井茶场隶属湖南金井茶业有限公司。该公司是具有茶叶种植、加工和销售的产业链，集科、工、贸于一体的专业茶业公司。茶场位于长沙县金井镇，创建于 1958 年，2000 年实现民营企业的改革改制。2010 年，该公司被长沙市人民政府评为"利税过千万

元企业"、市"行业之星"企业、市技术改造"三百工程"重点项目企业、"两帮两促"企业、长沙市 4 大千亿产业集群入围重点企业。金井茶场现有茶园面积 7 万亩,有良种茶无性繁殖基地 10 hm²,现有红茶、绿茶、名优茶加工设备共 420 台(套),下辖 6 个加工厂,4 个分场,12 个工区,年加工能力 7000 t。随着金井茶场和周边社区的发展,农业面源污染显著增加,农村生活污水排放增加,导致茶场周边环境质量下降,影响企业形象。

(二)生态修复目标

由于茶山水系阻隔,且缺乏农业污水收集和净化系统,导致农业污水与雨水混流,进一步加重了茶场周边水环境污染。因此,本湿地生态修复项目设定如下生态修复目标。

(1)通过水系改造和水道疏通构建湿地强化净化系统,水质提升 1~2 档。

(2)通过疏通水道、修建宽浅湿地、池塘等措施,理顺农业灌溉废弃水源和雨水的进、出水口,且充分考虑以湿地改造有利于水生植被生长发育为基本前提,利用不同植物净化能力差异,构建多级强化净化人工湿地农业灌溉水处理系统,水质提升 1~2 档。

(3)开展人工湿地净化及水生植物的科普宣传教育。

(4)在茶场原有 6 个小型水塘的基础上,通过矮堤、滚水坝、控水坝、湿生植物明渠等改造措施,根据水生植物生活型分别建成挺水植物区、沉水植物区、浮叶根生植物区,根据不同园区特点通过植物培植营造景观,从而达到在休闲娱乐的过程中开展科普教育。

(5)利用污水进行资源化利用促进茶叶生产。

(6)采取有效措施使灌溉废水和过量雨水水质得到明显改善,在水质达标和沉水植物种群稳定后,在确保水质和保护生态的前提下,将灌溉废水资源化再生,为茶叶种植提供充足水源。

(三)生态修复思路

本湿地生态修复项目主要通过合理的功能分区规划、优化水系路线、构建水生植被群落,利用茶场周边自然水位梯度建造非动力人工湿地系统,从而达到茶场周边水质提升、实现清洁水源灌溉和湿地景观美化的目的。

(1)进行合理的功能分区规划,满足水质净化、科普宣传教育和水生花卉栽培的条件。

(2)优化水系流动路线,构建合理的水位梯度,在物理条件上创造一个适宜于水生植被生长发育的环境条件。

(3)建设多样的水生植被群落,同时营造适宜鸟类栖息的环境,并提供必要的食物。

(4)利用水位梯度,采用非动力系统建造人工湿地系统。

(四)生态修复方案

金井茶场湿地净化系统是以净化灌溉用水和农户污水为主体的净化系统,方案选取以建造费用低、运行维护简单为基本原则,重点改造 1~4 号塘湿地系统(图 9-4),主要组成部分包括,以下内容。

(1)灌溉用水收集系统。由土质明渠、混凝土汇水渠道、缓冲池等构成。用于汇水,去除残枝废物,缓冲洪水过程的水流。

（2）前置1号塘蓄水沉淀区。用于蓄积水源，控制水位和减缓进入下一级湿地净化区的水流。

（3）迂回水流湿地强化净化区。主要包括洄型沉水植物强化净化区、洄型挺水植物净化区、洄型挺水植物水道、滚水坝等。

（4）小型静水分级植物净化区兼具水景景观区，位于2号塘周边，由岸带向中心平缓加深，形成具有开敞水域的湿地系统。

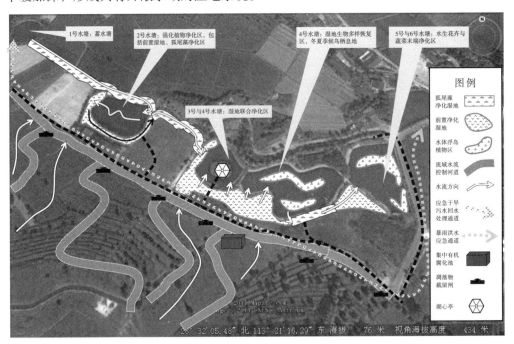

图 9-4　农业灌溉水和农户生活污水沟渠湿地净化系统构建示意图

（5）水生花卉及挺水植物景观区。主要位于3号塘和4号塘周边，包含水生花卉栽种区和耐水景观植物栽种区。

（6）湿地净化宣传教育区。整体净化区以现有净化系统为宣教基础，同时设置专门的水生植物宣教区（包含4种生活型至少30种以上的植物栽种区）。

（7）景观小道，景观休闲亭、台等。沿湿地水系路线布设景观小道，景观小道宽度50 cm，以鹅卵石铺设，小道两边打入木桩。在3、4号塘边地势相对平坦的位置修建景观休闲亭台供游客赏景、休憩。

（8）各区水质监测、采样系统的布设。人工湿地系统的正常运行离不开后期的运行管理，在各收集池的入水口需布设流量计用于监测农田污水流量和雨水径流，还需定期监测各水塘的水质和水生植物生长情况，并根据水生植物生长情况设定污水流量或进行必要的植物补种。

（五）生态修复效果

通过本模式建立的茶园，水生态净化与循环系统使其生态环境进一步美化，真正达到可持续农业要求。茶场业务持续增长，获得认证的有机茶叶如今热销马来西亚等海外市场。

第十章

沼泽湿地
生态修复模式

一、以湿地鸟类栖息地保护为目标的生态恢复模式
——以洞庭湖丁字堤沼泽湿地为例

（一）项目背景

丁字堤沼泽湿地位于洞庭湖以北，属东洞庭湖国家级自然保护区的核心区，是候鸟的重要栖息地之一。受到气候变化以及三峡水库蓄水的影响，丁字堤水位急剧下降。水量减少，一方面导致芦苇、南荻等植被向湖心扩张，致使洲滩薹草、水蓼、蒺草等植被分布面积减少。然而，以薹草、蒺草等植被占主体的洲滩一直是雁鸭类、鸻鹬类、鹤鹳类等候鸟的重要栖息生境类型，此类物种的退化导致候鸟栖息的生境缩小，对候鸟栖息构成了严重的威胁。另一方面，随着丁字堤水位的降低，为人为种植柳树提供了有利条件，导致该区域的旱柳等木本植物迅速增多。然而，丁字堤木本植物的扩张，对以草本植物为食物的候鸟而言，是一种潜在的威胁。

此外，受到水位降低的影响，丁字堤沉水植物一直处于退化状态，而人为的围捕导致沉水植物受损严重，加剧了沉水植物的退化，部分水域已难见大片的沉水植物群落，在水域地带出现的是小范围、种群单一的水生植物。然而，前期研究表明，沉水植物中的菹草等植物种类正是候鸟的食物来源之一，该物种的大面积退化将导致候鸟食物的短缺，引起东洞庭湖湿地候鸟承载力降低，迫使候鸟取食堤内小麦等农作物，产生了人鸟争地、人鸟争食的局面，出现了周边老百姓驱赶、围捕和猎杀鸟类的现象。因此，维持湿地水位，恢复洲滩植被，是恢复候鸟栖息地的关键，而恢复沉水植物类群，为候鸟提供充足食物，是候鸟栖息地生态恢复的重点。为保护丁字堤沼泽湿地生物多样性，修复候鸟栖息地，开展了候鸟栖息地生态恢复工程。

（二）生态修复目标

通过实地调研发现，丁字堤沼泽湿地存在的主要问题是旱季水位较低，不利于湿地植被薹草和藨草的生长。同时，缺水使得沉水植被和鱼类失去生存空间，进一步加剧了候鸟的食物短缺。因此本湿地生态修复项目设定如下生态修复目标。

（1）湿地水文过程恢复。针对丁字堤旱季水位降低，导致候鸟栖息地植被退化的问题，通过修复矮堤和涵闸等措施，减缓枯水季节水位消减的速度，逐步恢复候鸟栖息地水文状况，促进藨草、薹草等植被的恢复。

（2）候鸟栖息地植物资源恢复。针对丁字堤候鸟取食导致的植被退化问题，自高位洲滩到低位洲滩，分别种植冬小麦、薹草、藨草等雁类食物，在浅水水域种植苦草、眼子菜、金鱼藻、菹草等小天鹅及鸭类食物，为候鸟提供食物补给。

（3）候鸟栖息地鱼类资源恢复。在丁字堤深水水域，人工放养鲤鱼、鲫鱼、餐条、中华鳑鲏（*Rhodeus sinensis*）等定居性鱼类，逐渐恢复鱼类资源，改善鱼类群落结构，丰富候鸟食物种类。

（三）生态修复思路

针对丁字堤薹草退化，沉水植物大面积消失，候鸟栖息地生境恶化等现状，通过合理功能分区、优化水系路线，开展以薹草类和沉水植物恢复为重点的带状植被重构工作，达到候鸟栖息生境改造的目的，初步创建合理分区—水系优化—植被恢复的综合技术体系。具体修复思路如下。

（1）按照洞庭湖湿地植被带状格局的特点，即从高位洲滩—低位洲滩—水域，依次分布着芦苇带、薹草带和沉水植物带，开展湿地植被恢复。就洲滩植被分布特点而言，藨草靠近水边，薹草远离水边，水蓼位居中间。在湿地植被恢复设计与施工中，必须以此为基础。

（2）候鸟食源之一的植物种植或植物恢复时，需采用水系改造的方式，优化水系流动路线，营建合理的水位梯度，方可开展湿地植被带状恢复，尽量使植被恢复后能够达到自我维持的目标。

（3）在植被恢复过程中，除冬小麦采用种子播种方式外，其他物种必须采取以幼苗培育后栽培为主要恢复方式，方能提高成活率，以达到快速建群，修复效果显著，进而形成稳定群落的目标。

（4）候鸟食源之一的鱼类恢复时，需要选取定居性本土鱼类，适当增加放养规模，以快速形成稳定群落，持续为冬候鸟提供必要的食物。

（四）生态修复方案

1. 栖息地退化原因分析

通过对丁字堤水文特征、植被组成、冬候鸟结构等的时空调查，揭示该区域候鸟栖息地生境退化的原因，特别是沉水植物群落衰退的原因，确定生态恢复的关键在于修复候鸟植食性资源，难点在于沉水植物群落恢复。

2. 生态修复功能分区

参考东洞庭湖国家级自然保护区功能区划，将丁字堤划分为水系修复区、鱼类保护区、植被恢复区、小麦种植区等区域。

3. 基础设施建设

（1）拦水系统设施建设。由于丁字堤在干旱年份或干旱季节会出现缺水、水位降低等现场，而周边无河水补给，因此该区域的蓄水和截水是必要的。为了解决丁字堤水位下降过快的问题，营建不同水位梯度生境，为植被的恢复提供有利条件，一种方式是修复 15 km 的矮堤和 1 座拦水闸，使旱季能留住足够的水体，确保正常的生态需水。另一种方式是修复 1 座涵闸，不仅促进内湖与外湖的联通，而且可以控制丁字堤的水位深度，完成水体的拦截和开放自如的补水、控制丁字堤的水系途径，完成水系改造（图 10-1）。

（2）封闭护栏建设。因丁字堤位于人口密集区域，长期以来受到人为高强度的围捕和旅游等活动的影响，沉水植物大面积退化、鱼类资源削减，且对候鸟造成直接的干扰，为不影响湿地景观，在防洪大堤外围修建了 8 km 的封闭护栏，切断人流、车流进入丁字堤的通道，促进候鸟栖息地的恢复（图 10-1）。

图 10-1　丁字堤候鸟栖息地生态修复工程示意图

4. 候鸟食源补给工程

根据雁鸭类、鸻鹬类、鹤鹳类等鸟类对生境和食物的不同需求，在丁字堤高位洲滩到低位洲滩，依次种植冬小麦、薹草和藨草等，为雁类提供食物来源；在浅水域种植苦草、眼子菜、金鱼藻、菹草等沉水植物，为小天鹅及鸭类提供食物补给；在深水区放养小型定居性鱼类，为鹤鹳类等相关食鱼性鸟类提供食物补给。

（1）种植冬小麦。种植区主要位于丁字堤一线的光滩地上，部分接近低位洲滩的薹草地可开沟后种植，种植方式为每 5 m 开 20~30 cm 的沟槽 1 条，直播种植，避免过大的密度造成薹草的极度退化，播种量为 20 kg/ 亩，种植面积 86.7 hm²。

（2）种植薹草（水蓼）。薹草退化区一般位于湖滩的中高位区，水蓼退化区一般位于湖滩的中低位区，因此在丁字堤一线的中、高位洲滩上，即在薹草退化区（部分因水位下降已被芦苇侵占）种植薹草，在水蓼退化区（部分因水位下降已被薹草侵占）种植水蓼，薹草和水蓼的种植密度为 4.5 株（芽）/m²，种植面积 46.7 hm²。

（3）种植蔄草。种植区主要位于丁字堤一线靠近水面或内湖面 1~2 m 的光滩地上，采用培育幼苗种植，种植密度为 4.5 株（芽）/m²，种植面积 20 hm²。

（4）种植沉水植物。种植区域主要位于丁字堤一线的内湖，种植物种包括菹草、苦草、罗氏轮叶黑藻、金鱼藻、穗状狐尾藻等至少 5 种沉水植物。鉴于菹草和其他植物生活史存在明显差异，因此在植物配制中均包含菹草。同时，考虑到植物生长高度的差异，尽量在深水区种植穗状狐尾藻、竹叶眼子菜等长茎植物，在中水区、浅水区种植苦草、金鱼藻等无茎或短茎植物。植物配置模式由两植物组合而言，密度比例为 1：1，种植密度为 4.5 株 /m² 的方式进行，种植面积 20 hm²（表 10-1）。

表 10-1　沉水植物恢复区物种比例、种植区域和种植密度

种植方式	物种一	物种二	两植物比例	种植区	种植密度（株 /m²）
1	菹草	罗氏轮叶黑藻	1：1	浅水区	4.5
2	菹草	苦草	1：1	中水区	4.5
3	菹草	金鱼藻	1：1	中水区	4.5
4	菹草	穗状狐尾藻	1：1	深水区	4.5

（5）放养定居性鱼类。种类包括鲤鱼、鲫鱼、餐条和中华鳑鲏 4 种共 0.1 亿尾，放养面积 6.7 hm²，具体种类和数量见表 10-2。

表 10-2　定居性鱼类放养工程量

品种	体长规格（cm）	放养工程量（万尾）	品种	体长规格（cm）	放养工程量（万尾）
鲤鱼	1~2	400	餐条	1~2	200
鲫鱼	1~2	300	中华鳑鲏	0.6~1	100

（五）恢复效果

为评估丁字堤沼泽湿地候鸟栖息地生态恢复效果，分生境改造初期、改造中期、功能稳定期 3 个阶段连续监测了旗舰物种小白额雁和小天鹅种群变化，结果如下。

1. 小白额雁种群恢复效果

在生境改造初期（2003~2006 年），小白额雁的最大监测数量较低，为 605 只，在改造中期，小白额雁最大监测数量逐渐上升，该时期最大监测数量为 920 只，之后在功能稳定期，小白额雁的数量快速上升，该时期最大监测数量达到 3900 只（图 10-2）。丁字堤生境改造工程通过营造和维持草滩、泥滩、水体等关键生境类型的配置，为小白额雁提供了觅食（草滩）、饮水（水体）和休憩（草滩、泥滩和水体）等适宜生境，显

著提高了小白额雁的数量。

2. 小天鹅种群恢复效果

在丁字堤生境改造的不同时期，小天鹅数量的变化趋势与小白额雁数量类似。在生境改造初期，小天鹅的数量极低（监测未发现），在生境改造中期，小天鹅的数量快速增加，该时期最大监测数量达到 128 只，在功能稳定期，小天鹅的数量保持了快速增加的趋势，该时期小天鹅的最大监测数量达到 216 只（图 10-3）。丁字堤生境改造工程在枯水期通过营造和维持不同水位梯度的水体生境，尤其是 20~50 cm 的水体，为小天鹅提供了适宜的觅食生境，显著提高了小天鹅的数量。

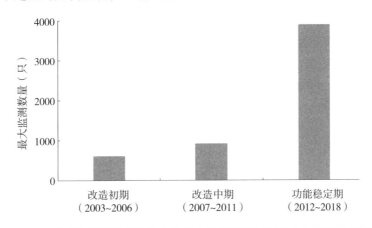

图 10-2　丁字堤沼泽湿地候鸟栖息地生态恢复不同时期的小白额雁数量变化

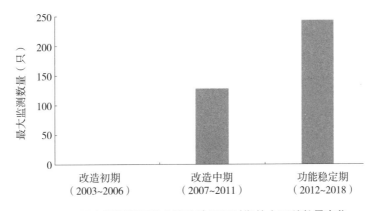

图 10-3　丁字堤沼泽湿地生境改造不同时期的小天鹅数量变化

二、以高原湿地生态环境保护为目标的生态修复模式
——以三江源沼泽湿地为例

（一）项目背景

三江源区地处青藏高原腹地，是长江、黄河、澜沧江三大河流的发源地，面积 36.3×10^4 km²，每年向下游供水约 400×10^8 m³，被誉为"中华水塔"。三江源区以

冰川、冰缘、高山、高地平原、丘陵地貌为主，海拔位于 2800~6564 m（邵全琴等，2016）。三江源国家级自然保护区成立于 2000 年 8 月，是在三江源地区范围内由相对完整的 6 个区域、18 个相对独立的保护分区组成的以高原湿地生态系统为主体的自然保护区网络，总面积 15.23 × 10⁴ km²。党的十八届三中全会首次明确提出建立国家公园体制。为有效推动国家公园体制建设，国家发展和改革委员会等 13 部委共同印发《建立国家公园体制试点方案》，选择在青海省开展国家公园体制试点（付梦娣等，2017）。三江源国家公园格局为"一园三区"，即长江源、黄河源、澜沧江源 3 个园区。三江源国家公园总面积为 12.31 × 10⁴ km²，占三江源地区总面积的 31.2%。长江源园区面积为 9.03 × 10⁴ km²，黄河源园区面积 1.91 × 10⁴ km²，澜沧江源园区 1.37 × 10⁴ km²（谢遵党，2017）。

　　由于三江源地区海拔高，自然条件恶劣，生态环境十分脆弱，特别是近几十年来，由于全球气候变化和人为活动加剧的双重影响，该区域生态状况发生了重大改变，冰川退缩、雪线上升、湖泊数量减少、江河断流、水土流失、草地退化、水源涵养能力急剧衰退，直接威胁长江、黄河和澜沧江流域的生态安全（刘纪远等，2013）。

　　（1）冰川退缩、湖泊萎缩、地下水位下降、自然灾害增加。三江源的冰雪、湖泊及沼泽地均为江河的重要补给源和水源涵养区，近 30 年来，大多数冰川呈退缩状态。其中，沱沱河源头姜古迪如冰川退缩率达 7.4~9.1 m/ 年，当曲河源头冰川退缩率达 8.3~9.9 m/ 年（孙广友和唐邦兴，1995）。过去几十年中，三江源地区众多湖泊面积不断缩小，湖水咸化、内流化、矿化度不断升高，长江源区许多湖泊已呈现微咸水湖特征。例如，赤布张湖（面积 600 km²）已解体萎缩成 4 个串珠状湖泊；雀莫错湖面积现已减小了 1/2；玛多县原有的 4000 多个大小湖泊，现已干涸 2000 余个，现有湖泊的水位下降明显，鄂陵湖、扎陵湖水位下降 2 m 以上。长江河源地区地下水水位下降明显，例如，曲麻莱县县城 117 眼水井现已干涸 112 眼，严重威胁了全县的人、畜饮水安全。在此变化背景下，沼泽湿地草甸植被正向中旱生高原植被演变，大片沼泽湿地消失，泥炭地干燥并裸露，导致沼泽湿地水源涵养功能降低。在林草植被遭受严重破坏、生态严重失衡的同时，三江源地区气候异常，自然灾害频发，冰雹、霜冻、干旱、洪涝、沙尘暴、雪灾等灾害次数有增无减，玉树藏族自治州雪灾连年发生，给畜牧业发展和人民生活造成很大损失（董锁成等，2002）。

　　（2）水土流失、土地沙化、荒漠化面积逐年增多。三江源区是我国土壤风蚀、水蚀、冻融最严重的地区之一。土壤所受到的侵蚀不仅使当地生态环境出现恶化，而且危及源头河流中下游地区的生态环境安全。据初步统计，三江源地区荒漠化土地面积达 10.75 × 10⁴ km²，占三江源区总面积的 34%。其中，黄河流域水土流失面积 745 × 10⁴ hm²，年均输沙量 8814 × 10⁴ t；长江流域水土流失面积 321 × 10⁴ hm²，年均输沙量 1303 × 10⁴ t；澜沧江流域水土流失面积 240 × 10⁴ hm²，年均输沙量 1613 × 10⁴ t（郑杰和蔡平，2005）。水土流失区主要位于曲麻莱县和治多两县境内的通天河阶地及楚玛尔河滩地，在玉树县、称多县和唐古拉山乡也有分布，尤以曲麻莱、玛多两县最为严重。草场植被完全破坏后，形成沙化土地，并为周边地区土地沙漠化提供了大量沙源物质，形成大小成群的砂砾堆，生态环境遭到严重破坏。

　　（3）草场退化，鼠害肆虐，畜牧业水平降低。不合理的牧业活动及其他因素的影响，造成草场覆盖率急剧下降，天然草场正在不同程度地退化，优良牧草面积减小，毒杂草数量增加，草原生产力下降。自 20 世纪 50 年代以来，三江源区域内人口增加了 3 倍，牲畜数量成倍增长，单位牲畜（羊）可利用草场面积从 1953 年的 2.35 hm² 降低到 1999 年的 0.87 hm²，超载过牧致使草原退化、沙化。三江源区中度以上退化草场面积达 1032.3×10⁴ hm²，占该区域草地总面积的 35%，单位面积产草量下降了 30%~70%（郑杰和蔡平，2005）。例如，治多县由于牧业的快速发展，直接导致了部分草场生产力的严重下降，与 20 世纪 60 年代相比，平均产草量下降了 50%~60%，而有毒有害类杂草增加了 20%~30%。截至目前，约有 1/3 以上的天然草场出现不同程度的退化状况，约有 1×10⁴ hm² 的天然草场已经荒漠化或沙化，不利于该地区草原生态系统生产力的提高和维持（董锁成等，2002）。同时，草场鼠害肆虐，高原鼠兔、鼢鼠、田鼠数量急剧增加，危害加大。据统计，在达日县黑土滩，平均鼠兔洞口数为 4168 个 /hm²，有效洞口数为 1167 个 /hm²，鼠兔密度高达 374 只 /hm²（董锁成等，2002）。在三江源区，鼠害发生面积达 503 hm²，占三江源区总面积的 16%，占可利用草场面积的 28%，黄河源区有 50% 的黑土滩退化草场为鼠害所致（郑杰和蔡平，2005）。由于近年来鼠害发生的周期缩短、规模扩大，进一步导致了高原生态系统的恶化，严重威胁着当地畜牧业的生产和牧民的生活。

（4）掠夺性地开发资源，生物多样性降低，加速了生态退化。长期以来，许多牧区以单纯追求牲畜头数为主要目标，造成严重的超载过牧，导致草场退化，环境遭到破坏。在 20 世纪 70 年代，玛多县号称"全国首富县"，人均牲畜头数曾经超过 100 头。超载过牧导致草场退化和牲畜头数大减，该县现已经沦为贫困县。一些地区乱挖滥采黄金，不仅破坏了黄金资源，更为严重的是严重毁坏草场资源，破坏了生态系统的良性循环，导致土地沙化和水土流失。例如，1980~1994 年，玛多县全县非法采金流失沙金 2.8 t，破坏植被（草地）面积 21.33×10⁴ hm²，野生动物数量减少 31%，水土流失和荒漠化演替进程加快，1999 年，全县约有沙漠、砂砾地、裸地 166.67×10⁴ hm²，占总土地面积的 47.8%（董锁成等，2002）。在此背景下，目前国家 I 级重点保护野生动物——藏羚羊已由原来的 10 万余只下降到 3 万余只，马麝也濒临灭绝，白唇鹿、马鹿、雪豹数量锐减。目前，该地区受到威胁的物种数量约占总数的 15%~20%，高于世界 10%~15% 的平均水平（丹果，2003）。

为此，2005 年国务院批准实施《青海三江源自然保护区生态保护和建设总体规划》，规划总投资 75 亿元，建设内容共包括 3 大类 22 项。①生态保护与建设项目：包括退牧还草、已垦草原还草、退耕还林、生态恶化土地治理、森林草原防火、草地鼠害治理、水土保持和保护管理设施与能力建设等内容。②农牧民生产生活基础设施建设项目：包括生态搬迁工程、小城镇建设、草地保护配套工程和人畜饮水工程等内容。③生态保护支撑项目：包括人工增雨工程、生态监测与科技支撑等内容（谢遵党，2017）。

2013 年，国务院批准了《青海三江源生态保护和建设二期工程规划》，规划投资 160.6 亿元，提出以保护和恢复林草植被，提高水源涵养能力为重点，以发展生态畜牧业、强化生态监测、科技研发推广等为支撑，以政策措施、体制机制等为保障，实施相关规划共同作用的技术路线，实现生态系统良性循环，生态保护、经济发展和民生改善相互促进协调发展。《青海三江源生态保护和建设二期规划》建设内容共包括两大类 12 项。①生态保护和建设工程项目：包括草原生态系统保护和建设、森林生态系统保护和建设、荒漠生态系统保护和建设、湿地、冰川与河湖生态系统保护和建设、生物多样性保护和建设。②支撑配套工程项目：包括生态畜牧业、农村能源建设、生态监测、基础地理信息系统、科研和推广、培训、宣传教育。

（二）生态修复目标

三江源生态保护和建设以科学发展观为指导，以保护和恢复三江源区的生态功能，促进人与自然和谐与可持续发展，实现牧民小康为总目标，紧紧围绕三江源自然保护区生态环境面临的突出矛盾和问题，以生态保护为主线，以自然修复为主，工程治理措施为辅，有效保护和改善三江源自然保护区生态环境。总体思路是通过采取退出、保护、保障、治理、转变等综合措施，从保护区内退出不合理的生产经营活动，妥善安排三江源区牧民群众的生产生活，逐步减轻天然草地的生态负荷，使自然生态和牧业生产相对平衡，保持生态良好，实现可持续发展（吕雪莉，2005）。

（三）生态修复思路

根据《青海三江源生态保护和建设二期工程规划》，与湿地有关的工程有两大类，第一类为湿地、冰川与河湖生态系统保护和建设，第二类为生物多样性保护和建设。

1. 湿地、冰川与河湖生态系统保护和建设

（1）水土保持。通过营造水土保持林、人工种草、坡改梯、建设谷坊等措施治理水土流失面积 $4.30 \times 10^4 \, hm^2$。

（2）湿地和雪山冰川保护。对重点保护区中度以上退化湿地实行封禁保护，封禁规模 $100 \times 10^4 \, hm^2$。

（3）人工影响天气。在一期工程人工增雨系统建设的基础上对其进行补充完善，增设常规高炮、地面标准化作业点、气象站网降水观测点、空中水资源观测站点、风廓线雷达观测系统，加强设备运行应急系统建设。

（4）饮用水源地保护。对早期建设的 21 个县城饮用水源地，建设围栏设立隔离区修建截污沟，减少人类活动和牲畜粪便对水源造成的污染，并在醒目位置设置警示牌。

2. 生物多样性保护和建设

（1）湖泊湿地禁渔。在扎陵湖、鄂陵湖、星星海等湖泊加大实施禁渔力度，配备必要的机动巡护船，开展巡查保护，禁止捕捞濒危鱼类和防止过度捕捞其他鱼类。

（2）鱼类增殖放流。在濒危鱼类分布和土著鱼类资源破坏严重的玉树县、囊谦县、玛多县、班玛县和贵德县建立增殖放流站，通过人工增殖放流增加濒危鱼类和其他土著鱼类的种群数量，恢复湖泊湿地生态系统的生物多样性。

（3）濒危野生动物监测。在治多县建立雪豹保护监测工作站，对当地和周边地区进行巡护监测。

（四）生态修复效果

自 2005 年国务院批准实施《青海三江源自然保护区生态保护和建设总体规划》以来，先后有研究人员对三江源生态恢复等做了调查与评估。如徐新良等（2017）对三江源生态工程实施以来草地恢复态势研究表明，2004~2012 年三江源生态工程实施以后，该地区草地退化呈现不同程度的减缓态势，各县草地退化趋势基本得到控制，2012 年三江源退化草地面积比 2004 年降低了 5.78%。邵全琴等（2017）基于《青海三江源自然保护区生态保护和建设总体规划》目标完成情况，对"三江源生态保护和建设一期工程"的生态成效进行了综合评估，认为通过"三江源生态保护与建设一期工程"的实施，区域生态系统总体表现出"初步遏制，局部好转"的态势，取得了显著生态成效，预期目标基本实现。

（1）针对"保护和恢复源区林草植被，遏制草地植被退化、沙化等高原生态系统失衡的趋势"等规划目标，评估分析认为，自三江源一期工程实施以来，全区宏观生态状况趋好，草地持续退化的趋势得到初步遏制，但尚未达到 20 世纪 70 年代比较好的生态状况。据遥感监测，工程期 8 年（2005~2012 年），全区草地面积净增加 123.70 km²，水体与湿地生态系统面积净增加 287.87 km²，荒漠生态系统的面积净减少 492.61 km²。

（2）针对"草地植被覆盖度平均提高 20%~40%，高寒草甸草地通过 5 年封育，植被覆盖度达到 60%~70%，高寒草原草地通过 7~10 年封育，植被覆盖度达到 40%~50%，严重退化草地通过 5 年封育并辅助人工措施，植被覆盖度达到 70%~80%"的规划目标，评估分析认为，与工程实施前相比，三江源区植被覆盖度明显好转，但并未达到预期目标。据遥感监测，与工程实施前 8 年（1997~2004 年）相比，工程期 8 年三江源地区平均植被覆盖度明显提高，植被覆盖度增长地区的总面积占三江源全区总土地面积的 79.18%，其中植被覆盖度轻微好转的面积占 43.67%，明显好转的面积占 35.51%，而覆盖度变差区域的面积仅占 7.76%。

（3）针对"增加保持水土、涵养水源能力，水源涵养量增加 13.2 × 10⁸ m³，减少水土流失 1139.48 × 10⁴ m³"的规划目标，评估分析认为，林草生态系统水源涵养量增加 22.22 × 10⁸ m³，生态系统水土保持服务能力提升，但降水量大幅度增加导致水土流失量增加了 1572.33 × 10⁴ m³。据测算，工程实施前 8 年，年均水土保持服务量为 5.46 × 10⁸ t，年均土壤流失量为 3.0 × 10⁸ t。工程期 8 年，年均水土保持服务量为 7.23 × 10⁸ t，较工程实施前 8 年增加了 1.77 × 10⁸ t，增长了 32.5%。

（4）针对"人工增雨工程的实施，预计每年在作业区内增加降水 80 × 10⁸ m³，黄河径流量增加 12 × 10⁸ m³"的规划目标，评估分析认为，黄河流域河川径流量在生态工程实施后有较快的恢复，达到了黄河径流增加 12 × 10⁸ m³ 的目标，但从长期趋势看，黄河流域年径流量下降的趋势仍没有得到扭转；三江源地区向下游提供的水资源水质始终保持优良。根据水文站径流量数据，黄河流域河川径流量在生态工程实施后有较快的恢复，与生态工程实施前 8 年平均年径流量比较，唐乃亥站增加了 36.9 × 10⁸ m³，吉迈站增加了 17.1 × 10⁸ m³。

（5）针对"提高野生动植物栖息地环境质量，80% 的国家重点保护物种得到保护"等规划目标，评估分析得出，三江源 18 个自然保护区野生动植物栖息地环境质量均得到了不同程度的提高，除气候影响以外，一期工程具有正面作用。例如，工程实施前 14 年（1990 年），三江源自然保护区农田、森林、草地、湿地和水体生态系统面积减少，荒漠生态系统和其他面积增加。工程历时 8 年，森林、草地、湿地和水体生态系统面积增加，荒漠生态系统和其他面积减少。

（6）针对"39% 的沼泽湿地生态系统得到有效恢复"等规划目标，评估分析认为，三江源区水体与湿地生态系统整体有所恢复，不同区域恢复程度不同。例如，工程实施 8 年，三江源区水体与湿地生态系统面积净增加 280.01 km^2，其中，位于治多县的玛日达错面积净增加 82.41 km^2，盐湖面积净增加 78.71 km^2，玛多县的鄂陵湖面积净增加 74.72 km^2。

第十一章

人工湿地
生态修复模式

一、以农村面源污染去除为目标的生态修复模式
——以屈原管理区古湖为例

（一）项目背景

为深入贯彻和落实《关于加快推进生态文明建设的意见》和《水污染防治行动计划》，进一步落实执行《湖南省湿地保护条例》《湖南省湘江保护条例》，2015 年 6 月 26 日，湖南省召开了湘江保护和治理委员会 2015 年第二次全体会议，会议要求，在湘江流域开展退耕还林、还湿试点工作。根据《关于印发（湘江保护和治理委员会 2015 年第二次全体会议精神落实工作方案）的通知》（湘江保护〔2015〕2 号），湖南省林业厅研究制定了《湘江流域退耕还林、还湿试点工作方案》。

方案要求以水污染防治为核心，充分发挥森林和湿地涵养水源、净化污水的生态功能，以现有水环境生态系统治理技术为基础，以人工湿地营造为手段，开展农村面源污染、城镇生活污水及工业污水生态综合治理示范，确保湘江流域生态安全。同时，通过总结示范点成功经验和管理模式，推进资源节约型和环境友好型社会建设，为全面建设小康社会提供支撑。

依据国家和湖南省人民政府精神，岳阳市林业局会同岳阳市农业局、水利局、环保局等有关单位，通过野外调查，现场踏勘，选定在屈原管理区古湖实施退耕还林、还湿项目。该项目的宗旨为：通过实施退耕还湿、还林，营造人工湿地和森林生态系统，开展湿地生境恢复，发挥湿地、森林生态系统水源涵养和污染净化能力，减少入河湖污染排污总量，改善江河水质。

（二）生态修复目标

在湖南省人民政府关于湘江流域退耕还林、还湿试点工作方案总体目标的框架下，本湿地生态项目将充分利用现有低洼湿地低质田，在屈原管理区古湖实施恢复和重建

人工与自然相结合的湿地生态系统，发挥湿地的各项功能，采用人工湿地净化屈原管理区 3 号渠周边地区的农业面源污染污水；通过湿地系统优化配置，改善古湖湿地生态环境，恢复水生植被为冬候鸟提供栖息和食源地，为洞庭湖堤垸农田湿地添加新景观；在湿地景观区利用多样化的湿地景观开展环境教育，展示以水生植物为主的湿地生物多样性等。具体修复目标如下。

（1）完成约 23.3 hm² 自然和人工湿地恢复与重建，开展退耕还林、还湿，在充分发挥湿地净化功能的基础上，充分展示湿地维持生态系统平衡和生物多样性保育等综合功能。

（2）利用人工湿地的净化能力，为屈原管理区 3 号渠上游农业面源污染污水提供净化区，使净化后的水质达到国家地表水 Ⅲ ~ Ⅳ 类标准，减少区域内农业面源污染对湘江屈原段的排放、保障湘江下游的水源安全，每年回归自然河流系统约 $10 \times 10^6 \sim 11 \times 10^6$ t 清洁的自然水。

（3）项目区建设成为洞庭湖区冬候鸟越冬聚集地之一，实现湿地资源合理利用与保护，促进地方旅游业发展，成为地方湿地休闲农业观光"三产"改革的示范区。

（4）项目区建设成为洞庭湖平原湖区农业面源污染的湿地治理典范。

（5）项目区内生物（植物、动物）多样性显著提升，成为洞庭湖区候鸟的天然食源补给地之一。

（三）生态修复思路

1. 地点选择

项目实施区位于湖南省岳阳市屈原管理区营田镇古湖，其北为湘江屈原段，基本土地利用类型为低洼沼泽和低质农田。项目实施区为 1958 年从洞庭湖中围垦出来的堤垸农田，土壤类型为湖泊淤积而成的冲积土，土层深厚，所含营养物质丰富，目前的主要农田为水稻种植和水产养殖，区域内湿地资源丰富，但农业面源污染严重自净能力低。该区土地经人工改造后能形成良好的湿地系统和水运行系统，满足构建人工湿地的基础条件。完成约 23.3 hm² 自然和人工湿地恢复与重建，开展退耕还林、还湿，在充分发挥湿地净化功能的基础上，充分展示湿地维持生态系统平衡和生物多样性保育等综合功能。利用人工湿地的净化能力，为屈原管理区 3 号渠上游农业面源污染污水提供净化区，使净化后的水质达到国家地表水 Ⅲ ~ Ⅳ 类标准，减少区域内农业面源污染对湘江屈原段的排放、保障湘江下游的水源安全，每年回归自然河流系统约 $1 \times 10^{10} \sim 1.1 \times 10^{10}$ t 清洁的自然水。依据地方政府调查和协调调研，土地归属权比较简单，且村民对项目在该地实施的积极性非常高，易于协调统筹安排用地。

屈原管理区退耕还林、还湿项目实施区位于岳阳市范围内，湘江流域重要的农业生产区，地势相对平坦，是国家重要的粮食、生猪、茶叶、特种水产、湘莲生产基地，素有"鱼米之乡""饲料之乡""养殖之乡"的美誉。该区的重要作用在于净化区域农业面源污染和改善区域生态环境质量等问题，为岳阳市区域可持续发展示范区建设提供样板。可见，开展人工湿地处理农业面源污染实施是可行的，完全符合岳阳市社会发展需求。

2. 现状分析

（1）屈原管理区。屈原管理区为湖南省岳阳市下辖的县级行政管理区，位于洞庭湖畔，汨罗江和湘江东西环绕，因伟大爱国诗人屈原在此投江殉国而得名。前身为1958年围垦而建的大型国有农场，2000年经湖南省人民政府批准设立屈原管理区，作为岳阳市人民政府派出机构，全面行使县级人民政府管理职能。管辖2镇1乡1街道办事处，总面积218.365 km²，人口约12万。

屈原管理区于2007年被纳入长株潭城市群"两型社会"滨湖示范区；2010年8月，成为第一批国家现代农业示范区；2011年10月，成为全省唯一统筹城乡就业示范区；2013年7月，成为全国农业综合标准化示范区；2013年9月，以屈原为核心区的岳阳国家农业科技园区被科技部批准。2016年5月，被评为全国首批全省唯一基本实现主要农作物生产全程机械化示范区。同时还是现代装备制造业配套基地、绿色农产品生产供应和加工基地、区域性港口物流基地和休闲旅游服务基地。

（2）3号渠流域。3号渠为区域降雨所形成的地表径流、种养殖业所产生的污水及部分居民点生活废水的汇齐沟渠。3号渠流域内无工业及加工企业，流域污染来源主要为化肥污染、水产养殖废水及居民生活污水等农业面源污染，沟渠水质恶劣，水体富营养化严重，其中总氮超过地表水Ⅴ类（表11-1）；因沟渠主要功能为排涝，当地政府每年都会组织清淤，沟渠水生植被分布少，湿地净化能力差。

表 11-1　3 号渠水质情况表　　　　　　　　　　　　　　　　　mg/L

水样类别	pH 值	化学需氧量	溶解氧	生化需氧量	总磷	铵态氮	总氮
项目区	7.57	28.9	2.7	2.8	0.10	2.23	3.65
Ⅲ类	6.0~9.0	20.0	≥5.0	4.0	0.20	1.00	1.00
Ⅳ类	6.0~9.0	30.0	≥3.0	6.0	0.30	1.50	1.50

屈原管理区为洞庭湖围垦区，区域内河网沟渠湿地发达，管理区内居民生活、农业生产及养殖业所产生的污水及污染物主要通过河网沟渠系统收集，沟渠系统农业面源污染严重，污水部分汇入平江河经平江河进入湘江，但管理区沟渠污水主要是通过凤凰、磊石山、小神港等10个电排排入汨罗江屈原段和湘江屈原段，直接影响湘江水质，因此沟渠农业面源污染应成为屈原管理区农业面源污染治理的重点对象。

（3）营田镇面源污染。营田镇为屈原管理区中心所在地，全镇下辖5个社区居委会，14个行政村，项目实施区域人口50372人，耕地面积19302亩，水产养殖面积2156亩。区域污染来源主要为化肥污染、农村养殖废水和生活污水等组成的农业面源污染。根据调查统计数据分析，项目实施区生活污水排放量约183.9×10⁴ t/年，每年排污量中总氮、总磷分别为123.9 t和0.7 t；耕地面积19302亩，年均降水量1302 mm，农业面源污染源区域年地表径流量为1863.5×10⁴ t/年，屈原管理区水田施肥采用底肥＋追肥模式，底肥施用复混肥，用量为50 kg/亩（N、P、K含量各占15%），追肥尿素8 kg/亩，有效含量46%，总氮、总磷每年流失量分别为23.7 t和10.9 t；水产养殖面积2156亩，污染排放量总氮、总磷分别为1.7 t/年、0.4 t/年。

屈原管理区农田水利基础设施比较完善，具有便利的沟渠排灌系统，3号渠积水主要通过磊石电排和青港电排排入湘江屈原段。

（四）生态修复思路

1. 污染物排放计算

（1）农业面源污染总排放量。

总量 = 生活污染排放量 + 化肥污染排放量 + 水产养殖污染排放量

生活污染排放量 = 人口 × 排污系数

化肥污染排放量 = 化肥施用量 × （1– 表观利用率） × 施肥面积

水产养殖污染排放量 = 某水产品产量 × 排污系数

（2）湿地强化净化后的水质达地表水 IV 类。

$$W_i = Q_i \left(C_{si} - C_{0i} \right) + k_i \cdot V_i \cdot C_{si}$$

式中：W_i——第 i 湿地水环境容量，kg/d；

Q_i——第 i 湿地设计流量，m³/s；

V_i——第 i 湿地设计水体体积流量，m³；

k_i——第 i 湿地污染物降解系数，m³；

C_{si}——第 i 湿地所在水功能区水质目标值，mg/L；

C_{0i}——第 i 湿地上方沟渠所在水功能区水质背景值，mg/L。

③计算中以总氮、总磷含量为主要目标，计算化肥污染入河排放总量。

总氮 = 施肥量 × 含量 × （1– 表观利用率） × 施肥面积

总氮 = 施肥量 × 含量 × （1– 表观利用率） × 施肥面积

2. 面源污染去除工艺流程

人工湿地处理系统按流向分为表面流和潜流湿地，其中潜流湿地净化能力最强。潜流湿地虽然净化能力强，但建设成本高，且易堵塞，净化能力在后期大幅下降，水质难以得到保障，不建议采用。欧美国家经大量跟踪调查发现，90% 以上的潜流湿地最终都是失败的。因此，建议采用强化净化表面流湿地进行处理，其优点是建设成本低、维护成本低，其缺点是占地面积相对较大。

考虑到农村面源污染水和养殖废水中有机氮含量高这一基本特点，首先在微生物作用下使水体中的含氮化合物如尿素、蛋白质等被降解为 NH_4^+，部分 NH_4^+ 被细菌同化，但大部分仍存在于水体。有氧时，在自养微生物作用下 NH_4^+ 被氧化成 NO_2^- 和 NO_3^-；缺氧时，脱氮细菌进行厌氧呼吸，从而产生一系列脱氮反应。经过微生物作用将大部分有机氮快速转化为无机氮供强化净化植物吸收利用，最终达到湿地净化目标。具体处理工艺流程如图 11-1 所示。

图 11-1　农村面源污染净化处理工艺流程图

3. 规划设计原则和分区规划方案

（1）因地制宜。在规划中要充分考虑规划区域水系规划布局及地形地貌特征，如农田水利设施状况，农村面源污染类型、来源及排放量等，地质条件、地理位置等地理特征，了解区域年地表径流量，汇集区域、年降水量等当地环境条件，因地制宜从区域环境特征条件以及具体目标要求出发进行规划设计，从而达到规划方案的最优化设计。

（2）经济可行性。规划中要充分考虑区域经济发展状况、基础设施、环境保护、产业结构和发展方向等方面，规划方案既要科学可行具有前瞻性，又不能完全脱离规划区域实际情况，要正确处理近期建设和长远发展的要求，使规划方案与当地社会经济发展相适应。

（3）突出净化功能。人工湿地净化水质，湿地植物是其中一个重要途径，污水中的 BOD_5、COD、总氮、总磷等污染物质主要是通过水生植物根毛区附着生长的微生物分解吸收，因此，选用的水生植物必须具有较强耐污染能力。

（4）可持续性发展。管理简单、方便是人工湿地生态污水处理工程的主要特点之一。在规划设计的时候必须考虑人工湿地的后期运行维护等问题，如在人工湿地净化水质方面潜流湿地净化能力比表面流湿地强，但其建设成本高，易堵塞，后期水质得不到保障，因此一般不建议采用。同时为实时了解人工湿地水质净化情况及处理突发状况，应考虑配置水质实时监测系统。

以上几项基本原则为依据，将项目划分为 5 单元（图 11-2）：还林地 56 亩、梯级强化净化区 97 亩、河道强化净化区 183 亩、沉淀池 8 亩、稳定池 6 亩。通过人工湿地系统净化处理，实现区域农业面源污染控制目标。

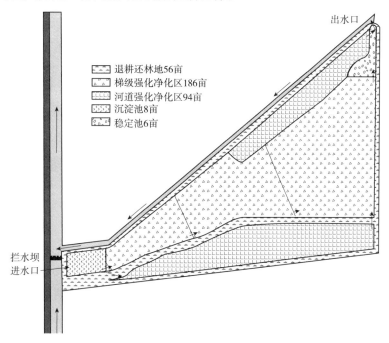

图 11-2　屈原管理区古湖生态修复区农业面源污染处理方案

4. 建设内容

（1）功能分区。退耕还林、还湿工程项目的总面积为 350 亩，由 4 个功能区组成：沉淀池、强化净化区、稳定池和退耕还林区，主要建设内容包括以下方面。①沉淀池：共 8 亩，根据 3 号渠流域具体地形地貌及沟渠分布及农业面源污染污水汇集情况，将该区域污水采取集中净化的方式净化处理，因此整个规划区面源污染水集中进入收集沉淀池。②强化净化区：由梯级强化净化区和河道强化净化区2部分构成，共280亩，该区的主要功能是将农村面源污染中的污染物质浓度快速下降后，通过沉水植物的补氧、吸收等作用，将污水逐渐回归到自然水，以便用于其他用途。③稳定池：6亩，水塘为承接经人工湿地净化后的农业面源污染水，通过配置不同生态型的沉水植物将其营造成一个同时具备水生植物宣传教育功能的区域。④退耕还林区：共56亩，主要根据规划区域地形地貌特征规划造林，实现因地制宜退耕还林。除建设功能外还需建设出水口及排水管道并安装。水质自动监测设备2台套。

（2）植物配置。强化净化区的植物配置按梯级强化净化区、河道强化净化区和周边绿地3部分进行。①梯级强化净化区：梯级强化净化区采取分段种植的方式配置植物（图11-3）。第1级入水口及浅水区域配置香蒲、慈姑（*Sagittaria trifolia* var.*Sinensis*）、水葱、菰（*Zizania latifolia*）等挺水植物，中间深水区域配置狐尾藻。第2级深水区配置菱+罗氏轮叶黑藻—金鱼藻—苦草；浅水区配置菰、水葱、菖蒲等挺水植物和罗氏轮叶黑藻、金鱼藻、水鳖等沉叶植物、浮叶根生植物。第3级深水区配置莲、芡实、菱等浮叶根生植物，浅水区域种植菰、罗氏轮叶黑藻、萍蓬草等水生植物；岸边近水区配置芦苇、南荻、风车草、梭鱼草（*Pontederia cordata*）等湿生或挺水植物。在梯级强化净化区共配置湿地植物17种，具体每种植物的种植密度和规格见表11-2。②河道强化净化区根据河道地形配置植物，在河道入水口配置菰、香蒲等挺水植物，然后种植狐尾藻，接着混植萍蓬草，再接着眼子菜—穗状狐尾藻—苦草，最后种植睡莲+苦草；在弯道浅水区种菰、慈姑、香蒲等挺水植物；在河道堤岸边近水区配置千屈菜、变叶芦竹（*Arundo donax* var. *versiocolor*）、梭鱼草、灯心草等湿生植物，水池近水区条带状片植芦苇、荸荠（*Heleocharis dulcis*）、蕺草、菖蒲等水生植物，丛植变叶芦竹、风车草、千屈菜等植物，河道中配置沉水植物荇菜+苦草—竹叶眼子菜—罗氏轮叶黑藻等（图11-4）。在河道湿地中共配置各类湿生或水生植物23种（表11-3）。③周边绿地部分植物配置师法自然湿地洲滩生态系统植被构成，以薹草、芦苇、南荻

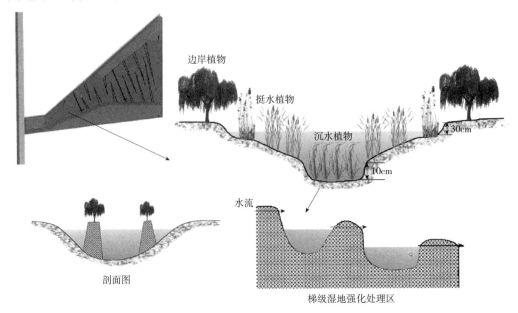

图11-3 梯级强化净化区示意图

等湿生或水生植物为主体构建湿地植被群落，为冬候鸟营造觅食地和隐蔽场所，构建人—鸟—湿地和谐的湿地景观。在周边绿地部分共配置湿地植物 7 种，具体每种植物的种植密度和规格见表 11-4。

表 11-2　梯级强化净化区植物配置

植物种类	密度（株 /m²）	规格（cm）	生态型
梭鱼草	5	10~20	湿生植物
南荻	10	10~50	湿生植物
芦苇	10	10~50	水生植物
风车草	2	10~20	挺水植物
菰	5	10~50	挺水植物
香蒲	5	10~50	挺水植物
水葱	5	10~50	挺水植物
慈姑	5	10~20	挺水植物
狐尾藻	15	10~20	沉水植物
罗氏轮叶黑藻	15	10~20	沉水植物
金鱼藻	15	10~20	沉水植物
苦草	15	10~20	沉水植物
水鳖	10	10~20	浮叶根生植物
萍蓬草	10	10~20	浮叶根生植物
莲	1（控制区域种植）	10~20	浮叶根生植物
芡实	1（控制区域种植）	10~20	浮叶根生植物
菱	5	10~50	浮叶根生植物

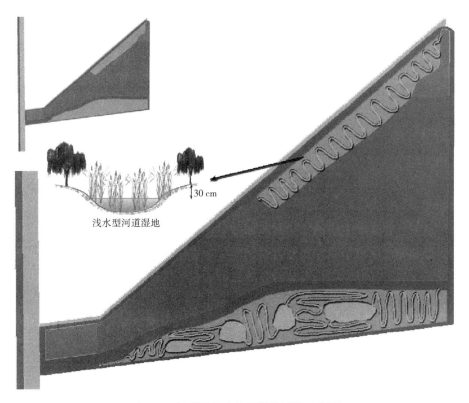

浅水型河道湿地　30 cm

图 11-4　河道强化净化区植物配置示意图

表 11-3　河道强化净化区湿地植物配置

植物种类	密度（株/m²）	规格（cm）	生态型
芋	5	10~50	挺水植物
香蒲	5	10~50	挺水植物
狐尾藻	15	10~20	沉水植物
萍蓬草	15	10~20	浮叶根生植物
眼子菜	15	5~20	沉水植物
穗状狐尾藻	15	5~20	沉水植物
苦草	15	5~20	沉水植物
睡莲	5	10~20	浮叶根生植物
菰	5	10~50	挺水植物
慈姑	5	10~20	挺水植物
灯心草	15	10~20	湿生植物
千屈菜	10	10~20	湿生植物
梭鱼草	15	20~50	湿生植物
芦苇	5	10~50	挺水植物
荸荠	20	5~20	挺水植物
蔺草	10	5~20	湿生植物
菖蒲	10	10~50	湿生植物
变叶芦竹	5	10~50	湿生植物
风车草	3	10~50	挺水植物
竹叶眼子菜	15	5~20	沉水植物
罗氏轮叶黑藻	15	5~20	沉水植物
莕菜	15	5~20	浮叶根生植物

表 11-4　强化净化区绿地植物配置

植物种类	密度（株/m²）	规格（cm）	生态型
薹草	100	10~50	湿生植物
南荻	10	10~50	湿生植物
芦苇	10	10~50	水生植物
碎米荠	种子		湿生植物
稻槎菜	种子		湿生植物
水田碎米荠	种子		湿生植物
小叶珍珠菜	10	1~10	湿生植物

　　进入稳定池的水为经人工湿地净化后的农业面源污染水，稳定池主要起到进一步

净化巩固的作用，同时通过配置不同类型的水生植物营造景观将其打造成一个水生植物科普宣传基地。池中深水区主要种植沉水植物和浮叶根生植物如：伊乐藻、金鱼藻、竹叶眼子菜、莲、四角菱（*Trapa quadrispinosa*）等，其中莲采用分区片植，稍浅区域种植苦草、睡莲、荇菜、竹叶眼子菜等沉水或浮叶根生植物，近岸浅水区片植香蒲、水葱等挺水植物，近水岸边小片丛植芦苇、变叶芦竹、梭鱼草等挺水植物，堤岸近水湿润区条带状片植千屈菜、粉美人蕉、鸢尾（*Iris tectorum*）、黄菖蒲等湿生植物。莲、睡莲等大型水生植物采用缸植抑制其对其他水生植物的影响（图 11-5）。为展示湿地的景观、生物多样性保育在稳定池共配置水生植物 17 种，具体每种植物的种植密度和规格见表 11-5。

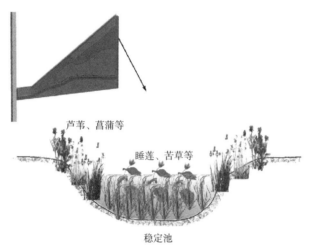

芦苇、菖蒲等

睡莲、苦草等

稳定池

图 11-5 稳定池植物配置示意图

表 11-5 稳定池植物配置

植物种类	密度（株 /m²）	规格（cm）	生态型
伊乐藻	15	5~20	沉水植物
金鱼藻	15	5~20	沉水植物
竹叶眼子菜	15	5~20	沉水植物
莲	5（种植面积约 300 m²）	10~50	浮叶根生植物
四角菱	10（与莲混植，种植面积约 350 m²）	5~20	浮叶根生植物
梭鱼草	5	20	挺水植物
芦苇	5	10~50	挺水植物
变叶芦竹	5	10~50	挺水植物
香蒲	5	10~50	挺水植物
苦草	15	5~20	沉水植物
水葱	5	10~50	挺水植物
粉美人蕉	5	10~50	湿生植物
鸢尾	10	10~50	湿生植物

（续）

植物种类	密度（株/m²）	规格（cm）	生态型
荇菜	12	5~20	浮叶根生植物
千屈菜	5	10~50	湿生根生植物
睡莲	5（点缀种植）	10~50	浮叶根生植物
黄菖蒲	10	10~50	湿生植物

退耕还林地由湿地周边堤岸构成。还林地植物配置主要以乔灌木为主，如水杉，柳树等。水杉、柳树树形优美，特别是水杉树叶秋天变成金黄色，将其营造成一处体验和观赏秋色的胜景。退耕还林地共配置2种植物，2种植物的种植密度和胸径规格见表11-6。

表11-6　退耕还林地植物配置

植物种类	间距（m）	胸径规格（cm）	生态型
水杉	3.0~5.0	2~5	湿生植物
柳树	3.0~5.0	2~5	湿生植物

二、以湿地结构和功能恢复为目标的生态修复模式
——以平江县黄金河为例

（一）项目背景

为深入贯彻和落实《关于加快推进生态文明建设的意见》《水污染防治行动计划》及《湖南省湿地保护条例》《湖南省湘江保护条例》，2015年6月，湖南省召开了湘江保护和治理委员会2015年第二次全体会议，会议要求在湘江流域开展退耕还林、还湿试点工作。根据会议精神，湖南省省林业厅研究制定了《湘江流域退耕还林、还湿试点工作方案》。2016年12月，召开了湘江保护和治理委员会2016年第二次会议，会议要求将退耕还林、还湿作为2017年的工作重点，明确退耕还林、还湿的重点为依托河流两岸建设绿色带，拦截农村面源污染。2018年2月8日，湖南省林业厅召开湘江治理和洞庭湖治理工作会议，会议要求在全省14个市（州）全面展开退耕还林、还湿试点工作，计划退耕还林、还湿面积2.08万亩，打造"一湖四水"沿岸生态绿环。

《湘江流域退耕还林、还湿试点工作方案》要求以水污染防治为核心，充分发挥森林和湿地涵养水源、净化污水的生态功能，以现有水环境生态系统治理技术为基础，以人工湿地营造为手段，开展农业面源污染、农村生活污水生态综合治理示范，确保湘江流域生态安全。同时，通过退耕还林、还湿打造美丽湿地景观，壮大生态旅游等绿色产业，更好服务乡村振兴战略，实现生态效益、经济效益双赢。

平江县关于湘江流域退耕还林、还湿试点工程项目前期已完成选址，并已完成退

耕还林、还湿施工作业。但存在区域农业面源污染未完全收集净化，项目缺少亮点工作，实施效果不明显等方面的问题。因此，需对项目进行综合调整规划设计。该项目的宗旨为：通过实施退耕还湿、还林，营造人工湿地和森林生态系统，开展湿地生境恢复，发挥湿地、森林生态系统水源涵养和污染净化能力，减少排入黄金河的污染物总量，改善黄金河水质。

（二）生态修复目标

在湖南省政府关于湘江流域退耕还林、还湿试点工作方案总体目标的框架下，本项目将充分利用现有河滩湿地、低质田及弃荒地，在平江县湘江流域退耕还林、还湿试点工程项目核心区平江县长寿镇金星村和鞍山村对现已退耕还林、还湿区域和尚未纳入规划范围的农业面源污染区作调整性综合规划设计，构建人工与自然相结合的湿地生态系统，发挥湿地系统各项功能，利用人工湿地净化项目实施区金星村和鞍山村周边农业面源污染及农村生活污水；通过湿地系统优化配置，改善黄金河沿河湿地生态环境，提升退耕还林、还湿项目整体效果，为黄金河国家湿地公园营造亮点湿地景观；在湿地植物科普教育区利用现有的湿地植物资源开展科普宣传及环境教育，展示以水生植物为主的湿地植物多样性及展示湿地植物特征等。具体目标如下：

（1）完成170.7亩自然湿地和人工湿地的调整与重建，开展退耕还林、还湿，在充分发挥湿地净化功能的基础上，充分展示湿地维持生态系统平衡和生物多样性保育等综合功能。

（2）利用人工湿地的净化能力，净化平江县长寿镇金星村和鞍山村农业面源污染和农村生活污水，使净化后的水质达到国家地表水Ⅲ类标准，减少区域内农业面源污染对黄金河的排放、保障湘江下游的水源安全，每年回归自然河流系统约32850 t清洁的自然水。

（3）通过优化规划设计，调整湿地植物配置，改善平江县湘江流域退耕还林、还湿试点工程项目核心区湿地景观，构建美观、多样的湿地景观类型，为黄金河国家湿地公园营造亮点湿地景观。

（4）结合黄金河国家湿地公园建设需求，在农业面源污染人工湿地净化区，通过植物配置不同类型的水生植物分区，如挺水植物区、浮叶根生植物区和沉水植物区等，利用现有湿地植物资源，构建湿地植物宣传展示区。积极开发湿地自然教育课程，与环保、教育等相关部门合作，开展多样化的科普活动，为中小学科普实践提供良好的基地。

（三）生态修复思路

1. 现状分析

（1）平江黄金河国家湿地公园概况。黄金河国家湿地公园位于湖南省岳阳市平江县长寿镇（原黄金洞乡）境内，湿地公园包括黄金河、黄金洞水库及周边森林。湿地公园总面积637.7 hm²，其中湿地面积428.9 hm²，占公园面积的67.25%。湿地公园分为 5 个功能区，分别为生物多样性保育区、恢复重建区、合理利用区、宣教展示区和管理服务区。公园内湿地类型主要有河流湿地、沼泽湿地和库塘 3 种类型。河流湿地主要为黄金河，黄金河国家湿地公园段长 10 km，流域面积 279 km²，河流水质为地表水Ⅲ类；黄金洞水库为湿地公园典型库塘湿地类型，水库集雨面积 120 km²，库容约 1×10^8 m²，水库常年水位 93 m，水质为地表水Ⅱ类，为平江县重要饮用水源地。

（2）项目实施区概况。平江县湘江流域退耕还林、还湿试点工程项目实施区位于湖南省平江县长寿镇，项目原规划以金星村为主体辐射金塘村、石堰村、大黄村等 3 个村，面积 300 亩，其中金星村退耕面积为 110.1 亩（还林面积 11.7 亩，还湿面积 98.4 亩），金塘村还湿面积 59.4 亩，石堰村面积 68.2 亩，大黄村面积 62.3 亩。

金星村和鞍山村位于平江县长寿镇，该区域为丘陵山地河谷冲击区，呈半岛状，三面邻水，一面靠山，黄金河绕半岛而行。半岛为山体延伸部分，中部隆起高地为居民居住区和林地，山脚至河岸为河流冲积平地及河漫滩。

在项目核心实施区金星村，退耕还湿主要是通过改变耕种模式，在还湿区域种植湿生植物、挺水植物及浮叶根生植物。由于对湿地植物生活习性、项目实施区地形地貌特征等生态环境因子不了解，以及社群关系处理等一些客观原因的存在，导致目前平江县湘江流域退耕还林、还湿试点工程项目整体湿地植物恢复效果差，湿地恢复区杂草丛生；同时区域内农业耕种集中区鞍山村，农业面源污染处理不完全，影响项目总体目标实现。植物配置未遵循自然原则，如师法自然，因地制宜等，湿地植物成活率低，长势差，项目实施效果距预期湿地景观目标和湿地功能目标尚有较大距离，严重影响项目后期迎检验收工作。

（3）项目实施区面源污染现状。平江县湘江流域退耕还林、还湿试点工程项目核心区农业面源污染处理范围包括金星村和鞍山村 2 个行政村。该区域现有居民 300 户，约 1000 人，以农业种植为主，现有耕地约 360 亩。可见项目核心区面源污染组成主要为生活污水和农业面源污染组成。按照人均日产生生活污水 100 L 的量统计，项目实施区生活污水排放量 100 m³/d；据调查统计，该区域水稻种植模式为单季中稻，每年每亩的化肥施用量分别为氮、磷、钾有效含量各 15% 的复合肥 50 kg/ 年，尿素 10 kg/ 年；每亩氮施用量为 12.1 kg/ 年，磷、钾施用量为 7.5 kg/ 年，根据公开发表的文献可知水田长期施肥模式下对氮、磷、钾的表观利用率分别仅为 25.2%，27.5% 和 22.1%，因此，每年至少分别有 1.7 t、0.53 t、0.43 t 的富余氮、磷、钾成为项目实施区鞍山村（金星村已退耕还湿，未纳入农业面源污染统计）农业面源污染来源。

（4）水利基础设施现状。该区域水利硬件设置较完善，具备便利的沟渠排灌条件，灌溉水通过管道从黄金河接入，经渠道系统满足耕作灌溉需求，灌溉多余用水和地表径流再通过沟渠排灌系统汇入黄金河。但是现场调查发现，该区域沟渠排灌系统部分区域淤积和杂草拥塞严重，导致水系不畅，部分湿地得不到有效补水。

2. 建设内容

平江县湘江流域退耕还林、还湿试点工程项目核心区退耕还林、还湿总面积为 170.7 亩，主要由 3 个分区组成：强化净化区、湿地植物保育区和滨河湿地植物修复区，主要建设内容是调整提质和打造亮点景观（图 11-6）。主要建设内容如下。

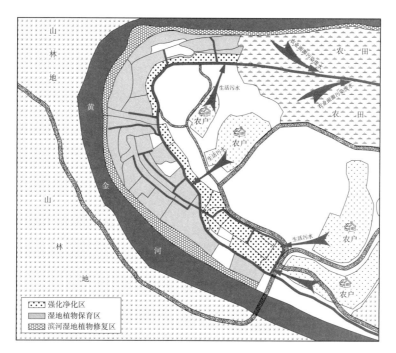

图 11-6 平江县湘江流域退耕还林、还湿试点工程项目水系分布及污水汇集图

（1）地形改造。由于退耕还林、还湿区还湿用地多为低质稻田，局部区域掺杂零星旱地。稻田及旱地立地条件不适应开展退耕还湿（如水深不够），需对退耕还湿区稻田田埂加高 30~50 cm，抬升湿地水位和对零星旱地开沟排渍，营造适宜于湿地植物生长发育所需水文条件；同时收集金星村和鞍山村农业面源污染进行净化，构建强化净化区。

（2）调整区植物配置。根据区域地形地貌特征对退耕还林、还湿区局部区域进行植物配置，采取宜林则林，宜湿则湿，因地制宜配置植物。

（3）农业面源污染人工湿地净化区建设。该区由沟渠湿地净化区、表面流湿地净化区、稳定池 3 部分构成。区域内农业面源污染废水经沟渠系统收集，经沟渠（沟渠宽 1.0~1.5 m，深 0.6 m）湿地净化后进入表面流湿地净化区净化，最后通过稳定池巩固净化效果达标后排入黄金河。

（4）水系疏通及去杂。现场调查发现，项目实施区沟渠系统相对完善，但部分区域沟渠淤积和杂草拥堵严重，还有部分区域湿地内存在排水沟，水流进入湿地后又经排水沟流失，导致湿地水位不够。因此，需要对部分区域排灌系统进行疏通和改造，确保水系通畅。同时需对项目已实施区加强管理，组织人员和器械清除杂草。

3. 规划方案编制

（1）因地制宜。在规划中要充分考虑规划区域水系规划布局及地形地貌特征，如农田水利设施状况、农村面源污染类型、来源及排放量等，地质条件、地理位置等地理特征，了解区域年地表径流量，汇集区域、年降水量等当地环境条件，因地制宜从区域环境特征条件以及具体目标要求出发进行规划设计，从而达到规划方案的最优化设计。

（2）经济可行性。规划中要充分考虑区域经济发展状况、基础设施、环境保护、产业结构和发展方向等方面，规划方案既要科学可行具有前瞻性，又不能完全脱离规划区域实际情况，要正确处理近期建设和长远发展的要求，使规划方案与当地社会经济发展相适应。

（3）突出净化功能。人工湿地净化水质，湿地植物是其中一个重要途径，污水中的 BOD_5、COD、总氮、总磷等污染物质主要是通过水生植物根毛区附着生长的微生物分解吸收，因此选用的水生植物必须具有较强耐污染能力。

（4）可持续性发展。管理简单、方便是人工湿地生态污水处理工程的主要特点之一。在规划设计的时候必须考虑人工湿地的后期运行维护等问题，如在人工湿地净化水质方面潜流湿地净化能力比表面流湿地强，但其建设成本高，易堵塞，后期水质得不到保障，一般不建议采用。同时，为实时了解人工湿地水质净化情况及处理突发状况，应考虑配置水质实时监测系统。

以上几项基本原则为依据，将项目区划分为3个单元，分别为强化净化区、湿地植物保育区、滨河湿地植物修复区，其中强化净化区39.2亩、湿地植物保育区71.3亩、滨河湿地植物修复区60.2亩。通过人工湿地系统净化处理，实现区域农业面源污染控制目标。

（四）生态修复方案

1. 植物配置原则

（1）契合目标，因地制宜。项目目标为退耕还林、还湿，完成区域农业面源污染（含农村生活污水）净化，最终达标排放黄金河。退耕还林、还湿包括两个方面：一是在项目实施区开展退耕还林、还湿；二是使区域内农业面源污染净化达标排放。根据项目实施区地形地貌特征及土地利用形式，在河滩高地及旱地集中区域实施退耕还林；在池塘及深水田配置浮叶根生植物和挺水植物；在农业面源污染汇集区构建人工湿地系统，通过湿地系统净化和水生植物吸收利用完成污水净化，同时通过植物配置营造湿地景观；在河滩低地和浅水田配置挺水植物，梯级构建滨河湿地植物景观带。

项目区位于黄金河国家湿地公园，湿地公园功能规划包括恢复重建及宣教展示，因此在实施平江县湘江流域退耕还林、还湿试点工程项目的过程中因地制宜结合湿地公园湿地恢复重建及湿地植物科普宣教功能区建设，将退耕还林、还湿区营建成一个集湿地生态恢复、农业面源污染净化及科普宣教融为一体的国家湿地公园建设示范。

（2）优先适用原生植物。在植物配置中优先选用原生植物，原生植物通过长期对当地自然环境的适应，其在生理、结构、外部形态等方面都会对环境条件产生趋同适应，原生植物也是最能适应当地气候条件的物种。因此，选用原生植物完全能适应当地环境条件，可快速建群达到恢复重建的目的。优先选用原生植物还能减少外来入侵植物的使用降低外来植物入侵的生态风险。

（3）合理搭配。不同植物其生命周期不一致、为满足湿地景观营造及湿地污水净化功能维持的要求，在进行退耕还林、还湿过程中水生植物的配置必须充分考虑备选植物的生长习性，抗病虫害能力，耐污能力及对当地的气候条件、土壤条件、周围动植物环境等的适应能力。耐污能力强，抗性好，适应范围广的水生植物种类将成为退耕还林、还湿选择的目标。同时，根据湿地植被带状分布特点和不同生态型植物对水文环境的适应特点，在合适区域配置湿生植物、挺水植物、浮叶根生植物和沉水植物为湿地生态景观服务。

2. 详细方案

（1）景观提质区。根据以上规划设计原则和植物配置原则，指导各区建设（图11-7~ 图11-9）。各区的植物配置的具体如下：① 1 区改为沉水植物池，田埂加高 50 cm，维持该池水深 40~50 cm，构建沉水植物生长适宜水位。该区植物配置为田埂边上配置千屈菜，距堤 1.0 m 范围内片植黄菖蒲，呈自然群落保持边界曲线，池中配置苦草 + 罗氏轮叶黑藻。② 2 区改为沉水植物池，田埂加高 50 cm，维持该池水深 40~50 cm，构建沉水植物生长适宜水位。该区植物配置为田埂边浅水区域 1.0~1.5 m 范围内斑块配置水葱，呈自然群落保持边界曲线，池中配置罗氏轮叶黑藻（不宜过密）。③ 3 区原有植物种类不变，田埂加高 30 cm，维持该池水深 10~15 cm，构建满足鸭舌草（*Monochoria vaginalis*）生长水位，同时清除池内杂草。④ 4、5 区为旱地，原有物种为芋，根据区域地形地貌特点，调整为桂花（*Osmanthus* spp.)，同时为防止渍涝，每间隔 2 m 开一条 20 cm（宽）×15 cm（深）排渍沟。⑤ 6 区原为旱地，原有物种为芋（*Colocasia esculenta*），根据区域积水现状调整为水葱。⑥ 7、8、9 区作为一个整体，外圈田埂加高 30 cm，维持区域池中水深 20 cm 以上，7 区物种不变；8、9 区绕田埂开 150 cm（宽）×20 cm（深）沟，沟内水深 40 cm 以上，沟内维持现有物种菱，8 区增加挺水植物荆三棱，9 区增加挺水植物水葱，挺水植物以自然斑块形式配置，保持边界呈曲线流畅，每区配置 3~4 个，清理去杂。⑦ 10 区原有植物美人蕉不变（需要重新补种），将水截流进入该池，同时清理杂草。同时为防止渍涝，每间隔 1.5 m 开 20 cm（宽）×15 cm（深）排渍沟一条。⑧ 11 区物种芡实不变，田埂加高 30 cm，维持区域内水深 30~40 cm 以上。⑨ 12 区原有物种为莲，根据区域地形地貌特点，调整为美人蕉，同时为防止渍涝，每间隔 1.5 m 开 20 cm（宽）×15 cm（深）排渍沟一条。⑩ 13 区原有

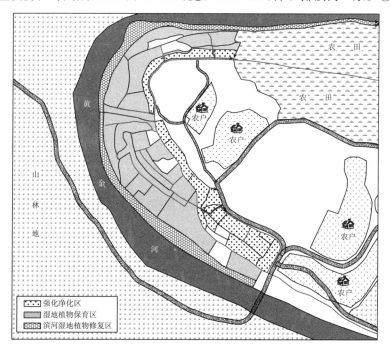

图 11-7　平江县湘江流域退耕还林、还湿试点工程项目功能分区图

图 11-8　平江县湘江流域退耕还林、还湿试点工程项目植物配置示意图

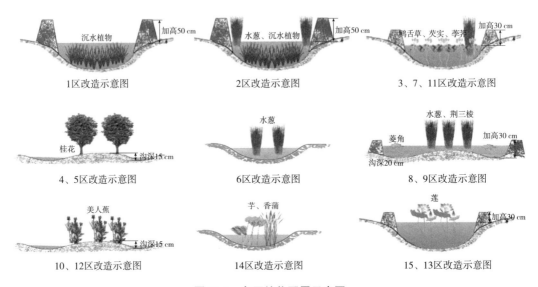

图 11-9　各区植物配置示意图

植物种类不变，田埂加高 30 cm，维持该池水深 20~30 cm，清除池内杂草，同时清理池边沟渠保持水系畅通。⑪ 14 区清除杂草，保留原物种美人蕉、香蒲、芋不变。⑫ 15 区原有植物种类不变，田埂加高 30 cm，维持该池水深 20~30 cm，清除池内杂草。

（2）农业面源污染强化净化区。根据区域环境特点及湿地功能需求，遵循自然法则，在满足湿地净化功能的同时，通过配置不同种类湿地植物，使该区域既能净化污水又能达到科普宣传的效果。由沟渠湿地净化区、表面流湿地净化区、稳定池 3 部分构成（图 11-10~ 图 11-12）。

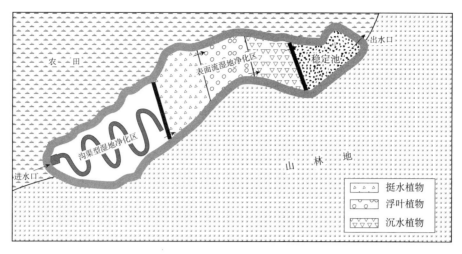

图 11-10　农业面源污染人工湿地净化区分区示意图

沟渠湿地净化区

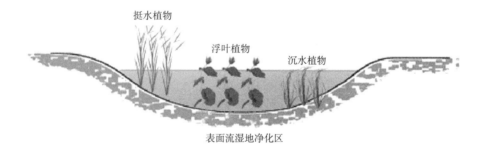

表面流湿地净化区

稳定池

图 11-11　人工湿地净化区植物配置示意图

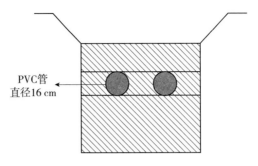

图 11-12 进水管示意图

（3）沟渠湿地净化区。面积为 5 亩，沟宽 1.5 m，深 0.6 m，沟渠长 150 m，沟渠湿地面上部分配植地被植物鸢尾，美人蕉配置花坛或花径，沟渠堤岸近水区配置湿生植物黄菖蒲，浅水区配置风车草、灯心草等挺水植物，沟渠内进水口区域配置水葱，长 6 m，剩余部分种植罗氏轮叶黑藻。

（4）表面流湿地净化区。面积为 5 亩，其功能主要为科普教育（增加），分挺水植物区、浮叶根生植物区和沉水植物区，展示不同类型湿地植物特征。挺水植物区保持水深 10~20 cm，浮叶根生植物区保持水深 30~40 cm，沉水植物区保持水深 40~50 cm。每个分区配置一种水生植物，挺水植物区配置菖蒲，浮叶根生植物区配置睡莲，沉水植物区配置金鱼藻。

（5）稳定池。稳定池功能是促进沉淀和净化效果展示，稳定池面积 2 亩，设计池深 1.0 m，保持水深 50~70 cm。池中控制点缀种植睡莲（缸栽），底层配置沉水植物苦草、穗状狐尾藻等，岸边条带状斑块配置美人蕉、千屈菜、变叶芦竹等湿生植物花径，岸上配置垂柳，形成一副碧水衬托下的沉水—浮叶根生—湿生植物立体构图的湿地景观。

综上，所配置的植物达 17 种，包括中生植物、湿生植物、挺水植物、浮叶根生植物及沉水植物 5 种生态型，乔木 2 种，草本植物 15 种，其中沉水植物 4 种，挺水植物 6 种，浮叶根生植物 1 种，湿生植物 5 种，中生植物 1 种（表 11-7）。

表 11-7 平江县湘江流域退耕还林、还湿核心区植物配置

植物种类	密度 / 间距（株 /m²）	规格（cm）	生态型
鸢尾	25	10~50	湿生植物
美人蕉	25	10~50	湿生植物
垂柳	2.5 m（间距）	2~10（胸径）	湿生植物
菖蒲	25	15~20	挺水植物
灯心草	25	30~50	挺水植物
金鱼藻	25	10~30	沉水植物
风车草	10	30~80	挺水植物
穗状狐尾藻	20	5~15	沉水植物
变叶芦竹	10	10~50	湿生植物
黄菖蒲	25	15~50	挺水植物
罗氏轮叶黑藻	20	10~20	沉水植物

（续）

植物种类	密度/间距（株/m²）	规格（cm）	生态型
桂花	2.5 m（间距）	2~10（胸径）	中生植物
千屈菜	15	10~20	湿生植物
水葱	20	30~50	挺水植物
睡莲	3	30~50	浮叶根生植物
苦草	25	5~15	沉水植物
荆三棱	20	30~50	挺水植物

（五）生态修复效果

该退耕还林、还湿项目建成 2~3 个月后即初见成效，该项目区可净化核心区农业面源污染，使净化后的水质达到国家地表水Ⅲ类标准，有效减少区域内农业面源污染对黄金河的排放，保障湘江下游的水源安全。该项目与湿地公园湿地植物科普宣教功能区建设相辅相成，通过湿地植物实物进行科普教育，更令人印象深刻。同时发挥自然湿地景观效应，美化黄金河，使黄金河国家湿地公园充分发挥湿地景观功能、生物多样性保育功能和教育功能，起到示范作用。本项目有效配合了平江黄金河国家湿地公园建设并成为公园的重要组成部分，对平江县的经济—生态—环境建设发展有明显贡献，成为美丽乡村建设中的亮点工作之一。

参考文献

安树青，2002.湿地生态工程：湿地资源利用与保护的优化模式 [M].北京：化学工业出版社．

白军红，欧阳华，徐惠风，等，2004.青藏高原湿地研究进展 [J].地理科学进展，23（4）：1-9.

卜建民，林年丰，汤洁，2004.吉林西部向海湿地环境退化及驱动机制研究 [J].吉林大学学报（地球科学版），34（3）：441-444.

曹昀，2007.江滩湿地植物恢复的影响因子与技术研究 [D].南京：南京师范大学．

曹昀，王国祥，2007.冬季菹草对悬浮泥沙的影响 [J].生态与农村环境学报，23（1）：54-56.

曹昀，王国祥，黄齐，2009.水深对菹草生长的影响研究 [J].人民黄河，31（11）：72-73.

陈爱莲，朱博勤，陈利顶，等，2010.双台河口湿地景观及生态干扰度的动态变化 [J].应用生态学报，21（5）：1120-1128.

陈波，包志毅，2003.城市公园和郊区公园生物多样性评估的指标 [J].生物多样性，11（2）：169 -176

陈建伟，黄桂林，1995.中国湿地分类系统及其划分指标的探讨 [J].林业资源管理（5）：65-71.

陈利顶，傅伯杰，2000.干扰的类型、特征及其生态学意义 [J].生态学报，20（4）：581-586.

陈小峰，刘从玉，柴夏，等，2008.水生生态系统构建技术在改善景观水质中的应用 [J].污染防治技术，21（1）：44-47.

陈兴茹．2011.国内外河流生态修复相关研究进展 [J].水生态学杂志，32（5）：122-128.

陈亚宁，李卫红，徐海量，等，2003.塔里木河下游地下水位对植被的影响 [J].地理学报，58（4）：542-549.

陈忠礼，2011.三峡库区消落带湿地植物群落生态学研究 [D].重庆：重庆大学．

成水平，吴振斌，况琪军，2002.人工湿地植物研究 [J].湖泊科学，14（2）：179-184.

崔保山，刘兴土，1999.湿地恢复研究综述 [J].地球科学进展，14（4）：45-51.

崔保山，杨志峰，2002.湿地生态系统健康评价指标体系 Ⅱ.方法与案例 [J].生态学报，22（8）：1231-1239.

崔保山，杨志峰，2002.湿地生态系统健康评价指标体系 Ⅰ.理论 [J].生态学报，22（7）：1005-1011.

崔保山，杨志峰，2006.湿地学 [M].北京：北京师范大学出版社，28-45.

崔丽娟，Stephane Asselin，2006.湿地恢复手册：原则·技术与案例分析 [M].北京：中国建筑工业出版社．

崔丽娟，张曼胤，张岩，等，2011.湿地恢复研究现状及前瞻 [J].世界林业研究，24（2）：5-9.

崔巍，李伟，张曼胤，等，2011.湿地土壤生态功能研究概述 [J].中国农学通报，27（20）：203-207.

崔瑛，张强，陈晓宏，等，2010.生态需水理论与方法研究进展 [J].湖泊科学，22（4）：465-480.

代勇，2012.三峡水库运行后洞庭湖湿地生态系统服务功能价值研究 [D].长沙：湖南师范大学．

丹果，2003.发展青海草原水利的几点思考 [J].中国水利（3）：22-24.

邓春暖，章光新，潘响亮，2012.不同淹水周期对芦苇光合生理的影响机理 [J].云南农业大学学报，27（5）：640-645.

邓坤枚，石培礼，谢高地，2002.长江上游森林生态系统水源涵养量与价值的研究 [J].资源科学，24（6）：68-73.

邓伟，胡金明，2003. 湿地水文学研究进展及科学前沿问题 [J]. 湿地科学，1（1）：12-20.

邓伟，潘响亮，栾兆擎，2003. 湿地水文学研究进展 [J]. 水科学进展，14（4）：521-527.

邓正苗，谢永宏，陈心胜，等，2018. 洞庭湖流域湿地生态修复技术与模式 [J]. 农业现代化研究，39（6）：994-1008.

邓志平，俞青青，朱炜，等，2009. 生态恢复在城市湿地公园植物景观营造中的应用——以西溪国家湿地公园为例 [J]. 西北林学院学报，24（6）：162-165.

邸志强，苗英，贾伟光，等，2006. 东北地区湿地的特点及形成与演替机制 [J]. 地质与资源，15（3）：218-221.

董利娜，2016. 三江平原湿地生态系统服务价值评估 [D]. 哈尔滨：东北农业大学.

董锁成，周长进，王海英，2002. "三江源"地区主要生态环境问题与对策 [J]. 自然资源学报，17（6）：713-720.

冯建祥，黄茜，陈卉，等，2018. 互花米草入侵对盐沼和红树林滨海湿地底栖动物群落的影响 [J]. 生态学杂志，37（3）：943-951.

冯夏清，章光新，2008. 湿地生态需水研究进展 [J]. 生态学杂志，27（12）：2228-2234.

付梦娣，田俊量，朱彦鹏，等，2017. 三江源国家公园功能分区与目标管理 [J]. 生物多样性，25（1）：71-79.

高兴国，王磊，齐代华，等，2013. 基于 PSR 模型的湿地生态安全评价——以大山包湿地为例 [J]. 湖南师范大学自然科学学报，36（1）：86-90.

葛昀，2008. 湿地水质净化机理研究——以扎龙湿地为例 [D]. 长春：吉林大学.

龚春生，2007. 城市小型浅水湖泊内源污染及环保清淤深度研究 [D]. 南京：河海大学.

巩杰，谢余初，高彦净，等，2015. 1963–2009 年金塔绿洲变化对绿洲景观格局的影响 [J]. 生态学报，35（3）：603-612.

勾波，2006. 城市湿地公园生态规划与景观设计探讨——以苏州盛泽荡湿地公园为例 [D]. 西安：西安建筑科技大学.

关春曼，张桂荣，赵波，等，城市河流生态修复研究进展与护岸新技术 [J]. 人民黄河，36（10）：77-80.

国家发展与改革委员会，财政部，2014. 湖泊生态环境保护系列技术指南之五——湖泊流域入湖河流河道生态修复技术指南.

韩大勇，杨永兴，杨杨，等，2012. 湿地退化研究进展 [J]. 生态学报，32（4）：1293-1307.

何池全，李蕾，顾超，2003. 重金属污染土壤的湿地生物修复技术 [J]. 生态学杂志，22（5）：78-81.

贺强，崔保山，赵欣胜，等，2008. 水、盐梯度下黄河三角洲湿地植物种的生态位 [J]. 应用生态学报，19（5）：969-975.

侯志勇，谢永宏，陈心胜，等，2011. 洞庭湖湿地的外来入侵植物研究 [J]. 农业现代化研究，32（6）：744-747.

侯志勇，谢永宏，赵启鸿，等，2013. 洞庭湖湿地植物资源现状及保护与可持续利用对策 [J]. 农业现代化研究，34（2）：181-185.

后源，郭正刚，龙瑞军，2009. 黄河首曲湿地退化过程中植物群落组分及物种多样性的变化 [J]. 应用生态学报，20（1）：27-32.

胡金龙，2007. 城市湿地公园植物景观规划与设计研究——以尚湖国家城市湿地公园为例 [D]. 武汉：华中农业大学.

胡启武，吴琴，刘影，等，2009. 湿地碳循环研究进展 [J]. 生态环境学报，18（6）：2381-2386.

胡振琪，龙精华，王新静，2014. 论煤矿区生态环境的自修复、自然修复和人工修复 [J]. 煤炭学报，

39（8）：1751-1757.

湖南省水利厅，湖南省统计局，2013.湖南省第一次水利普查公报．

华涛，周启星，贾宏宇，2004.人工湿地污水处理工艺设计关键及生态学问题 [J].应用生态学报，15（7）：1289-1293.

黄宝荣，欧阳志云，郑华，等，2006.生态系统完整性内涵及评价方法研究综述 [J].应用生态学报，17（11）：2196-2202.

黄代中，万群，李利强，等，2013.洞庭湖近 20 年水质与富营养化状态变化 [J].环境科学研究，26（1）：27-33.

黄桂林，2005.青海三江源区湿地状况及保护对策 [J].林业资源管理（4）：35-39.

黄金国，2005.洞庭湖区湿地退化现状及保护对策 [J].水土保持研究，12（4）：261-263.

黄娟，王世和，钟秋爽，等，2009.植物生理生态特性对人工湿地脱氮效果的影响 [J].生态环境学报，18（2）：471-475.

简永兴，王建波，何国庆，等，2002.洞庭湖区三个湖泊水生植物多样性的比较研究 [J].水生生物学报，26（2）：160-167.

姜刘志，王学雷，厉恩华，等，2013.生态恢复前后神农架大九湖湿地土地利用变化研究 [J].华中师范大学学报（自然科学版），47（2）：282-286.

姜明，吕宪国，杨青，2006.湿地土壤及其环境功能评价体系 [J].湿地科学，4（3）：168-173.

阚兴艳，于君宝，王雪宏，等，2012.石油污染湿地土壤生物修复研究进展 [J].湿地科学，10（2）：250-256.

郎惠卿，1999.中国湿地植被 [M].北京：科学出版社．

李斌，董锁成，江晓波，等，2008.若尔盖湿地草原沙化驱动因素分析 [J].水土保持研究，15（3）：112-120.

李峰，侯志勇，陈心胜，等，2010.洞庭湖湿地植被组成及区系成分分析 [J].农业现代化研究，31（3）：347-351.

李峰，谢永宏，覃盈盈，2009.盐胁迫下湿地植物的适应策略 [J].生态学杂志，28（2）：314-321.

李峰，谢永宏，杨刚，等，2008.白洋淀水生植被初步调查 [J].应用生态学报，19（7）：1597-1603.

李景保，杨利，彭浩，2000.湖南四水中上游区水土流失与水土保持 [J].湖南师范大学自然科学学报，4（23）：81-86.

李静，孙虎，邢东兴，等，2003.西北干旱半干旱区湿地特征与保护 [J].中国沙漠，23（6）：670-674.

李俊，刘梅群，高健，等，2017.神农架大九湖湿地实施生态恢复工程后鱼类种类组成分析 [J].生态科学，36（1）：159-164.

李瑞敏，2008.生态环境变化地质指标体系研究 [R].北京：中国地质环境监测院．

李胜男，王根绪，邓伟，2008.湿地景观格局与水文过程研究进展 [J].生态学杂志，27（6）：1012-1020.

李鑫，田卫，2012.基于景观格局指数的生态完整性动态评价 [J].中国科学院研究生院学报，29（6）：780-785.

李兴德，2012.小流域生态需水及生态健康评价研究 [D].泰安：山东农业大学．

李旭，2014.湿地生态廊道规划研究 [D].南京：南京林业大学．

李亚芳，2015.洞庭湖湿地克隆植物繁殖分配对水位的响应 [D].长沙：中南林业科技大学．

李艳彩，2008.城市风景区湿地规划设计研究 [D].哈尔滨：东北农业大学．

李扬，2014.漓江水陆交错带水文—土壤—植被相互作用机制及植被恢复研究 [D].北京：北京林业大学．

李永建，2002.拉鲁湿地生态环境质量评价的景观生态学方法研究 [D].成都：四川大学．

李有志，刘芬，张灿明，2011.洞庭湖湿地水环境变化趋势及成因分析 [J].生态环境学报，20（Z2）：

1295-1300.

李玉凤，刘红玉，2014.湿地分类和湿地景观分类研究进展 [J]. 湿地科学，12（1）：102-108.

梁雪，贺锋，徐栋，等，2012.人工湿地植物的功能与选择 [J]. 水生态学杂志，33（1）：131-138.

林俊强，陈凯麒，曹晓红，等，2018.河流生态修复的顶层设计思考 [J]. 水利学报，49（4）：483-491.

林茂昌，2005.基于 RS 和 GIS 的闽江河口区湿地生态环境质量评价 [D]. 福州：福建师范大学.

刘超翔，胡洪营，黄霞，等，2003.滇池流域农村污水生态处理系统设计 [J]. 中国给水排水，19（2）：
93-94.

刘春英，周文斌，2012.我国湿地碳循环的研究进展 [J]. 土壤通报，43（5）：1264-1270.

刘大鹏，2010.基于近自然设计的河流生态修复技术研究 [D]. 长春：东北师范大学.

刘红玉，2005.中国湿地资源特征、现状与生态安全 [J]. 资源科学，27（3）：54-60.

刘红玉，林振山，王文卿，2009.湿地资源研究进展与发展方向 [J]. 自然资源学报，24（12）：2204-2212.

刘厚田，1995.湿地的定义和类型划分 [J]. 生态学杂志，14（4）：73-77.

刘纪远，邵全琴，樊江文，2013.长江源生态工程的生态成效评估与启示 [J]. 自然杂志，35（1）：40-46.

刘强，叶思源，2009.湿地创建和恢复设计的理论与实践 [J]. 海洋地质动态，25（5）：10-14.

刘青勇，王爱芹，张娜，等，2016.基于调水调沙的黄河三角洲湿地生态恢复技术 [J]. 中国农村水利
水电（2）：60-63.

刘胜祥，1998.一个中国湿地植物资源分类系统 [J]. 华中师范大学学报（自然科学版），32（4）：
482-485.

刘兴土，1988.我国的沼泽和利用 [M]. 北京：科学出版社.

刘兴土，2007.三江平原沼泽湿地的蓄水与调洪功能 [J]. 湿地科学，5（1）：64-68.

刘琰，郑丙辉，付青，等，2013.水污染指数法在河流水质评价中的应用研究 [J]. 中国环境监测，29
（3）：49-55.

刘正茂，2012.近 50 年来挠力河流域径流演变及驱动机制研究 [D]. 长春：东北师范大学.

卢昌义，林鹏，叶勇，等.1995.红树林抵御温室效应负影响的生态功能 [M] // 范航清，梁士楚.中
国红树林研究与管理.北京：科学出版社.

陆健健，1996.中国滨海湿地的分类 [J]. 环境导报，1：1-2.

陆健健，何文珊，童春富，等，2006.湿地生态学 [M]. 北京：高等教育出版社.

吕宪国，刘红玉，2004.湿地生态系统保护与管理 [M]. 北京：化学工业出版社.

吕雪莉，2005.三江源生态保护和建设工程今年实施 14 个项目 [N]. 中国民族报.

罗文泊，谢永宏，宋凤斌.2007.洪水条件下湿地植物的生存策略 [J]. 生态学杂志，26（9）：1478-1485.

马强，吴巍，汤臣栋，等，2017.崇明东滩湿地互花米草治理对鸟类及底栖动物多样性的影响 [J]. 南
京林业大学学报（自然科学版），41（1）：9-14.

马欣欣，王中良，2012.湿地氮循环过程及其研究进展 [J]. 安徽农业科学，40（17）：9454-9458.

毛义伟，2008.长江口沿海湿地生态系统健康评价 [D]. 上海：华东师范大学.

牟长城，罗菊春，王襄平，等，1998.长白山林区森林 / 沼泽交错群落的植物多样性 [J]. 生物多样性，
6（2）：132-137.

宁凯，于君宝，屈凡柱，等，2015.黄河三角洲滨海地区植物生长季大气氮沉降动态 [J]. 地理科学，
35（2）：218-223.

牛振国，张海英，王显威，等，2012.1978~2008 中国湿地类型变化 [J]. 科学通报，57（16）：1400-1411.

潘畅，陈建湘，黄长红，等，2018.洞庭湖区水环境现状调查与分析 [J]. 人民长江，49（8）：20-24.

潘晓斌，何意，阎梅，等，2013.神农架大九湖水文水资源现状分析与保护对策 [J]. 湖北农业科学，
53（13）：3033-3037.

潘英姿，高吉喜，2005. 中东部地区湿地现状评价与影响分析 [J]. 环境科学研究，18（6）：99-102.

戚登臣，李广宇，2007. 黄河上游玛曲湿地退化现状、成因及保护对策 [J]. 湿地科学，5（4）：341-347.

秦嘉励，杨万勤，张健，2009. 岷江上游典型生态系统水源涵养量及价值评估 [J]. 应用与环境生物学报，15（4）：453-458

邵全琴，樊江文，刘纪远，等，2016. 三江源生态保护和建设一期工程生态成效评估 [J]. 地理学报，71（1）：3-20.

邵全琴，樊江文，刘纪远，等，2017. 基于目标的三江源生态保护和建设一期工程生态成效评估及政策建议 [J]. 中国科学院院刊，32（1）：35-44.

沈守云，曾华浩，王薇薇，2009. 国际重点湿地——湖北洪湖湿地生态恢复规划探索 [J]. 中国园林，25（2）：46-50.

宋长春，2003. 湿地生态系统碳循环研究进展 [J]. 地理科学，23（5）：622-628.

宋园园，营婷，姚志刚，等，2013. 国际湿地保护政策及形式的演变研究 [J]. 环境科学与管理，34（5）：160-165.

孙广友，唐邦兴，1995. 长江河源区自然环境研究 [M]. 北京：科学出版社.

孙儒泳，李庆芬，牛翠娟，等，2002. 基础生态学 [M]. 北京：高等教育出版社.

孙若琳，2014. 桑干河湿地区生态修复项目九龙湾段景观探究 [D]. 保定：河北大学.

孙益松，2008. 盛泽湖湿地的生态恢复初探 [D]. 苏州：苏州科技学院.

谭学界，赵欣胜，2006. 水深梯度下湿地植被空间分布与生态适应 [J]. 生态学杂志，25（12）：1460-1464.

汤学虎，赵小艳，2008. 香港湿地公园的生态规划设计 [J]. 华中建筑，26（3）：119-123.

唐小平，黄桂林，2003. 中国湿地分类系统的研究 [J]. 林业科学研究，16（5）：531-539.

唐以杰，2007. 湛江红树林自然保护区湿地大型底栖动物群落生态学研究 [D]. 广州：中山大学.

田家怡，潘怀剑，傅荣恕，2001. 黄河三角洲土壤动物多样性初步调查研究 [J]. 生物多样性，9（3）：228-236.

田应兵，陈芬，宋光煜，2002. 我国湿地土壤资源及其可持续利用 [J]. 国土与自然资源研究，2：27-29.

田应兵，2005. 湿地土壤碳循环研究进展 [J]. 长江大学学报（自然科学版），2（8）：1-4.

万本太，徐海根，丁晖，等，2007. 生物多样性综合评价方法研究 [J]. 生物多样性，15（1）：97-106.

王博文，陈立新，2006. 土壤质量评价方法述评 [J]. 中国水土保持科学，4（2）：120-126.

王昌海，崔丽娟，毛旭锋，2012. 湿地退化的人为影响因素分析——基于时间序列数据和截面数据的实证分析 [J]. 自然资源学报，27（10）：1677-1687.

王克林，章春华，易爱军，1998. 洞庭湖区洪涝灾害形成机理与生态减灾和流域管理对策 [J]. 应用生态学报，9（6）：561-568.

王立新，刘华民，刘玉虹，等，2014. 河流景观生态学概念、理论基础与研究重点 [J]. 湿地科学，12（2）：228-234.

王荣军，2012. 基于 GIS 和 RS 的张掖北郊湿地生态环境质量评价研究 [D]. 兰州：兰州大学.

王荣军，谢余初，张影，等，2015. 基于 PSR 模型的旱区城市湿地生态安全评估 [J]. 生态科学，34（3）：133-138.

王勇，刘义飞，刘松柏，等，2006. 三峡库区消涨带特有濒危植物丰都车前 *Plantago fengdouensis* 的迁地保护 [J]. 武汉植物学研究，24（6）：574-578.

王勇，吴金清，陶勇，等，2003. 三峡库区消涨带特有植物疏花水柏枝（*Myricaria laxiflora*）的自然分布及迁地保护研究 [J]. 武汉植物学研究，21（5）：415-422.

王禹博，2013. 谷家湿地生态修复工程的规划设计 [D]. 吉林：吉林大学.

吴辉，邓玉林，李春艳，等，2007. 我国湿地研究、保护与开发 [J]. 世界林业研究，20（6）：42-49.

吴振斌，陈辉蓉，贺锋，等，2001. 人工湿地系统对污水磷的净化效果 [J]. 水生生物学报，25（1）：28-35.

伍淑婕，2006. 广西红树林生态系统服务功能及价值评估 [D]. 桂林：广西师范大学.

夏军，高扬，左其亭，等，2012. 河湖水系连通特征及其利弊 [J]. 地理科学进展，31（1）：26-31.

肖乐，周琪，2015. 受污染河流水质修复技术研究进展综述 [J]. 净化技术，34（1）：9-13，28.

肖澎，2016. 常德津市毛里湖白衣庵溪生态拦截与湿地修复设计 [D]. 长沙：中南林业科技大学.

谢三桃，2007. 城市河流硬质护坡生态修复技术研巧 [D]. 南京：河海大学.

谢亚军，2012. 洞庭湖湿地土壤水源涵养功能初步研究 [D]. 北京：中国科学院大学.

谢永宏，陈心胜，2008. 三峡工程对洞庭湖湿地植被演替的影响 [J]. 农业现代化研究，29（6）：684-687.

谢永宏，陈心胜，李峰，等，2014. 一种修复富营养化水体的水生植物种量化评估方法 CN201410076492.2[P]. 2015-01-28.

谢永宏，李峰，陈心胜，2012. 洞庭湖最小生态需水量研究 [J]. 长江流域资源与环境，21（1）：64-70.

谢永宏，王克林，任勃，等，2007. 洞庭湖湿地生态环境演变、问题及保护措施 [J]. 农业现代化研究，28（6）：677-681.

谢永宏，张琛，蒋勇，2014. 洞庭湖湿地生态环境演变 [M]. 长沙：湖南科学技术出版社.

谢士洁，2014. 苏南水乡湖泊型湿地规划设计研究 [D]. 苏州：苏州大学.

谢遵党. 2017. 三江源水生态文明建设现状与建议 [J]. 中国水利（17）：3-6.

熊汉锋，王运华，2005. 湿地碳氮磷的生物地球化学循环研究进展 [J]. 土壤通报，36（2）：240-243.

徐慧博，雷茵茹，崔丽娟，等，2018. 城市湿地生态驳岸改造规划：以玉渊潭公园东西湖湿地为例 [J]. 湿地科学与管理，14（3）：10-14.

徐金英，陈海梅，王晓龙. 2016. 水深对湿地植物生长和繁殖影响研究进展 [J]. 湿地科学，14（5）：725-732.

徐新良，王靓，李静，等，2017. 三江源生态工程实施以来草地恢复态势及现状分析 [J]. 地球信息科学学报，19（1）：50-58.

徐新洲，2008. 城市湿地公园植物景观研究 [D]. 南京：南京林业大学.

许友泽，刘锦军，成应向，等，2016. 湘江底泥重金属污染特征与生态风险评价 [J]. 环境化学，35（1）：189-198.

严承高，张明祥，2005. 中国湿地植被及其保护对策 [J]. 湿地科学，3（3）：210-215.

严军，2008. 基于生态理念的湿地公园规划与应用研究 [D]. 南京：南京林业大学.

杨大勇，杨永兴，杨杨，等，2012. 湿地退化研究进展 [J]. 生态学报，32（4）：1293-1307.

杨道德，蒋志刚，马建章，等，2005. 洞庭湖流域麋鹿等哺乳动物濒危灭绝原因的分析及其对麋鹿重引入的启示 [J]. 生物多样性，13（5）：451-461.

杨凤翔，王顺庆，1990. 耐受性定律的一个数学注记 [J]. 生态学杂志，9（6）：53-55.

杨娇，厉恩华，蔡晓斌，等，2014. 湿地植物对水位变化的响应研究进展 [J]. 湿地科学，12（6）：807-813.

杨青，刘吉平，2007. 中国湿地土壤分类系统的初步探讨 [J]. 湿地科学，5（2）：111-116.

杨晓晖，吴波，2004. 大兴安岭东部林区森林水土保持功能初步评价 [J]. 中国水土保持科学，2（4）：11-16.

叶春，李春华，陈小刚，等，2012. 太湖湖滨带类型划分及生态修复模式研巧化 [J]. 湖泊科学，24（6）：822-828.

易富科，1995. 三江平原湿地植被类型及其合理利用与保护 [M]. // 陈宜瑜. 中国湿地研究. 长春：吉林科学技术出版社，124-133.

殷书柏，李冰，沈方，2014. 湿地定义研究进展 [J]. 湿地科学，12（4）：504-514.

尹发能，王学雷，余璟，2007. 大九湖土地利用变化及其对湿地生态环境的影响研究 [J]. 华中师范大学学报，41（1）：148-151.

尤长俊，2017. 城市湿地公园生态修复设计研究 [D]. 成都：西南交通大学.

于文颖，纪瑞鹏，冯锐，等，2014. 芦苇湿地多时空尺度蒸散模拟研究进展 [J]. 生态学杂志，33（5）：1388-1394.

于文颖，周广胜，迟道才，等，2007. 湿地生态水文过程研究进展 [J]. 节水灌溉（1）：19-23.

袁军，吕宪国，2004. 湿地功能评价研究进展 [J]. 湿地科学，2（2）：153-160.

袁兴中，2001. 河口潮滩湿地底栖动物群落的生态学研究 [D]. 上海：华东师范大学.

袁正科，2008. 洞庭湖湿地资源与环境 [M]. 长沙：湖南师范大学出版社.

袁正科，李星照，田大伦，等，2006. 洞庭湖湿地景观破碎与生物多样性保护 [J]. 中南林学院学报，26（1）：109-116.

曾辉，2006. 长江和三峡库区浮游植物季节变动及其与营养盐和水文条件关系研究 [D]. 南京：中国科学院水生生物研究所.

张丹，田大方，2016. 盘锦红海滩湿地公园设计 [J]. 林产工业，43（11）：60-62.

张杰，赵振坤，李晓文，2005. 湿地恢复与生境改造的规划设计——以武汉市郊涨渡湖为例 [J]. 资源科学，27（4）：133-139.

张俊，2006. 黄河三角洲自然保护区原生湿地生态系统演化规律研究 [J]. 山东林业科技，3（3）：88-89.

张丽，李丽娟，梁丽乔，等，2008. 流域生态需水的理论及计算研究进展 [J]. 农业工程学报，24（7）：307-312.

张萌，倪乐意，徐军，等，2013. 鄱阳湖草滩湿地植物群落响应水位变化的周年动态特征分析 [J]. 环境科学研究，26（10）：1057-1063.

张明祥，刘国强，唐小平，2009. 湿地恢复的技术与方法研究 [J]. 湿地科学与管理，5（3）：12-15.

张明祥，张建军，2007. 中国国际重要湿地监测的指标与方法 [J]. 湿地科学，5（1）：1-6.

张起明，2012. 不同水位条件下鄱阳湖湿地越冬候鸟生境景观结构的遥感研究 [D]. 南昌：江西师范大学.

张绍良，张黎明，侯湖平，等，2017. 生态自然修复及其研究综述 [J]. 干旱区资源与环境，31（1）：160-166.

张淑霞，周虹霞，陈静，2012. 湖滨湿地恢复方案研究综述 [J]. 环境科学导刊，31（2）：46-51.

张晓龙，李培英，2004. 湿地退化标准的探讨 [J]. 湿地科学，2（1）：36-41.

张晓龙，李培英，刘月良，等，2007. 黄河三角洲湿地研究进展 [J]. 海洋科学，31（7）：81-85.

张兴余，2013. 湖北省不同类型国家湿地公园规划分析 [D]. 武汉：华中师范大学.

张绪良，叶思源，印萍，等，2009. 黄河三角洲自然湿地植被的特征及演化 [J]. 生态环境学报，18（1）：292-298.

张学峰，2016. 湿地生态修复技术及案例分析 [M]. 北京：中国环境出版社.

张亚芬，2009. 城市湿地景观的生态规划设计研究 [D]. 武汉：华中农业大学.

张永泽，王垣，2001. 自然湿地生态恢复研究综述 [J]. 生态学报，21（2）：309-314.

章丹，叶春，张大磊，等，2014. 巧用太湖竺山湾底泥制备轻质陶粒试验研究 [J]. 环境工程技术学报，4（5）：378-384.

章家恩，徐琪，1999. 恢复生态学研究的一些基本问题探讨 [J]. 应用生态学报，10（1）：111-115.

赵魁义，何舜平，李伟，2010. 中国湿地生物多样性研究 [J]. 中国科学院院刊，25（6）：659-667.

赵锐锋，姜朋辉，赵海莉，等，2013. 土地利用/覆被变化对张掖黑河湿地国家级自然保护区景观破碎化的影响 [J]. 自然资源学报，28（4）：583-595.

赵素婷, 厉恩华, 蔡晓斌, 等, 2013. 鄂西亚高山泥炭藓沼泽湿地高等植物多样性研究 [J]. 长江流域资源与环境, 22（4）: 468-475.

郑红星, 刘昌明, 丰华丽, 2004. 生态需水的理论内涵探讨 [J]. 水科学进展, 15（5）: 626-633.

郑杰, 蔡平, 2005. 青海省三江源区生态保护与建设 [J]. 青海科技（1）: 9-12.

中国生态系统研究网络科学委员会, 2007. 陆地生态系统水环境观测规范［M］. 北京: 中国环境科学出版社.

中国植被编辑委员会, 1980. 中国植被 [M]. 北京: 科学出版社.

周进, Tachibana H, 李伟, 等, 2001. 受损湿地植被的恢复与重建研究进展 [J]. 植物生态学报, 25（5）: 561-572.

周小春, 2013. 植被在湿地修复中的应用 [J]. 安徽林业科技, 39（2）: 11-14.

朱广平, 肖琼, 赵凤斌, 等, 2017. 水体生态系统构建技术在水环境综合治理中的应用——以合肥蜀峰湾南湖湿地公园建设为例 [J]. 中小企业管理与科技, 154（11）: 153-154.

朱思雨, 宗雪, 张玲, 等, 2017. 野大豆和花蔺的分布和群落特征及就地保护对策 [J]. 生物学杂志, 34（2）: 91-107.

Andreasen J K, O'Neill R V, Noss R, et al., 2001. Considerations for the development of a terrestrial index of ecological integrity[J]. Ecological Indicators, 1（1）: 21-35.

Aselmann I, Crutzen P J, 1989. Global distribution of natural freshwater wetlands and rice paddies, their net primary productivity, seasonality and possible methane emissions[J]. Journal of Atmospheric Chemistry, 8（4）: 307-358.

Avirmed O, Burke I C, Mobley M L, et al., 2014. Natural recovery of soil organic matter in 30-90-year-old abandoned oil and gas wells in sagebrush steppe[J]. Ecosphere, 5（3）: 24.

Bazilevich N I, Rodin L Y, Rozov N N, 1971. Geophysical aspects of biological productivity[J]. Soviet Geography（12）: 293-317.

Berger A R, Iams W J, 1996. Geoindicators asses sing rapid environmental change in earth systems[M]. Rotterdam: Balkema.

Cole C A, Brooks R P, 2000. A comparison of the hydrologic characteristics of natural and created mainstem floodplain wetlands in Pennsylvania[J]. Ecological Engineering, 14（3）: 221-231.

Crain C M, Silliman B R, Bertness S L, et al., 2004. Physical and biotic drivers of plant distribution across estuarine salinity gradients[J]. Ecology, 85（9）: 2539-2549.

Dubé S, Pamondon A P, Rothwell R L, et al., 1995. Watering up after clear-cutting on forested wetlands of St. Lawrence lowland[J]. Water Resources Research, 31（7）: 1741-1750.

Engle V D, Summers J K, 1999, Latitudinal gradients in benthic community composition in Western Atlantic estuaries[J]. Journal of Biogeography, 26（5）: 1007-1023.

Gao H, Tan H Z, Xie Y H, et al., 2016. Morphological responses to different flooding regimes in *Carex brevicuspis*[J]. Nordic Journal of Botany. 34（4）: 435-441.

Gorham E, 1991. Northern peatlands: Role in the carbon cycle and probable responses to climatic warming[J]. Ecological Applications, 1（2）: 182-195.

Johnstone I M, 1986. Plant invasion windows: A time-based classification of invasion potential[J]. Biological Reviews, 61（4）: 369-394.

Keddy P A, 2010. Wetland ecology: Principles and conservation[J]. Eos Transactions American Geophysical Union, 2013, 82（50）: 626-626.

validation of a global database of lakes, reservoirs, and wetlands[J]. Journal of Hydrology（Amsterdam）,

296（1-4）：1-22.

Lenssen J P M，Menting F B J，Van der Putten，et al.，1999. Effects of sediment type and water level on biomass production of wetland plant species[J]. Aquatic Botany，64（2）：151-165.

Li F，Pan Y，Xie Y H，et al.，2016. Different role of three emergent macrophytes in promoting sedimentation in the Dongting Lake，China[J]. Aquatic Sciences，78（1）：159-169.

Yokohari M，Amati M. 2005. Nature in the city，city in the nature：Case studies of the restoration of urban nature in Tokyo，Japan and Toronto，Canada[J]. Landscape and Ecological Engineering，1（1）：53-59.

Maltby E，Turner R E，1983. Wetlands of the world[J]. Geographic Magazine（55）：12-17.

Matthews E，Fung I. 1987. Methane emission from natural wetlands：Global distribution，area，and environmental characteristics of sources[J]. Global Biogeochemical Cycles，1（1）：61-86.

Middleton，1999. Wetland restoration，flood pulsing，and disturbance dynamics[M]. New York：John Wiley & Sons.

Mitsch W J，Wilson R F. 1996. Improving the success of wetland creation and restoration with know-how，time，and self-design[J]. Ecological Applications（6）：77-83.

Marois D E，Mitsch W J，Song K，et al.，2015. Estimating the importance of aquatic primary productivity for phosphorus retention in Florida Everglades mesocosms[J]. Wetlands，35（2）：357-368.

Mitsch，W J，Gosselink，J G，2015. Wetlands [M].5th ed.New York：Wiley.

Mitsch W J，Day J W，2006. Restoration of wetlands in the Mississippi-Ohio- Missouri（MOM）River Basin：Experience and needed research[J]. Ecological Engineering，26（1）：55-69.

Moreno-Mateos D，Power M E，Comin F A，et al.，2012. Structural and functional loss in restored wetland ecosystems[J]. PLOS Biology，10（1）：e1001247.

Berger A R，Lams W J，Berger N A，et al.，1996. Geoindicators：Assessing rapid environmental changes in earth systems [M]. Geoindictors of Coastal Wetlands and Shorelines（12）：196-216.

Odum E P，1998. Experimental study of self-organization in estuarine ponds[M]// Mitsch W J，Jorgensen S E. Ecological Engineering. New York：John Wiley & Sons.

Odum E P. 1969. The strategy of ecosystem development[J]. Science，164（3877）：262-270.

Qin X，Li F，Xie Y，et al.，2013. The responses of non-structural carbohydrate to submergence and de-submergence in three emergent macrophytes from Dongting Lake wetlands[J]. Acta Physiologiae plantarum（35）：2069-2074.

Ramsar Convention Secretariat，2004. Ramsar Handbook for the Wise Use of Wetlands[M]// 2nd ed. Handbook 10，Wetland Inventory：A Ramsar framework for wetland inventory. Ramsar Secretariat，Gland，Switzerland.

Richardson J L，Vepvascas M J，2001. Wetland soil：Genesis，hydrology，landscapes，and classification[M]. Boca Raton：Lewis Publishers.

Spencer C，Roberson A I，Curtis A，1998. Development and testing of a rapid appraisal wetland condition index in south-eastern Australia [J]. Journal of Environmental Management，54（2）：143 -159 .

Stahl R G，Swindoll C M，1999. The role of natural remediation in ecological risk assessment[J]. Human and Ecological Risk Assessment：An International Journal，5（2）：219-223.

Strand J A，Weisner S E B，2001. Morphological plastic responses to water depth and wave exposure in an aquatic plant（ *Myriophyllum spicatum* ）[J]. Journal of Ecology，89（2）：166-175.

Vannote R L，Minshall G W，Cummins K W，et al.，1980. River continuum concept[J]. Canadian

Journal of Fisheries and Aquatic Sciences，37（1）：130-137.

Ward J V，Stanford J A，1989. The serial discontinuity concept：extending the model to floodplain rivers. Regulated Rivers[J].Research & Management，10（2-4）：159-168.

Watt S C L，García-Berthou E，Vilar L，2007. The influence of water level and salinity on plant assemblages of a seasonally flooded Mediterranean wetland [J]. Plant Ecology，189（1）：71-85.

Weller J D，1995. Restoration of a south Florida forested wetland [J]. Ecological Engineering，4（2）：143-151.

Whitall D，Bricker S，Ferreira J，et al.，2007. Assessment of Eutrophication in Estuaries：Pressure–state–response and nitrogen source apportionment[J]. Environmental Management，40（4）：678-690.

Wolfslehner B，Vacik H，2008. Evaluating sustainable forest management strategies with the analytic network process in a pressure-state-response framework[J]. Journal of Environmental Management，88（1）：1-10.

Woodley S，1993. Monitoring and measuring ecosystem integrity in Canadian National Parks[M]. In S Woodley J K，Francis G. Ecological integrity and the management of ecosystems. Delray Beach：St. Lucie Press.

Xie Y H，Tang Y，Chen X S，et al.，2015. The impact of Three gorges dam on the downstream eco-hydrological environment and vegetation distribution of East Dongting Lake[J]. Ecohydrology，8（4）：738-746.

Xie Y，Luo W，Wang K，et al.，2008. Root growth dynamics of the marsh plant *Deyeuxia angustifolia* in response to water level[J]. Aquatic Botany，89（3）：292-296.

Yang T X，Sheng L X，Zhuang J，et al.，2016. Function，restoration，and ecosystem services of riverine wetlands in the temperate zone[J]. Ecological Engineering，96（S1）：1-7.

Zedler J B. Progress in wetland restoration ecology[J]. Trends in Ecology & Evolution，15（10）：402-407.

Zhou H X，Liu J，Qin P，2009. Impacts of an alien species（*Spartina alterniflora*）on the macrobenthos community of Jiangsu coastal inter-tidal ecosystem[J]. Ecological Engineering，35（4）：521-528.

Zou Y A，Tang Y，Xie Y H，et al.，2017. Response of herbivorous geese to wintering habitat changes：Conservation insights from long-term population monitoring in the East Dongting Lake，China[J]. Regional Environmental Change，17（3）：879-888.

致 谢

感谢世界自然基金会（WWF）对本书出版和对浏阳河—湘江—洞庭湖流域典型湿地修复相关研究工作的资助。

WWF 是在全球享有盛誉的、最大的独立性非政府环境保护组织之一，自 1961 年成立以来，WWF 一直致力于环保事业，在全世界拥有将近 520 万支持者，并拥有一个活跃在 100 多个国家的网络。

1980 年，WWF 接受中国政府邀请，成为首个来华开展生态保护工作的国际非政府组织（NGO）。在我国开展的项目由最初的大熊猫保护逐渐扩及物种保护、淡水和海洋生态系统保护、森林保护与可持续经营、气候变化与能源、野生动物贸易、公众环境教育与可持续发展等领域。

1998 年长江特大洪水以后，WWF 在长沙设立了首个野外工作办公室，并启动了湿地保护工作。20 年来，WWF 始终关注和支持中国的湿地保护事业，尤其在长江流域，先后开展了 100 多个保护项目，总计投入资金 3500 万美元。WWF 与我国政府合作，建立了长江湿地保护网络，推动流域综合管理；协助我国政府履行《湿地公约》，支持我国政府制定的湿地、渔业、水利等相关政策；与多个省份合作，开展湿地生态修复、进行保护区管理示范、恢复河湖生态、确保饮水安全和环境流等。WWF 在国际交流、湿地人才培养和湿地研究能力建设等领域发挥了积极作用。